Elliptische Differentialgleichungen, Band I

SCHRIFTENREIHE
DER INSTITUTE FÜR MATHEMATIK

BEI DER DEUTSCHEN AKADEMIE DER WISSENSCHAFTEN
ZU BERLIN

Herausgeber: Heinrich Grell, Josef Naas, Hans Reichardt, Willi Rinow,
Kurt Schröder, Karl Schröter, Hans-Jürgen Treder

REIHE A

REINE MATHEMATIK

HEFT 7

ELLIPTISCHE DIFFERENTIALGLEICHUNGEN

BAND I

AKADEMIE-VERLAG · BERLIN
1970

ELLIPTISCHE DIFFERENTIALGLEICHUNGEN

BAND I

Kolloquium vom 17. August — 24. August 1969
in Berlin

Herausgegeben von
Dr. habil. GOTTFRIED ANGER

AKADEMIE-VERLAG · BERLIN
1970

Institut für Reine Mathematik, 1199 Berlin, Rudower Chaussee 5
Erschienen im Akademie-Verlag GmbH, 108 Berlin, Leipziger Straße 3—4

Lizenznummer: 202 · 100/402/70
Gesamtherstellung: VEB Druckerei „Thomas Müntzer", 582 Bad Langensalza
Bestellnummer: 2069/A/7 · ES 19 B 4
EDV 761 292 8

Vorwort

Im August 1969 fand in Berlin ein internationales Kolloquium über elliptische Differentialgleichungen statt. Das Kolloquium setzte sich zum Ziel, einen möglichst breiten Überblick über den neuesten Entwicklungsstand zu geben. Die Theorie der elliptischen Differentialgleichungen erlebte in den vergangenen 10 Jahren eine stürmische Weiterentwicklung. Ein wichtiger Grund hierfür ist die Anwendung moderner Methoden der Funktionalanalysis, der Topologie und der Algebra. In den letzten Jahren entstand sogar eine gewisse Verschmelzung von Zweigen der Theorie der Differentialgleichungen, der Funktionalanalysis und der Topologie. Über folgende Problemkreise wurde berichtet: Index-Theorem von ATIYAH-SINGER, Pseudo-Differentialoperatoren, Interpolationsräume, Randwertaufgaben, nichtlineare elliptische Differentialgleichungen, axiomatische Potentialtheorie, Beziehungen zwischen Potentialtheorie und Wahrscheinlichkeitstheorie, Kapazitätstheorie, Beziehungen zwischen Funktionentheorie und Differentialgleichungen, Beziehungen zur Physik und Strömungslehre.

Die vorliegenden beiden Bände enthalten 41 Beiträge zur Theorie der elliptischen Differentialgleichungen. Außer den gehaltenen Vorträgen wurden einige Arbeiten zusätzlich zum Zweck einer Veröffentlichung in den Bericht aufgenommen. Der Band II des Kolloquiumsberichtes enthält Beiträge von folgenden Mathematikern: G. ANGER (Berlin), H. BECKERT (Leipzig), A. V. BITSADZE (Novosibirsk), N. BOBOC (Bukarest), I. FENYÖ (Budapest/Rostock), H. FÖLLMER (Erlangen), K. O. FRIEDRICHS (New York), L. HÖRMANDER (Lund), S. G. KREIN (Voronež), M. A. KRASNOSIELSKIJ und E. A. LIFŠIC (Voronež), O. A. LADYŽENSKAJA (Leningrad), V. A. MARČENKO (Charkov), K. MAURIN (Warschau), E. MÜLLER-PFEIFFER (Jena), P. MUSTAȚĂ (Bukarest), D. PASCALI (Bukarest), A. PIETSCH (Jena), B.-W. SCHULZE (Berlin), G. WILDENHAIN (Berlin).

An dieser Stelle möchte ich dem Direktor des Institutes für Reine Mathematik der DAW, Herrn Prof. Dr. KARL SCHRÖTER, für die großzügige Unterstützung dieses Kolloquiums danken.

Großen Anteil an der Vorbereitung und der Durchführung dieses Kolloquiums hatten meine Mitarbeiter Dr. habil. G. WILDENHAIN (stellvertretender Organisationsleiter), Dr. habil. G. ALBINUS, Dr. H.-J. KRIEGER, Dipl.-Math. B.-W. SCHULZE, sowie meine Frau BRIGITTE ANGER. Ihnen allen spreche ich hiermit meinen Dank aus.

Weiter möchte ich Frau Dipl.-Math. R. HELLE vom Akademie-Verlag Berlin für ihre Unterstützung bei der Herausgabe dieses Kolloquiumsberichtes danken.

Berlin, Frühjahr 1970

Gottfried Anger

Inhaltsverzeichnis

Die Randwertaufgaben für gewöhnliche Differentialgleichungen und deren funktionalanalytische Behandlung[1])

von M. A. Naimark, Moskau[2])

(Manuskripteingang: 18. August 1969)

An Hand von gewöhnlichen linearen Differentialgleichungen wird die funktionalanalytische Behandlung von linearen Randwertaufgaben skizziert. An mehreren Stellen zeigen wir, wie man diese Überlegungen auf partielle Differentialgleichungen im R^n übertragen kann. Nach einer kurzen Einführung in die Problemstellung wird der Begriff des Differentialoperators im Raum $L^2(a, b)$ herausgearbeitet. Eine wichtige Rolle bei der funktionalanalytischen Behandlung von Randwertaufgaben spielt der Begriff des Zwischenoperators. Am besten sind selbstadjungierte Zwischenoperatoren und selbstadjungierte Randwertaufgaben studiert worden. Einen breiten Raum nimmt die Entwicklung eines selbstadjungierten Differentialoperators nach Eigenfunktionen ein. Es folgen anschließend Überlegungen über die Entwicklung nach Eigenfunktionen eines nichtselbstadjungierten Operators. In diesem Zusammenhang wird ausführlich auf die Spektralsingularitäten eingegangen. Am Schluß sind einige Probleme angegeben. Die Darstellung des Artikels ist so gewählt, daß er von einem breiten Publikum verstanden werden kann.

In diesem Vortrag werden einige Begriffe und Gesetzmäßigkeiten betrachtet, die bei der Untersuchung der Randwertaufgaben für lineare Differentialgleichungen entstehen. Damit der Vortrag einem breiteren Auditorium zugänglich ist, werden wir uns meist auf die einfachsten Modelle solcher Aufgaben, und zwar auf eindimensionale Randwertaufgaben, beschränken und nur kurz auf einige mögliche Verallgemeinerungen auf Randwertaufgaben für partielle Differentialgleichungen hinweisen. Aus denselben Gründen werden wir uns meist auf qualitative Beschreibung der entsprechenden Tatsachen beschränken. Die Zeiteinschränkungen zwingen uns auch eine strenge Auswahl aus den Grundtatsachen zu treffen und, wie es immer in diesen Fällen geschieht, ist diese Auswahl mit den Interessen des Vortragenden verbunden. Ausführlichere Darstellungen findet man in den Arbeiten, deren Liste am Ende des Vortrages gegeben ist. In diesen Arbeiten gibt es auch weitere Literaturverweise.

1. Die klassische eindimensionale Randwertaufgabe. Die Ausgangsobjekte in der klassischen eindimensionalen Randwertaufgabe sind:

a) Lineare Differentialausdrücke. So werden die Ausdrücke der Form

$$l\,y = p_0(x)\frac{d^n y}{dx^n} + p_1(x)\frac{d^{n-1}y}{dx^{n-1}} + \cdots + p_n(x)\,y \tag{1.1}$$

[1]) Anmerkung der Redaktion: Dieser Vortrag war als Eröffnungsvortrag gedacht. Auf Wunsch der Tagungsleitung wurde er für ein breites Auditorium geschrieben. Infolge Erkrankung des Referenten konnte dieser Vortrag nicht gehalten werden.

[2]) Anschrift des Autors:
Проф. др. М. А. Наймарк, Мат. инст. им. В. А. Стеклова АН СССР
ул. Вавилова, д. 42, Москва В-333, СССР

genannt, wobei $p_0, \ldots, p_n$ — gegebene Funktionen sind, die die *Koeffizienten* des Ausdruckes $l\,y$ genannt werden; y ist eine willkürliche Funktion, für die $l\,y$ einen Sinn hat. Gewöhnlich werden diese Funktionen in einem festen offenen oder abgeschlossenen Intervall (a, b) oder $[a, b]$ betrachtet.

b) Die Randformen. So werden die linearen Formen der Gestalt

$$U\,y = \alpha_0\,y_a + \alpha_1\,y'_a + \cdots + \alpha_{n-1}\,y_a^{(n-1)} + \beta_0\,y_b + \beta_1\,y'_b + \cdots + \beta_{n-1}\,y_b^{(n-1)} \tag{1.2}$$

genannt, wobei

$$y_a, \ldots, y_a^{(n-1)}, \quad y_b, \ldots, y_b^{(n-1)} \tag{1.2a}$$

die Werte von y und deren Ableitungen für $x = a$ und $x = b$ (oder die entsprechenden Grenzwerte für $x \to a + 0$, $x \to b - 0$, falls das Intervall offen ist) bedeuten. Zuerst setzen wir voraus, daß (a, b) endlich ist. Die Verallgemeinerungen auf den Fall, wenn (a, b) unendlich ist oder diese Grenzwerte nicht existieren (was von den Eigenschaften der Koeffizienten abhängt), werden wir im weiteren betrachten. In der klassischen Fragestellung kann die Randwertaufgabe folgendermaßen formuliert werden. Es ist die Lösung der Differentialgleichung

$$l\,y = f\,, \qquad a < x < b \tag{1.3}$$

zu finden, die den Bedingungen

$$U_j\,y = 0\,, \qquad j = 1, \ldots, m \tag{1.4}$$

genügt; dabei ist (a, b) endlich, f ist eine in $[a, b]$ gegebene Funktion, und U_j sind gegebene Randformen. Die Bedingungen (1.4) heißen *Randbedingungen.*

Wir werden voraussetzen, daß die U_j linear unabhängig sind. Das ist keine Einschränkung der Allgemeinheit. Denn ist U_ν eine lineare Kombination der anderen U_j, so ist die Bedingung $U_\nu = 0$ eine Folgerung der anderen Bedingungen $U_j = 0$, und sie kann daher fortgelassen werden.

Die Randwertaufgabe heißt *homogen,* wenn $f \equiv 0$ ist, und *inhomogen,* wenn $f \not\equiv 0$ ist. Somit hat die homogene Randwertaufgabe die Gestalt

$$l\,y = 0\,, \quad U_j\,y = 0\,, \quad j = 1, \ldots, m\,. \tag{1.5}$$

Offenbar hat sie immer eine Lösung, und zwar $y \equiv 0$; sie heißt die *triviale Lösung* der homogenen Randwertaufgabe. Gewöhnlich wird die Aufgabe gestellt, die nichttrivialen (d. h. $\not\equiv 0$) Lösungen von (1.5) zu finden. Offenbar ist die Gesamtheit aller Lösungen der homogenen Randwertaufgabe ein endlichdimensionaler Raum (seine Dimension ist höchstens gleich der Ordnung n der Gleichung $l\,y = 0$).

Die homogene Randwertaufgabe

$$l\,y - \lambda\,y = 0\,, \quad U_j\,y = 0\,, \quad j = 1, \ldots, m\,, \tag{1.6}$$

in der $l\,y$ durch $l\,y - \lambda\,y$ ersetzt wird und λ eine Zahl ist, heißt die *Eigenwertaufgabe.* Die Parameterwerte λ, für welche diese Aufgabe eine nichttriviale Lösung besitzt, heißen *Eigenwerte,* die nichttrivialen Lösungen heißen die entsprechenden *Eigenfunktionen* der ursprünglichen Randwertaufgabe (1.3)—(1.4) (und auch der Aufgabe (1.5)). Die Randwertaufgabe und insbesondere die Eigenwertaufgabe lassen sich auf den mehrdimensionalen Fall verallgemeineren. Und zwar wird dann das Intervall durch ein mehrdimensionales Gebiet ersetzt, $l\,y$ enthält partielle Ableitungen von u, und die Randformen enthalten die Werte von u und deren Normalableitungen am Rande des Gebietes. Selbstverständlich ist der Sachverhalt in diesem Fall komplizierter, aber viele wesentliche Grundzüge der im folgenden entwickelten Theorie bleiben dieselben.

2. Die adjungierte Randwertaufgabe. Es sei der Einfachheit halber vorausgesetzt, daß die Anzahl m der Randbedingungen gleich der Ordnung n von $l\,y$ ist: Zwei Randwertaufgaben

$$l\,y = f \tag{2.1a}$$

$$U_j\,y = 0\,, \qquad j = 1, \ldots, n \tag{2.1b}$$

und

$$l^*\,z = g\,, \tag{2.2a}$$

$$V_j\,z = 0\,, \qquad j = 1, \ldots, n\,, \tag{2.2b}$$

heißen zueinander *adjungiert*, wenn

$$\int_a^b l\,y \cdot \bar{z}\,dx = \int_a^b y \cdot \overline{l^*\,z}\,dx \tag{2.3}$$

für alle Funktionen y und z gilt, die den Bedingungen (2.1 b) bzw. (2.2 b) genügen; dabei ist $\bar{z}$ die zu z konjugiert komplexe Zahl. Die Gleichheit (2.3) bedeutet, daß nach partieller Integration in deren linker Seite die rechte Seite von (2.3) entsteht und die Summe der außerhalb der Integrale entstehenden Glieder infolge der Randbedingungen (2.1 b) und (2.2 b) gleich Null ist.

Das Integral $\int_a^b y \cdot \bar{z}\,dx$ heißt das *Skalarprodukt* von y und z und wird durch (y, z) bezeichnet; y und z heißen *zueinander orthogonal*, wenn $(y, z) = 0$ ist. In dieser Bezeichnung lautet die Gleichung (2.3):

$$(l\,y, z) = (y, l^*\,z)\,. \tag{2.3a}$$

Eine Randwertaufgabe heißt *selbstadjungiert*, wenn sie zu sich selbst adjungiert ist. Somit gilt im Falle der selbstadjungierten Randwertaufgabe (2.1 a)—(2.1 b)

$$(l\,y, z) = (y, l\,z) \tag{2.4}$$

für je zwei Funktionen y, z, die den Bedingungen (2.1 b) genügen. Daraus folgert man leicht:

I. Alle Eigenwerte einer selbstadjungierten Randwertaufgabe sind reell, und ihre Eigenfunktionen, die den verschiedenen Eigenwerten entsprechen, sind zueinander orthogonal.

Auf die Eigenfunktionen, die zu demselben Eigenwert gehören, kann offenbar das Orthogonalisierungsverfahren angewendet werden. Außerdem kann man die Eigenfunktionen normieren, so daß $(y, y) = 1$ ist. Somit erhält man ein orthogonales und normiertes (kurz orthonormiertes) System der Eigenfunktionen der selbstadjungierten Randwertaufgabe.

3. Die FOURIER-Methode und die Entwicklung nach Eigenfunktionen. Die Randwertaufgaben entstehen in natürlicher Weise bei Beschreibung der stationären Zustände von physikalischen Systemen. Die Untersuchung der Zeitevolution solcher Systeme führt zur Evolutionsaufgabe, die im einfachsten, aber oft entstehenden Falle folgenderweise formuliert werden kann.

Es ist die Lösung der Gleichung

$$\frac{\partial u}{\partial t} = p_0(x)\frac{\partial^n u}{\partial x^n} + p_1(x)\frac{\partial^{n-1}u}{\partial x^{n-1}} + \cdots + p_n(x)\,u\,, \quad a < x < b\,, \quad t > 0 \tag{3.1}$$

zu finden, die den Randbedingungen

$$\sum_{k=0}^{n-1}\left[\alpha_{kj}\left(\frac{\partial^k u}{\partial x^k}\right)_{x=0} + \beta_{kj}\left(\frac{\partial^k u}{\partial x^k}\right)_{x=b}\right] = 0\,, \qquad j = 1, \ldots, n\,, \tag{3.2}$$

und der Anfangsbedingung

$$u|_{t=0} = f(x)\,, \qquad a < x < b \tag{3.3}$$

genügt, wobei $f(x)$ eine gebene Funktion und α_{kj}, β_{kj} gegebene Konstanten sind.

Zur Lösung dieser Aufgabe wird ein Verfahren angewendet, das die FOURIER-Methode heißt und im folgenden besteht.

Zuerst sucht man eine Lösung nur von (3.1)—(3.2) in der Form $u(x, t) = e^{\lambda t}\, y(x)$. Setzt man diesen Ausdruck in (3.1)—(3.2) ein, so folgt daraus

$$l\,y = \lambda\,y\,, \qquad U_j\,y = 0\,, \qquad j = 1, \ldots, n\,.$$

Im Fall $y \not\equiv 0$ ist λ ein Eigenwert, und y ist die entsprechende Eigenfunktion der Randwertaufgabe (1.3)—(1.4). Sind $\lambda_1, \lambda_2, \lambda_3, \ldots$ Eigenwerte und $y_1, y_2, \ldots$ die entsprechenden Eigenfunktionen, so sind $e^{\lambda_j t}\, y_j(\alpha)$ Lösungen von (3.1)—(3.2). Aus Linearitätsgründen folgt, daß auch die Reihe

$$\sum_j c_j\, y_j(x)\, e^{\lambda_j t}$$

zumindest eine formale Lösung von (3.1)—(3.2) ist. Daher erhalten wir mindestens eine formale Lösung der ursprünglichen Aufgabe (3.1)—(3.3), falls die Koeffizienten so gewählt werden können, daß auch die Anfangsbedingung (3.3) erfüllt wird, d. h., daß

$$\sum_j c_j\, y_j(x) = f(x) \tag{3.4}$$

gilt.

Somit führt die FOURIER-Methode zur folgenden Aufgabe:

I. *Die gegebene Funktion $f(x)$ in eine Reihe nach Eigenfunktionen der Randwertaufgabe zu entwickeln.*

Diese Aufgabe zerfällt in folgende zwei:

I.a) *Unter welchen Bedingungen existiert eine Entwicklung der gegebenen Funktion $f(x)$ in eine Reihe nach Eigenfunktionen der gegebenen Randwertaufgabe?*

I.b) *Falls eine solche Entwicklung existiert, wie können die Koeffizienten c_j gefunden werden?*

Die zweite Aufgabe wird besonders einfach gelöst, wenn die Eigenfunktionen y_j ein orthonormiertes System bilden. Nach Satz I von 2. ist das immer der Fall, wenn die Randwertaufgabe selbstadjungiert ist. Betrachten wir in diesem Falle das Skalarprodukt der beiden Seiten von (3.4) bezüglich y_k, so erkennen wir, daß

$$c_k = (f, y_k) \tag{3.5}$$

ist. Die Formel (3.4) nimmt dann die Gestalt

$$f(x) = \sum_k (f, y_k)\, y_k(x) \tag{3.6}$$

an.

Hierbei wird selbstverständlich vorausgesetzt, daß die Reihe in (3.4) so gut konvergiert, daß gliedweise skalare Multiplikation erlaubt ist. Die Koeffizienten c_k in (3.5) und die Reihe (3.6) heißen die FOURIER-*Koeffizienten* und die FOURIER-*Reihe von f bezüglich der y_k.*

Alle diese Tatsachen führen zum Schluß, daß es natürlich ist, die Funktionen f als zum HILBERT-RAUM $L^2(a, b)$ angehörend vorauszusetzen. Mit $L^2(a, b)$ wird der lineare Raum aller in (a, b) quadratisch integrierbaren Funktionen $f(x)$ mit dem Skalarprodukt

$$(f, g) = \int_a^b f(x)\, \overline{g(x)}\, dx$$

bezeichnet.

Im Falle $f \in L^2(a, b)$ ist die Reihe der rechten Seite von (3.6) wenigstens im quadratischen Mittel (d. h. im Sinne der Norm in $L^2(a, b)$) konvergent, und die gliedweise skalare Multiplikation ist erlaubt.

Nun erinnern wir, daß ein orthonormiertes System y_k in $L^2(a, b)$ vollständig heißt, falls die Gleichheit (3.6) für jede Funktion $f \in L^2(a, b)$ gültig ist. Daher können wir die Aufgabe I.a) folgenderweise formulieren.

II. *Ist das System der Eigenfunktionen der gegebenen Randwertaufgabe vollständig?*

Im allgemeinen (nicht klassischen) Fall ist die Antwort nicht immer bejahend, und eine vollständige Antwort erhält man, wenn die Theorie der Randwertaufgaben vom allgemeinen Standpunkt der Funktionalanalysis betrachtet wird.

4. Differentialoperatoren im Raum $L^2(a, b)$. Der erste Schritt besteht darin, daß wir statt der Randwertaufgaben Differentialoperatoren betrachten. Wir erinnern zuerst an die allgemeine Definition eines Operators. Es seien X und Y zwei Räume. D sei eine Teilmenge von X. Unter einem *Operator* von X in Y *mit Definitionsbereich* $D_A = D$ versteht man eine Abbildung A von D in Y, die jedem Element $x \in D$ ein Element $y = A\,x \in Y$ zuordnet. Ist $Y = X$, so heißt A ein *Operator* in X. Es seien A, B zwei Operatoren von X in Y. A heißt eine *Einschränkung* von B und B eine *Erweiterung* von A, falls $D_A \subset D_B$ und $A\,x = B\,x$ für $x \in D_A$ gilt. A und B werden gleich genannt, wenn $D_A = D_B$ und $A\,x = B\,x$ für $x \in D_A = D_B$ gilt.

Uns wird der Fall interessieren, daß $X = Y = L^2(a, b)$ ist; der Kürze halber werden wir im folgenden $L^2(a, b)$ mit H bezeichnen.

Jeder Randwertaufgabe (1.3)—(1.4) ordnen wir nun den folgenden Operator L_u in H zu. Sein Definitionsbereich D_{L_u} besteht genau aus denjenigen $y \in H$, für die $l\,y$ einen Sinn hat, $l\,y \in H$ ist und für welche die Randbedingungen (1.4) erfüllt sind. Der Operator L_u selbst ist durch

$$L_u\,y = l\,y \quad \text{für} \quad y \in D_{L_u} \tag{4.1}$$

definiert. L_u heißt *der durch die Randwertaufgabe* (1.3)—(1.4) *bestimmte Differentialoperator*.

Wir betonen, daß ein und derselbe Differentialausdruck $l\,y$ verschiedene Differentialoperatoren bestimmen kann, die noch von der Wahl der Randbedingungen abhängen.

Gibt es keine Randbedingungen, dann hat der entsprechende Differentialoperator einen *maximalen* Definitionsbereich; er heißt der durch $l\,y$ bestimmte maximale Differentialoperator und wird durch L bezeichnet. Ist aber die Anzahl m der Randbedingungen maximal ($m = 2\,n$), so hat der entsprechende L_u einen *minimalen* Definitionsbereich; er heißt der durch $l\,y$ bestimmte *minimale* Differentialoperator und wird durch L_0 bezeichnet. Offenbar gilt immer

$$L_0 \subset L_u \subset L\,, \tag{4.2}$$

so daß L_u ein „Zwischenoperator" von L_0 und L ist.

Diese Definitionen lassen sich auf den (nicht klassischen) Fall übertragen, wenn (a, b) unendlich ist oder die Grenzwerte (1.2a) nicht existieren. Der Operator L wird wie oben und der Operator L_0 auf folgende Weise definiert.

Wir führen in D_L ein neues Skalarprodukt (y, z) ein, indem wir für $y, z \in D_L$

$$(y, z)_L = (y, z) + (L\,y, L\,z) \tag{4.3}$$

setzen. Weiter bezeichnen wir mit D_0' die Gesamtheit aller Funktionen $y \in D_L$, die außerhalb eines endlichen (von y abhängenden) Intervalls $[\alpha, \beta] \subset (a, b)$ gleich Null sind. Unter gewissen sehr allgemeinen Bedingungen über die Koeffizienten p_k (etwa, falls $p_1/p_0, \ldots, p_n/p_0$ in jedem endlichen Teilintervall $[\alpha, \beta] \subset (a, b)$ summierbar sind), die wir im folgenden als erfüllt voraussetzen, ist D_L ein vollständiger und daher ein Hilbertraum bezüglich $(y, z)_L$, und D_0' ist in H dicht bezüglich (y, z). Nach Definition ist D_{L_0} die abgeschlossene Hülle von D_0' in D_L bezüglich $(y, z)_L$, und L_0 ist die Einschränkung von L auf D_{L_0}. Die Zwischenoperatoren A werden jetzt folgendermaßen definiert. In D_L wird ein beliebiger Teilraum D_A gewählt, der bezüglich $(y, z)_L$ abgeschlossen ist; A wird dann als die Einschränkung von L auf D_A definiert.

Die bequemste und die natürlichste Beschreibung der Zwischenoperatoren ist diejenige mit Hilfe der Randformen. Unter der Randform von L wird jedes lineare und stetige Funktional im HILBERT-Raum D_L verstanden, das auf D_{L_0} gleich Null ist. Es kann geschehen, daß für L keine nichttriviale Randform existiert. Dann ist $L_0 = L$ der einzige durch $l\,y$ bestimmte Differentialoperator. Im allgemeinen Fall bilden die Randformen einen endlichdimensionalen Raum, dessen Dimension höchstens $2\,n$ ist.

Für jeden Zwischenoperator A existiert ein solches System linear unabhängiger Randformen $U_1, \ldots, U_m$, so daß D_A genau aus denjenigen $y \in D_L$ besteht, für die

$$U_1\,y = 0, \ldots, U_m\,y = 0 \tag{4.4}$$

gilt. Die Gleichungen (4.4) heißen wie früher Randbedingungen; man sagt auch, daß diese Randbedingungen den Zwischenoperator A beschreiben (oder dem Operator A entsprechen).

Dem Zwischenoperator A entspricht die Randwertaufgabe (1.3) — (1.4), wobei U_j jetzt in dem soeben bestimmten verallgemeinerten Sinne zu verstehen ist. Offenbar ist diese Aufgabe der Gleichung

$$A y = f, \quad y \in D_A \tag{4.5}$$

äquivalent, wobei f eine gegebene Funktion aus H ist.

Die entsprechende homogene Aufgabe ist der Gleichung

$$A y = 0, \qquad y \in D_A \tag{4.6}$$

und die Eigenwertaufgabe der Gleichung

$$A y = \lambda y, \qquad y \in D_A \tag{4.7}$$

äquivalent. Die Eigenwerte und Eigenfunktionen der Randwertaufgabe heißen die Eigenwerte und Eigenfunktionen des entsprechenden Operators A.

5. Die Greensche Funktion. Von besonderem Interesse sind die Zwischenoperatoren A, deren Wertevorrat (den wir durch R_A bezeichnen) mit H zusammenfällt und für welche die homogene Aufgabe (4.6) nur die triviale Lösung besitzt. Die erste Bedingung bedeutet, daß die Aufgabe (4.5) eine Lösung für jede Funktion $f \in H$ hat, und die zweite, daß diese Lösung die einzige ist. Damit wird eine Abbildung $f \to y$ von H auf D_A eindeutig bestimmt, die der zu A inverse Operator heißt und mit A^{-1} bezeichnet wird. Somit ist nach Definition

$$y = A^{-1} f. \tag{5.1}$$

Es sei noch vorausgesetzt, daß A^{-1} beschränkt ist, d. h., daß $\|A^{-1} f\| \leqq C\|f\|$ für eine Konstante gilt. Dann folgt durch Anwendung der Methode der Konstantenvariation zu der der Gleichung (4.5) äquivalenten Randwertaufgabe (1.3)—(1.4), daß A^{-1} ein Integraloperator ist, d. h.

$$A^{-1} f(x) = \int_a^b G(x, \xi) f(\xi)\, d\xi.$$

Der Kern $G(x, \xi)$ des Integraloperators A^{-1} heißt die Green*sche Funktion* von A (und auch der entsprechenden Randwertaufgabe (1.3)—(1.4)).

Die Kenntnis der Greenschen Funktion ermöglicht insbesondere, die Untersuchung des unbeschränkten Operators A auf eine einfachere Aufgabe der Untersuchung des beschränkten Integraloperators zurückzuführen. Daher ist die Konstruktion der Greenschen Funktion und deren Untersuchung eine wichtige Aufgabe. Es sei dabei bemerkt, daß nach Konstruktion die Greensche Funktion durch die Lösungen der homogenen Differentialgleichung und die Randformen ausgedrückt wird; daher hängen die Eigenschaften der Greenschen Funktion von den Eigenschaften dieser Lösungen und damit von den Eigenschaften der Koeffizienten p_k bei Annäherung an $x = a$ und $x = b$ ab.

6. Selbstadjungierte Zwischenoperatoren und selbstadjungierte Randwertaufgaben. Am besten sind die selbstadjungierten Zwischenoperatoren untersucht. Wir erinnern zuerst an die allgemeine Definition des adjungierten Operators. Es sei A ein Operator im HILBERT-Raum H mit einem dichten Definitionsbereich D_A. Der *adjungierte Operator* A^* wird folgenderweise definiert: sein Definitionsbereich D_{A^*} besteht genau aus denjenigen $z \in H$, für die ein Element $z^* \in H$ existiert, welches der Bedingung

$$(A\, y, z) = (y, z^*) \qquad \text{für alle } y \in D_A \tag{6.1}$$

genügt, und für diese z ist

$$A^* z = z^* . \tag{6.2}$$

Ein Operator A heißt *selbstadjungiert*, wenn $A^* = A$ ist. Eine Randwertaufgabe heißt *selbstadjungiert*, wenn der entsprechende Zwischenoperator selbstadjungiert ist. Im Falle der klassischen Randwertaufgabe (s. Nr. 1) fällt diese Definition mit der klassischen (s. Nr. 2) zusammen.

Es ist sehr wichtig, für einen gegebenen Differentialoperator L zu entscheiden, ob für ihn selbstadjungierte Zwischenoperatoren existieren, und falls sie existieren, wie sie alle konstruiert werden können. Es ist leicht zu sehen, daß die notwendige Bedingung dafür die Bedingung

$$L_0 \subset L_0^* \tag{6.3}$$

ist. Es sei vorausgesetzt, daß diese Bedingung erfüllt ist. Wir bezeichnen mit $\mathfrak{N}_\zeta$ den Raum aller Lösungen der Gleichung $L\, y = \zeta\, y$, $y \in D_L$ und setzen $\alpha(\zeta) = \dim \mathfrak{N}_\zeta$. Offenbar ist $\alpha(\zeta)$ höchstens gleich der Anzahl n aller linear unabhängigen Lösungen von $l\, y = 0$:

$$\alpha(\zeta) \leqq n .$$

Es zeigt sich, daß, falls die Bedingung (6.3) erfüllt ist, $\alpha(\zeta) = \text{const}$ in der Halbebene $\operatorname{Im} \zeta < 0$ und auch $\alpha(\bar{\zeta}) = \text{const}$ in der Halbebene $\operatorname{Im} \zeta < 0$ sind. Die Gleichung

$$\alpha(\zeta) = \alpha(\bar{\zeta}) \qquad \text{für} \qquad \operatorname{I}_m \zeta \neq 0 \tag{6.4}$$

ist eine notwendige und auch hinreichende Bedingung für die Existenz der selbstadjungierten Zwischenoperatoren. Diese Zwischenoperatoren lassen sich folgenderweise beschreiben. Es seien ζ eine feste nichtreelle Zahl und V die infolge von (6.4) existierende lineare isometrische Abbildung von $\mathfrak{N}_{\bar{\zeta}}$ auf $\mathfrak{N}_\zeta$.

Es sei ferner F_V die Gesamtheit aller Funktionen

$$z = y + \varphi - V\varphi\,, \qquad y \in D_{L_0}\,, \qquad \varphi \in \mathfrak{N}_{\bar{\zeta}}\,. \tag{6.5}$$

Wir definieren einen Operator A_V, indem wir $D_{A_V} = F_V$ und $A_V\, y = L\, y$ für $y \in F_V$ setzen. Dann ist A_V ein selbstadjungierter Zwischenoperator, und wir erhalten alle selbstadjungierten Zwischenoperatoren, indem wir in der beschriebenen Weise die A_V für alle möglichen V konstruieren.

In vielen Fällen kann die Bedingung der Isometrie von V durch die Eigenschaften der dem A_V entsprechenden Randbedingungen ausgedrückt werden.

7. Eine hinreichende Bedingung der Vollständigkeit des Eigenfunktionensystems eines selbstadjungierten Zwischenoperators. Besitzt ein Zwischenoperator eine GREENsche Funktion $G(x, \xi)$ (s. Nr. 5), so sind seine Eigenfunktionen auch die Eigenfunktionen des Operators A^{-1}, weil (4.7) der Gleichung $\varphi = \lambda A^{-1} \varphi$, d. h. der Integralgleichung

$$\varphi(x) = \lambda \int_a^b G(x, \xi) \varphi(\xi) \, d\xi ,$$

äquivalent ist. Daher kann man mit Hilfe der Integralgleichungstheorie eine bestimmte Information über die entsprechende Randwertaufgabe erhalten. Es sei A selbstadjungiert, dann ist

$$G(x, \xi) = \overline{G(\xi, x)} ,$$

d. h. G ist eine HERMITEscher Kern. Es gelte außerdem*)

$$\int_a^b \int_a^b |G(x, \xi)|^2 \, dx \, d\xi < \infty . \tag{7.1}$$

Dann ist der klassische HILBERT-SCHMIDTsche Satz anwendbar. Nach diesem Satz ist das Eigenfunktionensystem von $\{y_k\}$ vollständig, so daß für jede Funktion $f \in H$ die Entwicklung (3.4) gilt; sie ist eindeutig bestimmt, und die Reihe in (3.4) ist nach der Norm in H konvergent.

8. Die Entwicklung nach Eigenfunktionen eines selbstadjungierten Differentialoperators im allgemeinen Fall. Der Spektralsatz. Im allgemeinen Fall kann die Entwicklung nach Eigenfunktionen nicht nur eine Summe, sondern auch ein Integral enthalten. Wir beginnen mit einer Hilfskonstruktion.

Es sei σ eine Matrixfunktion, deren Werte Matrizen $\sigma(\lambda) = \left(\sigma_{ij}(\lambda)\right)_{i,j=1}^n$ der Ordnung n sind. Falls für beliebige reelle Zahlen $\lambda_1 \leqq \lambda_2$ und beliebige komplexe Zahlen

$$\sum_{i,j=1}^n \xi_i \bar{\xi}_j \{\sigma_{ij}(\lambda_2) - \sigma_{ij}(\lambda_1)\} \geqq 0$$

gilt, so heißt σ eine *Matrixverteilungsfunktion.* Die Elemente $\sigma_{ij}(\lambda)$ einer solchen Funktion sind in jedem endlichen Intervall von beschränkter Schwankung, und daher kann man bezüglich der $\sigma_{ij}(\lambda)$ STIELTJESsche Integrale bilden.

Es bezeichne L_σ^2 den HILBERT-Raum, dessen Elemente Vektorfunktionen $\varphi(\lambda) = \left(\varphi_1(\lambda), \ldots, \varphi_n(\lambda)\right)$ sind und in dem das Skalarprodukt durch

$$(\varphi, \psi) = \int_{-\infty}^{\infty} \sum_{i,j=1}^n \varphi_i(\lambda) \overline{\psi_j'(\lambda)} \, d\sigma_{ij}(\lambda) \tag{8.1}$$

gegeben ist. Ferner bezeichne Λ_σ den Multiplikationsoperator mit λ in L_σ^2; d. h. D_{Λ_σ} besteht genau aus denjenigen Vektorfunktionen $\varphi(\lambda) \in L_\sigma^2$, für die auch $\lambda \varphi(\lambda) \in L_\sigma^2$ ist, und $\Lambda_\sigma \varphi(\lambda) = \lambda\varphi(\lambda)$ für $\varphi(\lambda) \in D_{\Lambda_\sigma}$. Den Grundinhalt des Spektralsatzes für selbstadjungierte gewöhnliche Differentialoperatoren bilden:

[1]) Damit man die Gültigkeit von (7.1) feststellen kann, muß das Verhalten der Lösungen der homogenen Gleichung $l y = 0$ bei $x \to a + 0$ und $x \to b - 0$ bekannt sein.

1. die Behauptung, daß jeder solche (Differential-)Operator einem Operator Λ_σ unitär äquivalent ist und

2. die Beschreibung der entsprechenden unitären Abbildung.

Es sei nun dieser Satz genauer formuliert. Wir bezeichnen mit $u_1(x, \lambda), \ldots$ $\ldots, u_n(x, \lambda)$ das Fundamentalsystem der Lösungen der Differentialgleichung

$$l\,y = \lambda\,y\,, \tag{8.2}$$

die den Anfangsbedingungen

$$u_j^{(k)}(x_0, \lambda) = \begin{cases} 0 & \text{für} \quad k \neq j \\ 1 & \text{für} \quad k = j \end{cases} \tag{8.3}$$

genügen, wobei x_0 ein innerer Punkt von (a, b) ist. Weiter bezeichne H' die Gesamtheit aller Funktionen $f(x) \in H = L^2(a, b)$, die außerhalb eines endlichen (von f abhängenden) Intervalls $[\alpha, \beta] \subset (a, b)$ gleich Null sind. Für jede Zahl λ setzen wir

$$u_j(f, \lambda) = \int_a^b f(x)\,\overline{u_j(x, \lambda)}\,dx \tag{8.4}$$

und

$$W f(\lambda) = \big(u_1(f, \lambda), \ldots, u_n(f, \lambda)\big)\,. \tag{8.5}$$

Für jeden selbstadjungierten Zwischenoperator von L existiert eine im wesentlichen eindeutig bestimmte Matrixverteilungsfunktion σ, die die folgenden Eigenschaften besitzt:

A. Für je zwei $f, g \in H'$ gilt die Identität

$$\int_a^b f(x)\,\overline{g(x)}\,\mathrm{d}x = \int_{-\infty}^{\infty} \sum_{i,j=1}^{n} u_i(f, \lambda)\,\overline{u_j(g, \lambda)}\,\mathrm{d}\sigma_{ij}(\lambda)\,, \tag{8.6}$$

die die Parsevalsche *Gleichung* genannt wird.

Die Parsevalsche Gleichung bedeutet, daß der durch (8.4)—(8.5) bestimmte Operator W isometrisch die Menge $H' \subset H$ in L_σ^2 (s. (8.1)) abbildet. Da H' in H dicht ist, läßt sich W stetig auf den ganzen Raum H erweitern.

B. Der erweiterte Operator W bildet den Raum H isometrisch auf den ganzen Raum L_σ^2 ab:

$$W\,H = L_\sigma^2\,. \tag{8.7}$$

C. D_A ist genau die Gesamtheit derjenigen Funktionen $f \in H$, für die $W f \in D_{\Lambda_\sigma}$ gilt, und dabei ist

$$W\,A\,f = \Lambda_\sigma\,W\,f \quad \text{für} \quad f \in D_A\,. \tag{8.8}$$

Somit wird der Operator A durch die Abbildung W in den Operator Λ_σ der Multiplikation mit λ übergeführt; W wird die A-Fourier-Transformation genannt.

Aus der Parsevalschen Gleichung (8.6) folgt die Relation

$$f(x) = \int_{-\infty}^{\infty} \sum_{i,j=1}^{n} u_i(f, \lambda)\,u_j(x, \lambda)\,d\sigma_{ij}(\lambda)\,, \tag{8.9}$$

die einerseits als die Formel für W^{-1}, d. h. als die *Umkehrformel für die A-Fourier-Transformation* und andererseits als die Entwicklung von f nach den

Eigenfunktionen $u_j(x, \lambda)$ betrachtet werden kann. Der Multiplikation von Wf mit der charakteristischen Funktion $\varkappa_\Delta(\lambda)$ eines Intervalls Δ entspricht die Anwendung auf f des Integraloperators P_Δ mit dem Kern

$$P_\Delta(x, \xi) = \int_\Delta \sum_{i,j=1}^{n} u_i(x, \lambda) \overline{v_j(\xi, \lambda)}\, d\sigma_{ij}(\lambda) . \tag{8.10}$$

Das einfachste Beispiel der A-Fourier-Transformation ist die gewöhnliche Fourier-Transformation. Sie entspricht dem Differentialausdruck $l\,y = \frac{1}{i} \frac{dy}{dx}$ in $(-\infty, \infty)$. Es zeigt sich, daß im Raum $L^2(-\infty, \infty)$ dieser Ausdruck einen einzigen Operator $A = L = L_0$ erzeugt; dabei ist A selbstadjungiert, und es sind $n = 1$, $u(x, \lambda) = e^{ix\lambda}$, $\sigma(\lambda) = \frac{1}{2\pi}\lambda$. Setzt man das in (8.4) und (8.9) ein, so erhält man die Formel der Fourier-Transformation und die Umkehrformel von Fourier.

Ein anderes einfaches Beispiel erhält man, wenn man denselben Differentialausdruck $l\,y = \frac{1}{i} \frac{dy}{dx}$ in $L^2(-\pi, \pi)$ betrachtet. Jetzt ist schon $L_0 \neq L$, und es existieren für L unendlich viele selbstadjungierte Zwischenoperatoren, von denen jeder durch eine Randbedingung der Form $y(\pi) = \Theta\, y(-\pi)$ mit $|\Theta| = 1$ eindeutig bestimmt wird.

Es sei der Bestimmtheit halber der Fall $\Theta = 1$ näher betrachtet. Dann ist wie früher $n = 1$, $u(x, \lambda) = e^{ix\lambda}$, aber $\sigma(\lambda) = \frac{1}{2\pi}[\lambda]$, wobei $[\lambda]$ den ganzen Teil von λ bedeutet. Setzt man das in (8.4) und (8.9) ein, so erhält man die Formel für die gewöhnlichen Fourier-Koeffizienten und die Entwicklung in die gewöhnliche Fourier-Reihe.

Diese zwei Beispiele illustrieren die Fälle des rein kontinuierlichen und rein diskreten Spektrums. Wir geben einige Erklärungen dazu.

Die Elemente $\sigma_{ij}(\lambda)$ von σ als Funktionen beschränkter Schwankung können nur Unstetigkeitsstellen der ersten Art haben. Es stellt sich heraus, daß, falls λ_0 eine Unstetigkeitsstelle eines der Elemente $\sigma_{ij}(\lambda)$ ist, λ_0 ein Eigenwert von A ist. So ist im zweiten Beispiel jede ganze Zahl eine Unstetigkeitsstelle der Funktion $\sigma(\lambda) = \frac{1}{2\pi}[\lambda]$ und daher ein Eigenwert des durch $l\,y = \frac{1}{i}\frac{dy}{dx}$ und die Randbedingung $y(\pi) = y(-\pi)$ bestimmten Operators. In diesem Falle wird das Spektrum durch diese Eigenwerte ausgeschöpft. Im allgemeinen Fall ist es aber zweckmäßig, in das Spektrum nicht nur die Eigenwerte, d. h. die Unstetigkeitstellen von $\sigma(\lambda)$, sondern auch alle Nichtkonstantstellen dieser Funktion einzuschließen, d. h. die Stellen λ, in deren jeder Umgebung zwei Punkte λ_1, λ_2 existieren, für welche $\sigma(\lambda_1) \neq \sigma(\lambda_2)$ ist. Falls es dabei ein $\varepsilon > 0$ derart gibt, daß $\sigma(\lambda)$ eine Konstante in jedem der Intervalle $[\lambda + \delta, \lambda + \varepsilon]$, $[\lambda - \varepsilon, \lambda - \delta]$ für beliebig kleine $\delta > 0$ ist, so gehört λ nur zum diskreten Spektrum. Im anderen Fall gehört λ zum kontinuierlichen Spektrum. Im allgemeinen sind Fälle möglich, wo ein und derselbe Punkt λ den beiden Spektren angehört.

Schon im einfachsten ersten Beispiel sehen wir, daß die Eigenfunktion $e^{i\lambda x}$ dem Raum $H = L^2(-\infty, \infty)$ nicht angehört. Ein solcher Sachverhalt entsteht immer, wenn der Operator ein kontinuierliches Spektrum hat. Diese

Tatsache zeigt, daß der Rahmen des ursprünglichen Hilbert-Raumes (falls ein kontinuierliches Spektrum existiert) zu eng für die Untersuchung der Entwicklung nach Eigenfunktionen des gegebenen Operators sein kann. Die am besten geeignete Konstruktion ist dabei folgende.

Es sei Φ ein linearer topologischer Raum, der ein dichter Teil des Raumes H ist und für welchen die identische Abbildung $\Phi \to H$ stetig ist; Φ heißt ein *Raum der Grundfunktionen*. Der Raum Φ' aller auf Φ stetigen Funktionale heißt der Raum der *Distributionen* (oder *verallgemeinerten Funktionen*) über Φ

Jedes Element $f \in H$ erzeugt eine Distribution $F(\varphi) = (\varphi, f)$, die mit f identifiziert werden kann. Aber im allgemeinen ist Φ umfassender als H, so daß

$$\Phi \subset H \subset \Phi'$$

gilt, und dabei ist jede der identischen Abbildungen $\Phi \to H$, $H \to \Phi'$ stetig. Es sei nun A ein Operator in H, dessen Definitionsbereich D_A den Raum Φ enthält. Eine Distribution $F \in \Phi'$, $F \neq 0$ heißt ein verallgemeinertes Eigenelement von A, falls für eine Zahl λ

$$F(A\,\varphi) = \lambda\, F(\varphi) \quad \text{für alle } \varphi \in \Phi$$

gilt. Es läßt sich zeigen, daß für jeden selbstadjungierten Operator A in H der Raum Φ so gewählt werden kann, daß $\Phi \subset D_A$ gilt und daß es genügend viele verallgemeinerte Eigenelemente von A in Φ' gibt, damit die Entwicklung nach diesen Elementen jeder Funktion $f \in H$ möglich wäre. Dabei bleibt noch eine Willkür in der Wahl von Φ. Es ist zweckmäßig, Φ möglichst umfassend zu wählen; denn je umfassender Φ gewählt wird, desto enger ist Φ', und das bedeutet, daß wir mehr Information über die Eigenelemente von A erhalten. Diese Konstruktion ist auch die bequemste und vollkommenste zur Erhaltung der Entwicklung nach Eigenfunktionen.

Im Zusammenhang mit dem Spektralsatz entsteht eine wichtige Aufgabe der Beschreibung der Bilder verschiedener Funktionsklassen (beispielsweise der Funktionen von H') oder Distributionsklassen bei der Abbildung W. Im Falle, daß W die gewöhnliche Fourier-Transfoımation ist (s. das 1. Beispiel), ist die Lösung im wesentlichen in dem bekannten Payley-Wienerschen Satz enthalten. Die Lösung ist auch im Falle der Differentialgleichungen zweiter Ordnung bekannt, aber für Differentialgleichungen der Ordnung $n > 2$ bleibt noch die Frage offen. Die Lösung dieser Aufgabe würde zu wesentlichen Fortschritten in der Untersuchung der Umkehraufgabe der Spektralanalyse und in Erweiterung der Fourier-Methode auf schnell wachsende Anfangsfunktion für Differentialgleichungen der Ordnung $n > 2$ führen.

9. Der Spektralsatz und Quantenmechanik. Der Spektralsatz gibt einen Zugang zur mathematischen Modellierung der quantenmechanischen Erscheinungen. Als Grundbegriffe in der Quantenmechanik können Größen und Zustände angenommen werden. Die Größen werden mit den selbstadjungierten Operatoren im Hilbert-Raum identifiziert; dabei wird jeder Operator mit einem Epitheton versehen, das den physikalischen Sinn der Größe erklärt (beispielsweise Energieoperator, Impulsoperator usw.). Die Zustände werden mit den normierten Elementen des Hilbert-Raumes identifiziert, in dem diese Operatoren wirken. Es seien A eine Größe, die mit einem selbstadjungierten gewöhnlichen Differentialoperator A identifiziert ist, $\sigma(\lambda)$ die entsprechende Matrixverteilungsfunktion, f ein Zustand und E eine Menge reeller Zahlen. Dann ist die Zahl

$$\int_E \sum_{i,j=1}^{n} u_i(f,\lambda)\,\overline{u_j(f,\lambda)}\,d\sigma_{ij}(\lambda)$$

die Wahrscheinlichkeit dafür, daß im Zustand f die Größe A einen Wert besitzt, der der Menge E angehört. In dieser Terminologie werden die mathematischen Aufgaben der Quantenmechanik formuliert.

10. Die Problemstellung über die Entwicklung nach Eigenfunktionen eines nichtselbstadjungierten Operators. Es sei zunächst auf den folgenden allgemeinen Zugang zum Begriff des Spektrums*) hingewiesen. Es sei A ein beliebiger linearer Operator im HILBERT-Raum H, und λ sei eine beliebige komplexe Zahl. Für diejenigen λ, für welche die Gleichung $(A - \lambda\, 1) f = 0$, $f \in D_A$ die einzige Lösung $f = 0$ hat, existiert $(A - \lambda\, 1)^{-1}$. Die λ-Werte, für welche $(A - \lambda\, 1)^{-1}$ ein im ganzen H definierter beschränkter Operator ist, heißen die *regulären Punkte* von A. Für diese λ-Werte heißt $(A - \lambda\, 1)^{-1}$ die *Resolvente* von A. Die Gesamtheit aller nichtregulären Punkte heißt das *Spektrum* von A.

Bei der Konstruktion der Entwicklung nach Eigenfunktionen werden die Methoden der Theorie der analytischen Funktionen angewendet. Der Grund liegt darin, daß die Resolvente $(A - \lambda\, 1)^{-1}$ eine analytische Funktion von λ für alle regulären λ-Werte von A ist.

Wir betrachten zunächst den einfachsten Fall, daß ein isolierter Punkt λ_0 des Spektrums von A ein einfacher Pol von $(A - \lambda\, 1)^{-1}$ ist. Wir setzen

$$P_{\lambda_0} = -\frac{1}{2\pi i} \oint_{|\lambda-\lambda_0|=\varepsilon} (A - \lambda\, 1)^{-1}\, d\lambda\,, \tag{10.1}$$

wobei $\varepsilon > 0$ so klein gewählt wird, daß λ_0 der einzige Punkt des Spektrums von A im Kreise $|\lambda - \lambda_0| \leqq \varepsilon$ ist. Es ist leicht einzusehen, daß $(A - \lambda_0\, 1)\, P_{\lambda_0} = 0$ ist, und daher besteht $P_{\lambda_0} H$ aus den Eigenelementen von A.

Falls aber λ_0 ein Pol von $(A - \lambda\, 1)^{-1}$ der Ordnung ν ist, dann haben wir statt der Relation $(A - \lambda_0\, 1)\, P_{\lambda_0} = 0$ die Relation $(A - \lambda_0\, 1)^\nu P_{\lambda_0} = 0$; daher ist $(A - \lambda_0\, 1)^\nu P_{\lambda_0} H = 0$. Die Lösungen φ der Gleichung $(A - \lambda_0\, 1)^\nu P_{\lambda_0} H = 0$, die keine Eigenelemente sind, heißen die λ_0 entsprechenden *zugeordneten Elemente* von A.

Es sei das Spektrum σ von A eine Vereinigung $\sigma = \bigcup_n \sigma_n$ der zusammenhängenden Komponenten σ_n. Wir bilden für jede solche Komponente das Integral

$$P_{\sigma_n} = -\frac{1}{2\pi i} \oint_{\Gamma_n} (A - \lambda\, 1)^{-1}\, d\lambda\,, \tag{10.2}$$

wobei die JORDANsche geschlossene Kurve Γ_n aus lauter regulären Punkten von A besteht und in ihrem Inneren σ_n, aber keine Punkte von $\sigma - \sigma_n$ enthält. Nun läßt

[1]) Im selbstadjungierten Fall führt das zu demselben wie in Nr. 8.

sich das Problem der Entwicklung nach Eigenfunktionen in folgender natürlichen Weise verallgemeinern. In welchem Sinne gilt die Formel

$$1 = \sum_n P_{\sigma_n} \tag{10.3}$$

und, falls σ_n aus mehr als einem Punkt besteht, wann kann P_{σ_n} als das über σ_n erstreckte Integral dargestellt werden? Aus dem Vorhergehenden ist klar, daß es natürlich wäre, die Begründung von (10.3) mit Hilfe der Integration der Resolvente von A über ein geeignetes System geschlossener Kurven in der komplexen Ebene zu suchen. Es sei beispielsweise vorausgesetzt, daß ein System geschlossener JORDANscher Kurven Γ_n derart existiert:

1. 0 liegt innerhalb aller Γ_n;
2. zwischen Γ_n und Γ_{n+1} ist nur die Komponente σ_n von σ enthalten;
3. in irgendeinem Sinne gilt

$$\oint_{\Gamma_n} (A - \lambda\, 1)^{-1} \frac{d\lambda}{\lambda} \to 0\,. \tag{10.4}$$

Dann folgt aus den Relationen

$$\frac{1}{\lambda}\, 1 = -(A - \lambda\, 1)^{-1} + \frac{1}{\lambda} A\, (A - \lambda\, 1)^{-1} \tag{10.5}$$

und $\oint_{\Gamma_n} d\lambda/\lambda = 2\pi i$, daß im entsprechenden Sinne die Reihe $\sum_n P_{\sigma_n}$ konvergiert und die Gleichung (10.3) gültig ist. Wir betrachten einige Fälle, für welche dieser Plan realisiert werden kann.

11. Der Fall des diskreten Spektrums. Es sei nun vorausgesetzt, daß (a, b) ein endliches Intervall ist, daß $p_0(x) \equiv 1$ ist und alle $p_k(x)$ in (a, b) integrabel sind. Dann gehört jede Lösung von $l\,y = \lambda\, y$ dem Raum $H = L^2(a, b)$ an. Unter gewissen algebraischen Regularitätsbedingungen über die Randformen, auf die wir nicht eingehen können, läßt sich dann zeigen, daß die Eigenwerte des entsprechenden Zwischenoperators A durch die Formel $\lambda_k = \varrho_k^n$ gegeben werden, wobei die ϱ_k asymptotisch gleich den Wurzeln der Gleichung $e^{\alpha\varrho} + \beta = 0$ mit bestimmten Konstanten α, β sind. In diesem Fall ist es leicht, ein Kurvensystem Γ_n zu finden, für das (10.4) gilt. Das Hauptergebnis ist hier der Satz über die Entwicklung jeder Funktion aus D_A (im Falle regulärer Randbedingungen) in eine gleichmäßig konvergente Reihe nach Eigenfunktionen von A. Für eine beliebige Funktion $f \in H$ ist diese Entwicklung im Sinne der Norm konvergent. Es gibt auch Ausnahmen.

12. Der Fall des kontinuierlichen Spektrums. Spektralsingularitäten. Enthält das Spektrum eines nichtselbstadjungierten Differentialoperators A eine Strecke Δ der reellen Achse, so kann man folgenden Weg einschlagen.

Es sei die Resolvente $(A - \lambda\, 1)^{-1}$ von A ein Integraloperator

$$(A - \lambda\, I)^{-1} f(x) = \int_a^b G(x, \xi, \lambda)\, f(\xi)\, d\xi\,, \tag{12.1}$$

dessen Kern $G(x, \xi, \lambda)$ analytisch bezüglich λ in der Nähe von Δ ist und analytische Fortsetzungen $G_+(x, \xi, \lambda)$ und $G_-(x, \xi, \lambda)$ „von oben nach unten" bzw. „von unten nach oben" besitzt, wenn λ die Strecke Δ nicht trifft. Es ist leicht zu beweisen, daß dann

$$G_+(x, \xi, \lambda) - G_-(x, \xi, \lambda) = \sum_{i,j=1}^{n} u_i(x, \lambda)\, v_j(\xi, \lambda)\, \varrho_{ij}(\lambda) \tag{12.2}$$

gilt, wobei $u_1(x, \lambda), \ldots, u_n(x, \lambda)$ ein Fundamentalsystem der Lösungen von $l\,y = \lambda\,y$ ist, die den Bedingungen (8.3) genügen; $v_1(x, \lambda), \ldots, v_n(x, \lambda)$ ist ein analoges Funktionensystem für L^*, und $\varrho_{ij}(\lambda)$ sind von x und ξ unabhängige Funktionen, die in der Nähe von Δ analytisch sind. Falls die Funktionen $\varrho_{ij}(\lambda)$ auf Δ integrierbar sind, kann das Integral $P_\Delta f(x)$ der Gestalt (10.2) längs einer geschlossenen JORDANschen Kurve, die Δ innerhalb enthält, in die Form

$$P_\Delta f(x) = \int_a^b P_\Delta(x, \xi)\, f(\xi)\, \mathrm{d}\xi \tag{12.3}$$

transformiert werden, wobei

$$P_\Delta(x, \xi) = \int_\Delta \sum_{i,j=1}^{n} u_i(x, \lambda)\, \overline{v_j(\xi, \lambda)}\, \varrho_{ij}(\lambda)\, d\lambda \tag{12.4}$$

ist. $P_\Delta(x, \xi)$ heißt der Δ entsprechende *Spektralkern.* Setzt man nun $d\sigma_{ij}(\lambda) = \varrho_{ij}(\lambda)\, d\lambda$, so wird (12.4) in

$$P_\Delta(x, \xi) = \int_\Delta \sum_{i,j=1}^{n} u_i(x, \lambda)\, \overline{v_j(\xi, \lambda)}\, d\sigma_{ij}(\lambda) \tag{12.5}$$

übergehen.

Die Ähnlichkeit der Formeln (8.10) und (12.5) ist nicht zufällig, weil die selbstadjungierten Operatoren eine Teilklasse der Gesamtheit aller linearen Operatoren bilden. Doch im Falle der nichtselbstadjungierten Operatoren sind spezifische Erscheinungen möglich, die im nichtselbstadjungierten Fall nicht entstehen und die mit der Existenz der Spektralsingularitäten verbunden sind. So werden die Punkte $\lambda \in \Delta$ genannt, in deren Umgebung eine der Funktionen $\varrho_{ij}(\lambda)$ nicht integrierbar ist, so daß die $\varrho_{ij}(\lambda)$ die verallgemeinerten Ableitungen von $\sigma_{ij}(\lambda)$ sind. Im selbstadjungierten Falle sind nur Eigenwerte von A als Spektralsingularitäten möglich; das sind die Unstetigkeitsstellen von $\sigma_{ij}(\lambda)$ (s. Nr. 8). Im nichtselbstadjungierten Fall gibt es aber auch Spektralsingularitäten, die Pole oder sogar Verzweigungsstellen einiger der $\varrho_{ij}(\lambda)$ sind. Auch in diesen Fällen bleibt die Formel (12.5) gültig, wenn man dabei das Integral in (12.5) in einem regularisierten Sinne versteht.

Der hier beschriebene Sachverhalt entsteht zum Beispiel bei der Untersuchung der Differentialoperatoren in $L^2(0, \infty)$ oder $L^2(-\infty, \infty)$, die durch Differentialausdücke mit komplexwertigen, im Unendlichen exponentiell verschwindenden Koeffizienten erzeugt werden.

13. Konvergenzcharakter der Entwicklung nach Eigenfunktionen eines Operators mit Spektralsingularitäten. Wie schon früher erwähnt, wird die Entwicklung nach Eigenfunktionen eines Operators mit Spektralsingularitäten durch regularisierte Integrale ausgedrückt. Diese Integrale konvergieren nicht im Sinne der Norm von $H = L^2(a, b)$, sondern in einem schwächeren Sinne, und zwar im Sinne einer Norm mit einer Gewichtfunktion, die als eine Potenz im Unendlichen verschwindet. Daher ist das regularisierte Integral ein Operator von H in einen umfassenderen Raum. Um in den ursprünglichen Raum H zurückzukehren, ist eine Regularisierungskorrektur nötig, und diese Regularisierungskorrektur ist ein endlichdimensionaler Operator, dessen Wertevorrat mit der linearen Hülle der den Spektralsingularitäten entsprechenden Eigenfunktionen und zugeordneten Funktionen zusammenfällt. Da im allgemeinen diese Funktionen dem Raum H nicht angehören, entsteht in natürlicher Weise das Problem der Entwicklung nach Eigenfunktionen eines Operators mit Spektralsingularitäten in einem H umfassenden Raum, der insbesondere alle den Spektralsingularitäten entsprechenden Eigenfunktionen und zugeordneten Funktionen enthält. Diese Aufgabe läßt sich mit Hilfe der Begriffe und Methoden der Distributionstheorie (verallgemeinerter Funktionen) lösen, ganz ähnlich, wie die klassische Fourier-Transfromation auf verschiedene Klassen der im Unendlichen nichtintegrierbaren Funktionen erweitert wird. Wie bekannt ist, bleibt die klassische Fourier-Transformation bei dieser Erweiterung eineindeutig. Im Gegensatz dazu wird die A-Transformation, die einem Operator A mit spektralen Singularitäten vom Poltypus entspricht, bei der Erweiterung nicht eineindeutig. Sie verschwindet genau auf der linearen Hülle der Eigenfunktionen und zugeordneten Funktionen, welche den spektralen Singularitäten entsprechen. Diese Erscheinung hindert aber nicht, die erweiterte A-Transfromation zur Lösung der Evolutionsaufgaben in Klassen nichtintegrierbarer Funktionen nach der Verallgemeinerung des Schemas in Nr. 3 zu lösen.

Der spezifische Konvergenzcharakter der Entwicklung nach Eigenfunktion des Operators A mit Spektralsingularitäten ist mit der geometrischen Struktur dieses Operators verbunden. Und zwar kann jeder Teilmenge Δ des Spektrums, die in einer positiven Entfernung von den spektralen Singularitäten liegt, ein invarianter Unterraum H_Δ derart zugeordnet werden, daß das Spektrum der Einschränkung von A auf H_Δ mit der abgeschlossenen Hülle von Δ zusammenfällt. Es zeigt sich, daß, wenn Δ_1, Δ_2 zwei Teilmengen des Spektrums von A sind, die in einer positiven Entfernung voneinander und von den Spektralsingularitäten liegen, der „Winkel" zwischen H_{Δ_1} und H_{Δ_2} nach Null strebt, wenn sich Δ_1 und Δ_2 einer der Spektralsingularitäten nähert. Für einen selbstadjungierten Operator ist dieser Winkel immer gleich $\pi/2$.

Eine ähnliche Situation entsteht bei der Untersuchung der nichtselbstadjungierten Operatoren in $L^2(\Omega)$, die durch den Differentialausdruck $l\,u = -\Delta u + q\,u$ erzeugt werden; dabei bedeutet u eine Funktion mehrerer Veränderlicher in einem mehrdimensionalen unbeschränkten Gebiet Ω, q eine komplexwertige Funktion in Ω, und Δ ist der Laplace-Operator. Bis jetzt sind nur die Fälle genügend ausführlich untersucht worden, bei denen Ω der ganze Raum oder ein Halbraum ist.

Die Untersuchung soll sich im allgemeinen auf das Studium der analytischen Eigenschaften des Resolventenkernes des entsprechenden Operators stützen.

14. Schlußbemerkungen. Die Zeiteinschränkungen haben uns nicht erlaubt, auf viele andere mit unserem Thema verbundene Fundamentalergebnisse einzugehen, wie zum Beispiel die Untersuchung der asymptotischen Spektrumverteilung, der Umkehraufgaben der Spektralanalyse und andere. Es seien noch die folgenden zwei Aufgaben formuliert, die nach unserer Meinung von Interesse sind.

1. Es sei

$$\int_0^\infty (1+x)\,|p(x)|\,dx < \infty ,$$

und $s(x, \lambda)$ bezeichne die Lösung der Gleichung $-y'' + p(x)\,y = \lambda\,y$, die den Anfangsbedingungen $s(0, \lambda) = 0$, $s'_x(0, \lambda) = 1$ genügt. Dann existiert für jede Funktion $f \in L^2(0, \infty)$ für fast alle $\lambda > 0$ das Integral

$$s(f, \lambda) = \int_0^\infty f(x)\,s(x, \lambda)\,dx .$$

Außerdem gibt es eine beschränkte, höchstens abzählbare Menge von komplexen Zahlen $\{\lambda_n\}$ mit Häufungsstellen nur auf der Halbachse $\lambda \geqq 0$ derart, daß $s^{(j)}(x, \lambda_n) \in L_2(0, \infty)$ für $j = 0, \ldots, m_n - 1$, $m_n < \infty$ gilt und für alle $f \in L^2(0, \infty)$ die Integrale

$$s^{(j)}(f, \lambda_m) = \int_0^\infty f(x)\,s^{(j)}(x, \lambda_n)\,dx$$

existieren. Es sei $f \in L^2(0, \infty)$, $s(f, \lambda) = 0$ für fast alle $\lambda > 0$ und $s^{(j)}(f, \lambda_n) = 0$ für $j = 0, \ldots, m_n - 1$, $n = 1, 2, \ldots$. Folgt dann, daß $f = 0$ ist ? Die Antwort ist bejahend, falls für ein positives $\varepsilon > 0$

$$\int_0^\infty |p(x)|\,e^{\varepsilon x}\,dx < \infty$$

gilt.

2. Untersuchung der Änderung der spektralen Eigenschaften des nichtselbstadjungierten Differentialoperators bei stetiger Deformation der Koeffizienten des Differentialausdruckes und der Randformen, die diesen Operator erzeugen. Hier ist von Interesse, die Invarianten dieser Deformationen aufzusuchen und auf dieser Grundlage die Randwertaufgaben zu klassifizieren. Die Aufgabe gehört zur Störungstheorie.

Zum Schluß möchte ich Herrn Professor Dr. W. E. Lyantse für seine Hilfe bei der Vorbereitung dieses Vortrages und Herrn Dr. habil. G. Anger für seine Hilfe bei der Bearbeitung der Korrekturen meinen tiefempfundenen Dank aussprechen.

Literaturverzeichnis

1. Ахиезер Н. И., Глазман И. М., Теория линейных операторов в гильбертовом пространстве, Наука, 1966.
2. Березанский Ю. М., Разложение по собзтвенным функциям самосопряженных операторов, Наукова Думка, 1965.
3. Аткинсон Ф., Дискретные и непрерывные краевые задачи, Мир, 1968.
4. Глазман И. М., Прямые методы качественного спектрального анализа самосопряженных операторов, Физматгиз, 1963.
5. Goldberg, S., Unbounded linear operators, Theory and applications, McGraw Hill Book Company, 1966.

6. Данфорд Н., Шварц Д., Линейные операторы, Спектральная теория, Мир, 1966.
7. Kato, T., Wave operators and similarity for some non selfadjoint operators, Math. Ann. 162 (1966), 258 —279.
8. Келдыш М. В., Лидский В. Б., Вопросы спектральной теории несамосопряженных операторов, Тр. IУ всесоюзного матем. съезда, I (1963) 101—120.
9. Коддингтон Э., Левинсон Н., Теория обыкновенных дифференциальных операторов, ИЛ, 1958.
10. Гельфанд И. М., Шилов Г. Е., Обобщенные функции, вып. 3, Физматгиз, 1958.
11. Крейн М. Г., Аналитические проблемы и результаты теории линейных операторов в гильбертовом пространстве. Труды международного конгресса математиков, Мир, 1968, 189—216.
12. Макки Дж., Лекции по математическим основам квантовой механики, Мир, 1965.
13. Наймарк М. А., Линейные дифференциальные операторы, Наука, 19, 1969.
14. Наймарк М. А., Спектральный анализ несамосопряженных операторов, УМН II: 6 (72), 1956, 183—202.
15. Левитан Б. М., Спектральная теория самосопряженных дифференциальных операторов, УМН, II: 6 (72), 1956, 117—144.
16. Плеснер А. И., Спектральная теория линейных операторов, Наука, 1965.
17. Титчмарш Э. Ч., Разложение по собственным функциям, т. I, и 2, ИЛ, 1960.
18. Фаддеев Л. Д., Обратная задача квантовой теории рассеяния, УМН, 13, 4 (88), 1959, 57—119.

Harmonic spaces and their connections with the semi-elliptic differential equations and with the Markov processes

by CORNELIU CONSTANTINESCU, Bucureşti[1])

(Manuskripteingang: 22. August 1969)

The aim of the theory of harmonic spaces was to construct a simple and a sufficiently large axiomatic system for the potential theory. A harmonic space is a locally compact space endowed with a supplementary structure which enables us to define a great deal of the notions similar to those from the classical potential theory, as for instance: harmonic and superharmonic function, potential, DIRICHLET problem, balayage, polar set, thinness and fine topology, quasi-continuity, MARTIN ideal boundary, etc. Standard examples of harmonic spaces are delivered by the linear elliptic and parabolic partial differential equations of order two with HÖLDER continuous coefficients, in particular by the LAPLACE and the heat equations. The solutions of these equations will be the harmonic functions of the associated harmonic space. All important results from the classical potential theory which do not use the DIRICHLET integral were rediscovered in this more general frame, eventually with supplementary axioms whose necessity was also proved, and extended ipso facto to the above indicated equations. Since the axioms of a harmonic space have a local character the results may be applied also to the above equations defined on a manifold. If the positive constant functions are superharmonic, if the space has a countable base and if there exists a strictly positive potential on the space it is proved that there exists a strong FELLER semi-group on the space for which the excessive functions are exactly the positive hyperharmonic functions and such that for any finite measure μ there exists a strong MARKOV process with continuous sample paths having μ as initial mass distribution and the above semi-group as semi-group of transitions.

Attempts to give an axiomatic treatment to the potential theory began about thirty years ago. Their aim was to obtain a more elegant theory, with a wider sphere of applications, which should unify the different existing branches of this theory and which should give a clearer vision on the implications between the principal theorems, called principles, of the potential theory. There are known several directions in which this axiomatisation was performed. Our intention is to present one of these directions, namely the axiomatisation with the aid of a sheaf, representing the sheaf of harmonic or hyperharmonic functions, axiomatisation which lead to the notion of harmonic space. Today it seems more useful to consider the theory of harmonic spaces as a link between the partial differential equations and the MARKOV processes.

Before giving a rigurous definition to the notion of harmonic space, we want to present it in a more intuitive way, in connection with the partial differential

[1]) Anschrift des Autors:
Prof. Dr. CORNELIU CONSTANTINESCU, Institutul de Matematică,
Calea Griviţei 21
Bucureşti 12, R. S. Romania

equations, which supply us with the most interesting examples of harmonic spaces and represent today, at the same time, the principal reason for the existence of these spaces. Let X be an open set of an Euclidean space and let L be a linear semi-elliptic differential operator of order two on X that is an operator of the form

$$L: = \sum_{i,j} a_{ij} \frac{\partial^2}{\partial x_i \, \partial x_j} + b_i \frac{\partial}{\partial x_i} + c \, ,$$

where $(a_{ij})_{ij}$ is a symmetrical matrix whose associated quadratic form is positive at any point of X. For any open subset U of X let $\mathcal{H}_L(U)$ be the set of real continuous solutions h on U (in a classical or in a generalized sense) of the equation $L\,h = 0$. Then the map $U \mapsto \mathcal{H}_L(U)$ is a sheaf on X, more exactly a sheaf of linear spaces of real continuous functions. A harmonic space is nothing else but a locally compact space endowed with such a sheaf, to which we assigne in an axiomatic way a list of properties, which are verified by the above sheaves $\mathcal{H}_L$, for those differential operators L, which are sufficiently proper (i.e. the coefficients are sufficiently smooth and the equation is not too degenerated). The classical potential theory is in fact the theory of the Laplace operator

$$\Delta: = \sum_{i} \frac{\partial^2}{(\partial x_i)^2} \, .$$

All concepts introduced by the classical potential theory (with the exception of those connected with the energy) as for instance superharmonic function, potential, Dirichlet problem, balayage, polar set, thinness, fine topology, quasi-continuity, Martin boundary, etc., may be defined in this more general frame. By this fact they are entended automatically to those semi-elliptic differential operators, which may be incorporated in the theory of harmonic spaces.

I want to insist a little on the notion of hyperharmonic function. In the classical potential theory a numerical function on an open set U is called hyperharmonic if on any connected component of U it is either identically infinite or superharmonic in the classical sense of Riesz. The set of hyperharmonic functions on an open set is a convex cone. Another more sophisticated way to introduce the notion of harmonic space consists in endowing a locally compact space with a sheaf of convex cones of lower semi-continuous numerical functions which do not take the value $-\infty$, representing the sheaf of hyperharmonic functions. Of course some axioms are needed. This way, although somehow less intiutive, leads to a more general notion of harmonic space whose principal advantage lies in the fact that it simplifies the proof that the theory of a certain semi-elliptic differential operator may be embedded in the theory of harmonic spaces. In this second manner to introduce the harmonic spaces the hyperharmonic function becomes a primitive notion while the harmonic function will be a derived notion (namely a function h is called harmonic if h and $-\,h$ are both hyperharmonic). It may happen, that the sheaf of harmonic functions thus obtained does not satisfy the axioms given in the first definition, even more, it may happen that two different sheaves of hyperharmonic functions deliver the same sheaf of harmonic functions. In this sense, we think that it is better to start, in the definition of a harmonic space, with the hyperharmonic and not with the harmonic functions.

The idea to construct an axiomatic theory with the aid of a sheaf of harmonic functions appears, in a somehow primitive form, already by G. TAUTZ [35], [36], [37], but his axiomatic system, constructed on an EUCLIDEAN space, seems to be intended for limited aims. In its plenitude this idea is exposed by J. L. DOOB [23] in a conference delivered at the 3rd BERKELY Symposium on Mathematical Statistic and Probabilities, held in 1954—55. It is worthy of remarking that in this conference DOOB introduced an extremely large system of axioms, very near to that used today, as well as the remarkable clearness concerning the perspective of this theory. He remarked that the theory may be applied also to the heat equation drawing by this the parabolic equations into the field of potential theory. Unfortunately DOOB did not follow the way he pointed out. The merit of propagating and developing many-sided this theory is due to M. BRELOT [13], [14], [15], [16], [19], [17], [18] who in a long series of papers and lectures studied this theory, but in a more restrictive axiomatic system introduced by him. The list of mathematicians who worked in this field is long enough and many of them will be mentioned below. Nevertheless, I want to point out the name of two mathematicians, who brought important contributions to this theory from its very beginning: R.-M. HERVÉ [19], [26], [27], [28], [29], [30] who worked in BRELOT's axiomatic theory and H. BAUER [1], [2], [3], [4] who came back to the wider axiomatic theory of DOOB and even extended it.

Some words have to be said at this level of generality about the connection between the harmonic spaces and the MARKOV processes. It is proved that on some harmonic spaces, in fact on any "sufficiently small" harmonic space with a countable base, there exists a strong FELLER semi-group of transitions such that the set of excessive functions with respect to this semi-group coincides with the set of positive hyperharmonic functions [33], [6]. We return later with more details to this subject.

1. Harmonic spaces

A harmonic space is a locally compact space X endowed with a sheaf $\mathcal{U}$ of convex cones of lower semi-continuous numerical functions which do not take the value $-\infty$ and which satisfies some axioms which we shall precise later. More exactly for any open set U of X, $\mathcal{U}(U)$ is a set of lower semi-continuous functions on U with values in $[-\infty, +\infty]$, called hyperharmonic functions on U, such that:

a) if U, V are open sets of X, $V \subset U$, then the restriction to V of any hyperharmonic function on U is a hyperharmonic function on V.

b) if $(U_i)_{i \in I}$ is a family of open sets of X then a function on $\bigcup_{i \in I} U_i$ is hyperharmonic if for any $i \in I$ its restriction to U_i is hyperharmonic;

a) for any open set U of X the set of hyperharmonic functions on U is a convex cone.

The functions which belong to $-\mathcal{U}(U)$ are called hypoharmonic functions. A function which is hyperharmonic and hypoharmonic on an open set U will be called harmonic function on U. We denote by $\mathcal{H}(U)$ the set of harmonic functions on U. $U \mapsto \mathcal{H}(U)$ is a sheaf of linear spaces of real continuous functions on X.

Let U be an open relatively compact set and f be a numerical function (i.e. with values in $[-\infty, +\infty]$) defined on the boundary of U. Let $\overline{\mathcal{U}}_f^U$ (resp. $\underline{\mathcal{U}}_f^U$) be the set of lower bounded hyperharmonic (resp. upper bounded hypoharmonic) functions u on U such that

$$\liminf_{x \to y} u(x) \geqq f(y) \qquad \left(\text{resp. } \limsup_{x \to y} u(x) \leqq f(y)\right)$$

for any boundary point y of U. We denote by $\overline{H}_f^U$ (resp. $\underline{H}_f^U$) the greatest lower bound of $\overline{\mathcal{U}}_f^U$ (resp. the least upper bound of $\underline{\mathcal{U}}_f^U$). If $\overline{H}_f^U$, $\underline{H}_f^u$ coincide and are harmonic we denote by H_f^U their common value and say that f is resolutive. If any finite continuous function is resolutive we say that U is a resolutive set. In this case for any $x \in U$ the map

$$f \mapsto H_f^U(x)$$

defined on the vector space of real continuous functions on the boundary of U is linear and positive. There exists therefore a measure denoted by μ_x^U, such that

$$H_f^U(x) = \int f \, d\mu_x^U$$

for any real continuous function f defined on the boundary of U.

We give now the axioms of the structure of harmonic space [22].

The axiom of positiveness. *For any point x of the space there exists a harmonic function defined on a neighbourhood of x different from 0 at this point.*

The axiom of convergence. *The limit function of any increasing sequence of harmonic functions on an open set is harmonic if it is bounded.*

The axiom of resolutivety. *The set of resolutive sets is a base of the space.*

The axiom of completeness. *Let U be an open set and u be a lower semi-continuous numerical function on U which does not take the value $-\infty$. If for any resolutive set V, whose closure lies in U, we have*

$$\int^{*} u \, d\mu_x^V \leqq u(x)$$

for any $x \in V$, then u is hyperharmonic on U.

All axioms have a local character. This has two consequences. First if U is an open set of a harmonic space then U endowed with the restriction of the sheaf of hyperharmonic functions is itself a harmonic space. Secondly this theory may be applied also to the theory of partial differential equations on a manifold. It follows immediately from the axioms that the infinum of two hyperharmonic functions and the least upper bound of an upper directed family of hyperharmonic functions are also hyperharmonic functions. The axioms have two topological consequences: a harmonic space is locally connected [5] and possesses no isolated points. Any set of equally bounded harmonic functions on an open set is equicontinuous [24].

2. Brelot spaces and Bauer spaces

As we remarked before, at the beginning of this theory the harmonic space was defined by endowing a locally compact space with a sheaf of harmonic functions. We want to show the relations between these two ways of introducing the harmonic spaces.

Let X be a locally compact space and $\mathscr{H}$ be a sheaf of linear spaces of real continuous functions on it. The functions of this sheaf will be called harmonic functions. A relatively compact open set U of X is called regular with respect to $\mathscr{H}$ if any real continuous function f defined on the boundary of U possesses a unique continuous extention $\bar{f}$ to $\bar{U}$, positive if f is positive and whose restriction to U is harmonic. For any regular set U and for any $x \in U$ the map $f \mapsto \bar{f}(x)$ is a positive linear functional on the vector space of real continuous functions on the boundary of U and defines therefore a measure ω_x^U on the boundary of U such that

$$\bar{f}(x) = \int f \, d\omega_x^U$$

for any real continuous function f on the boundary of U.

X endowed with $\mathscr{H}$ is called a Brelot *space* if the following axioms are fulfilled [15]:

Topological axiom. *X is locally connected and possesses no isolated points.*

Axiom of regular sets. *The regular sets form a base.*

Axiom of Harnack. *The limit function of any increasing sequence of harmonic functions on an open connected set is harmonic if it is finite at a point.*

X endowed with $\mathscr{H}$ is called a Bauer *space* if the following axioms are fulfilled [2]:

Axiom of positiveness. *For any point of the space there exists a harmonic function defined on a neighbourhood of this point different from 0 at this point.*

Strong axiom of regular sets. *There exists a base $\mathfrak{B}$ of regular sets such that the intersection of any two sets of $\mathfrak{B}$ is regular.*

Axiom of convergence. *The limit function of any increasing sequence of harmonic functions is harmonic if it is bounded.*

Any Brelot space is a Bauer space. As in the case of a harmonic space the axioms of a Brelot space and of a Bauer space are local. Let U be an open set of a Bauer space. A lower semicontinuous numerical function on U which does not take the value $-\infty$ is a called hyperharmonic if there exists a base $\mathfrak{B}$ of regular sets in U, such that for any $V \in \mathfrak{B}$ and for any $x \in V$ we have

$$\int^* u \, d\omega_x^U \leqq u(x) .$$

Let $\mathscr{U}(U)$ be the set of hyperharmonic functions on U. If X is a Bauer space then X endowed with the sheaf $\mathscr{U}$ is a harmonic space for which $\mathscr{H}$ is exactly the sheaf of harmonic functions. Conversely assume that X is a harmonic space and let $\mathscr{H}$ be the sheaf of harmonic functions on X. If the regular sets with respect to $\mathscr{H}$ form a base of X, and this happens for the most interesting examples, then X endowed with $\mathscr{H}$ is a Bauer space and the hyperharmonic functions on this space are exactly the hyperharmonic functions on the harmonic space.

3. The harmonic space associated to a semi-elliptic partial differential equation

The standard example of a BRELOT space is given by the LAPLACE equation. If we denote for any open set U of an EUCLIDEAN space R^n by $\mathcal{H}_\Delta(U)$ the set of solutions of the LAPLACE equation on U

$$\left(\text{i.e. } \mathcal{H}_\Delta(U) := \{h \text{ function of class } C^2 \text{ on } U \,|\, \Delta h := \sum_i \frac{\partial^2 h}{(\partial x_i)^2} = 0\right)$$

then $\mathcal{H}$ is a sheaf of linear spaces of real continuous functions on R^n and R^n endowed with $\mathcal{H}$ is a BRELOT space. This result may be extended to more general elliptic partial differential equations. Let X be an open set of an EUCLIDEAN space and let

$$L := \sum_{i,j} a_{ij} \frac{\partial^2}{\partial x_i \, \partial x_j} + \sum_i b_i \frac{\partial}{\partial x_i} + c$$

be a differential operator on X such that: a) b_i, c are continous and a_{ij} are DINI-continuous real functions; b) $(a_{ij})_{ij}$ is a symmetric matrix whose associated quadratic form is strictly positive at any point of X. For any open set U of X let $\mathcal{H}_L(U)$ be the set of functions h of class C^2 on U for which $L\,h = 0$. Then X endowed with $\mathcal{H}_L$ is a BRELOT space [30], [7], [11], [9]. If we drop the hypothesis that a_{ij} are DINI-continuous then we have to take as harmonic functions generalized solutions (in SOBOLEV spaces) of the equation $L\,h = 0$ and we may only prove that in this case X endowed with $\mathcal{H}$ is a BAUER space [8].

If the operator L may be written in the divergence from

$$L := \sum_i \frac{\partial}{\partial x_i} \left(\sum_j a_{ij} \frac{\partial}{\partial x_j} \right)$$

and if it is uniformly elliptic (i.e. there exists a real number $\alpha \geqq 1$ such that

$$\frac{1}{\alpha} \sum_i \xi_i^2 \leqq \sum_{i,j} a_{ij}(x)\, \xi_i\, \xi_j \leqq \alpha \sum_i \xi_i^2$$

for any $x \in X$ and any vector $(\xi_i) \in R^n$) then we may assume about the functions a_{ij} that they are only LEBESGUE-measurable. If we take as harmonic functions the real continuous functions h whose derivatives in the sense of distribution theory are locally square-integrable and which are solutions of the equation

$$L\,h = 0$$

also in the sense of distribution theory, then X endowed with the sheaf of harmonic functions becomes a BRELOT space [31].

Any RIEMANN surface, even if it is not orientable, becomes a BRELOT space if we endow it with the sheaf of harmonic functions. The same is true for a RIEMANN space taking here as harmonic functions the solutions of the equation

$$\Delta h := \sum_i h_{;i;i} = 0\,.$$

The standard example of a BAUER space is delivered by the heat equation on an EUCLIDEAN space $R^n \times R$:

$$\bigcirc h := \Delta h - \frac{\partial h}{\partial t} = 0 .$$

If we denote for any open set U of $\mathrm{R}^n \times \mathrm{R}$ by $\mathcal{H}_{\bigcirc}(U)$ the set of real functions h of class C^2 on U for which $\bigcirc h = 0$ we get a sheaf $\mathcal{H}_{\bigcirc}$ of linear spaces of real continuous functions on $\mathrm{R}^n \times \mathrm{R}$ such that $\mathrm{R}^n \times \mathrm{R}$ endowed with $\mathcal{H}_{\bigcirc}$ is a BAUER space. It is possible to extend this result to a parabolic equation. Let X be an open set of the EUCLIDEAN space $\mathrm{R}^n \times \mathrm{R}$ and let L be the differential operator

$$L := \sum_{i,j=1} a_{ij} \frac{\partial^2}{\partial x_i \, \partial x_j} + \sum_{i=1}^{n} b_i \frac{\partial}{\partial x_i} + c - \frac{\partial}{\partial x^{n+1}}$$

such that: a) $(a_{ij})_{ij}$ is a symmetric matrix whose associated quadratic form is strictly positive at any point of X; b) there exist two continuous increasing real functions δ and ω on $[0, \infty[$ equal to 0 at 0 such that

$$\int_0 \frac{\sqrt{\delta(t)}}{t} \, dt < \infty$$

and such that

$$|a_{ij}(x, t) - a_{ij}(x', t')| < \delta(|x - x'|^2) + \omega(|t - t'|) ,$$
$$|b_i(x, t) - b_i(x', t')| < \delta(|x - x'|^2) + \omega(|t - t'|) ,$$
$$|c(x, t) - c(x', t')| < \delta(|x - x'|^2) + \omega(|t - t'|)$$

for any $(x, t), (x', t') \in X$. If we denote for any open set U of X by $\mathcal{H}_L(U)$ the set of real functions h of class C^2 on U such that $L h = 0$ then X endowed with the sheaf $\mathcal{H}_L$ is a BAUER space [25], [34].

A very general result in this direction was obtained by L. HÖRMANDER [32] and J. M. BONY [12]. Let X be an open set of the EUCLIDEAN space R^n and let $(A_i)_{1 \leq i \leq j}$, B be differential operators of the first order of class C^∞ on X. Let further for any open set U of X $\mathcal{H}(U)$ be the set of real functions h of class C^2 on U such that

$$\sum_{i=1}^{j} (A_i)^2 h + B h = 0 .$$

If the LIE algebra generated by the operators A_i, (resp. A_i and B) for the crochet operations is of rank n at any point of X, then X endowed with $\mathcal{H}$ is a BRELOT space (resp. BAUER space if the matrix of the differential operators does not wanish at any point of X).

Conservely let X be an open set of R^n and let $\mathcal{H}$ be a sheaf determining a structure of BAUER space on X such that its functions are of class C^2. Then there exists a system of real functions a_{ij}, b_i, c on X such that: a) $(a_{ij})_{ij}$ is a non-zero symmetric matrix whose associated quadratic form is positive at any point of X; b) for any function h of the sheaf $\mathcal{H}$

$$\sum_{i,j=1}^{n} a_{ij} \frac{\partial^2 h}{\partial x_i \, \partial x_j} + \sum_{i=1}^{n} b_i \frac{\partial h}{\partial x_i} + c\, h = 0 ;$$

c) there exists an open dense set U of X such that a_{ij}, b_i, c are continuous on U and such that any solution of the above equation on any open subset of U is an $\mathcal{H}$ function; d) if there exists an open non-empty set V of U and a coordinate system $(\eta_i)_{1 \leq i \leq n}$ on V such that the above operator has the form

$$\sum_{i,j=1}^{n-1} a'_{ij} \frac{\partial^2}{\partial \eta_i \, \partial \eta_j} + \sum_{i=1}^{n} b'_i \frac{\partial}{\partial \eta_i} + c$$

then X endowed with $\mathcal{H}$ is not a BRELOT space and

$$\overline{\{x \in V \mid b'_n(x) = 0\}} \supset V \qquad [10]$$

As it was seen in order to show that the sheaf of solutions of a semi-elliptic differential equation defines a BAUER or a BRELOT space we need two facts. First of all the coefficients have to be sufficiently smooth. This is a somehow technical condition. A second one, which seems to be more intimately connected with the axioms, is that the equation should not be too degenerated. The axiom which is responsible for this condition is the convergence axiom. This is the axiom which, in my opinion, has to be weakened in order to obtain a more general theory for which the relations to the differential equations should be more natural. There are many hints that we may do this without loosing the principal results of this theory.

4. Relations to the potential theory associated with MARKOV processes

The specific multiplication introduced by R.-M. HERVÉ [30] is the key which opens the way to the MARKOV processes on harmonic spaces. Let X be a harmonic space with a countable base. A semi-group of transitions on X is a family of positive RADON measures $(P_{t,x})_{t \in [0,\infty[, x \in X}$ on X such that:

a) for any $x \in X$ and for any $f \in \mathcal{K}(X)$ ($\mathcal{K}(X)$ is the set of real continuous functions with compact carrier on X) the function on $[0, \infty[$, $t \mapsto P_{t,x}(f)$ is continuous from the right;

b) for any $t \in [0, \infty[$ and for any $f \in \mathcal{K}(X)$ the function on X $x \mapsto P_{t,x}(f)$ is a BOREL function;

c) for any $x \in X$, $f \in \mathcal{K}(X)$, $t \in [0, \infty[$, $t' \in [0, \infty[$ we have

$$P_{t+t'}(f) = \int P_{t,y}(f) \, dP_{t',x}(y);$$

d) for any positive hyperharmonic function u on X we have

$$\int^{*} u(y) \, dP_{t,x}(y) \leqq u(y)$$

for any $x \in X$ and any $t \in [0, \infty[$.

A positive universally measurable real function f on X is called excessive (with respect to P) if

$$\int^{*} f(y) \, dP_{t,x}(y) \leqq f(x) \, , \qquad \lim_{t \to 0} \int^{*} f(y) \, dP_{t,x}(y) = f(x)$$

for any $t \in [0, \infty[$ and any $x \in X$.

In order to enunciate the theorem we have in mind we need the definition of superharmonic function and of potential. Let u be a hyperharmonic function. If for any resolutive set V the function on V

$$x \mapsto \int^{*} u \, d\mu_x^u$$

is harmonic then u is called superharmonic. Any locally bounded hyperharmonic function is superharmonic and any superharmonic function is finite on a dense set. Any positive superharmonic function possesses a greatest harmonic minorant. If this minorant vanishes identically we call the superharmonic function potential.

A kernel V on X is a linear map of the set $\mathcal{K}_+(X)$ of positive functions of $\mathcal{K}(X)$ into the set of potentials on X such that for any $f \in \mathcal{K}_+(X)$ Vf is a potential harmonic outside the carrier of f. Exactly as in the measure theory one may extend the domain of definition of a kernel V to the set of all V-measurable positive real functions on X. To any potential p on X it is associated uniquely a kernel V_p such that $V_p 1 = p$ [30]. This is the specific multiplication we quoted above. A nucleus is a kernel V satisfying a principle of domination: if f is a V-measurable positive function on X and if u is a positive hyperharmonic function on X greater that Vf on $\{x \in X \mid f(x) > 0\}$ then u is greater than Vf on X. V_p is a nucleus if and only if p is the sum of a family of finite continuous potentials on X. Let V be a nucleus; then any open set of the fine topology[1]) of X is V-measurable and V possesses a fine carrier i.e. a smallest closed set F for the fine topology such that

$$V f_{X-F} = 0 ,$$

where f_{X-F} denotes the characteristic function of $X - F$ [20]. It is also possible to show that F is of type G_δ and not thin at any of its points. For any nucleus there exists a semi-group of transitions $(P_{t,x})_{t \in [0,\infty[, x \in X}$ on X such that for any $f \in \mathcal{K}_+(X)$ and for any $x \in X$

$$V f(x) = \int_0^\infty P_{t,x}(f) \, dt .$$

[6] Moreover $P_{0,x}$ is the balayaged of the unit mass at the point x on the fine carrier F of V [21]. The set of excessive functions with respect to P coincides with the set of hyperharmonic functions u on X which remain unchainged by the balayage operation on F. Hence if F is equal to X then the set of excessive function on X coincides with the set of positive hyperharmonic functions on X. The only thing to be done now is to construct a finite continuous potential on X whose associated nucleus has X as its fine carrier. This may be performed if and only if there exists a strictly positive potential on the space. This property is fulfilled always locally on a harmonic space that is: any point of the space possesses a neighbourhood such that on all its open subsets there exists a strictly positive potential. Hence if this condition is fulfilled it is possible to construct a semi-group of transitions on the space, which is in

[1]) The fine topology on a harmonic space is the coarsest topology finer than the initial one for which the hyperhramonic functions are continuous.

fact a strong FELLER semi-group, such that a function is excessive with respect to this semi-group if and only if it is a positive hyperharmonic function. If the positive constant functions are hyperharmonic then for any bounded measure ν on X there exists a strong MARKOV process with continuous simple paths for which X is the state space, ν is the initial mass distribution and P is its semi-group of transitions.

As I know it was not yet proved that on may construct a suitable semi-group of transition on the space if we replace the hypothesis that there exists a strictly positive potential on the space by the weaker one that there exists a strictly positive hyperharmonic function on the space, for instance if the positive constant functions are hyperharmonic. Classical examples show that such a result is very plausible. Another problem which is still open is to characterise the semi-groups of transitions which arise from harmonic spaces.

The construction of a semi-group of transitions with the indicated properties on a harmonic space embeds the theory of harmonic spaces in HUNT's potential theory. All results of this last theory may be carried over on the harmonic spaces. For instance the whole balayage theory may be obtained from the corresponding theory from the MARKOV processes. Nevertheless we believe that an independent developement of the theory of harmonic spaces is justified. Being more simple than the theory of MARKOV processes it is more advanced than it in many chapters as for instance the ideal boundaries or the dual spaces, and by this it may suggest some new results to HUNT's potential theory. On the other hand all the proofs in HUNT's potential theory are done with the aid of a supplementary construction, namely the MARKOV process, which is in many problems quite artificial, in the sense that it does not appear neither in the definitions nor in the theorems. The MARKOV process is here only an instrument of proof. From this point of view the theory of harmonic spaces is more elegant. It may also give a hint to HUNT's potential theory how to give direct proofs.

Finally I want to bring still another argument in the favour of an independent development of the theory of harmonic spaces. It is considered in general that the theory of harmonic spaces is a local theory while HUNT's potential theory is a global one. This is connected with the fact that almost all paths of a MARKOV process constructed on a harmonic space are continuous. There is still another point of view from which HUNT's potential theory appears as a local one and the theory of a harmonic space as a global one. Indeed in HUNT's potential theory there exists always a finite continuous strictly positive excessive function on the whole space, namely the function 1. On a harmonic space this is true only locally; any point of the space possesses on open neighbourhood on which there exists a finite continuous strictly positive potential. For instance if we take the differential equation

$$\frac{d^2y}{dx^2} + y = 0$$

on the real axis, whose solutions are sin and cos, the only positive superharmonic function on the whole space is the identically zero function. We may apply HUNT's potential theory to this equation only locally, while in the theory of harmonic spaces it may be studied globally. There are many problems which have not a local character as for instance the duality or the Dirichlet problem. Maybe it is possible, and this would be in my opinion the ideal solution, to construct a more general structure which possesses the advantages of both theories.

References

1. Bauer, H., Une axiomatique du problème de Dirichlet pour certaines équations elliptiques et paraboliques, C. R. Acad. Sci. Paris, 1960, **250**, 2672–2674.
2. —, Axiomatische Behandlung des Dirichletschen Problems für elliptische und parabolische Differentialgleichungen, Math. Ann. 1962, **146**, 1–59.
3. —, Weiterführung einer axiomatischen Potentialtheorie ohne Kern (Existenz von Potentialen). Z. Wahrscheinlichkeitstheorie, 1963, **1**, 197–229.
4. —, Harmonische Räume und ihre Potentialtheorie, Springer Verlag, Berlin–Heidelberg–New York, 1966, 175 pages.
5. Boboc, N., Constantinescu, C., Cornea, A., Axiomatic Theory of Harmonic Functions. Non-negative Superharmonic Functions, Ann. Inst. Fourier, 1965, **15**, 283–312.
6. —, Semigroups of Transitions on Harmonic Spaces. Rev. Roum., Math. Pures Appl., 1967, **12**, 763–805.
7. Boboc, N., Mustaţă, P., Remarks on the Existence of Solutions of Dirichlet Problem for strongly Elliptic Linear Operators of second Order. Bull. Math. Soc. Sci. Math. Roumanie 1966, **10**, 75–85.
8. —, Considérations sur les espaces harmoniques associés aux opérateurs linéaires, elliptiques à coefficients continus. Bull. Math. Soc. Sci. Math. Roumanie 1967, **11** 11–19.
9. —, Espaces harmoniques associés aux opérateurs différentiels linéaires du second ordre de type elliptique. Springer Verlag, Berlin-Heidelberg-NewYork, 1968, 94 pages.
10. Bony, J.-M., Détermination des axiomatiques de théorie du potentiel dont les fonctions harmoniques sont différentiable. Ann. Inst. Fourier, 1967, **17**, 1, 353–382.
11. —, Principe du maximum dans les espaces de Sobòlev. C. R. Acad. Sci. Paris, 1967, **265**, 333–336.
12. —, Problème de Dirichlet et inéaglité de Harnack pour une classe d'opérateurs elliptiques dégénérés du second ordre. C. R. Acad. Sci. Paris, 1968, **266**, 830–833.
13. Brelot, M., Extension axiomatique des fonctions sous-harmonique I, II. C. R. Acad. Sci. Paris, 1957, **245**, 1688–1690; 1958, **246**, 2334–2337.
14. —, La convergence des fonctions surharmoniques et des potentiels généralisés. C. R. Acad. Sci. Paris, 1958, **246**, 2709–2712.
15. —, Une axiomatique générale du problème de Dirichlet dans les espaces localement compacts. Sém. Théorie du Potentiel, 1958, **1**, 6, 16 pages.
16. —, Axiomatique des fonctions harmoniques et surharmoniques dans un espace localement compact. Sém. Théorie du Potentiel, 1959, **2**, 1, 40 pages.
17. —, Lectures on Potential Theorie, Part IV. Tata Institute of Fundamental Research, Bombay, 1960.
18. —, Axiomatique des functions harmoniques. Les Presses de l'Université de Montréal 1966, 140 pages.
19. Brelot, M., Hervé, R.-M., Introduction de l'effilement dans une théorie axiomatique du potentiel. C. R. Acad. Sci. Paris, 1958, **247**, 1956–1959.
2o. Constantinescu, C., Kernels and Nuclei on Harmonic Spaces. Rev. Roum. Math. Pures et Appl. 1968, **13**, 35–57.
21. —, Markov Processes on Harmonic Spaces, Rev. Roum. Math. Pures et Appl. 1968, **13**, 627–654.

22. CONSTANTINESCU, C., CORNEA, A., Potential Theory on Harmonic Spaces. Springer Verlag, Berlin–Heidelberg–Göttingen (to appear).
23. DOOB, J. L., Probability Methods Applied to the first Boundary Value Problem. Proc. 3rd Berkeley Symp. on Math. Stat. and Prob., 1954–1955, 1956, 49–80.
24. GROTHENDIECK, A., Sur les applications linéaires faiblement compactes d'espaces du type $C(K)$. Canadian Journal of Math., 1953, **5**, 129–173.
25. GUBER, S., On the Potential Theory of Linear, Homogeneous Parabolic Partial Differential Equations of Second Order. Symposium on Probability Methods in Analysis. Springer Verlag, Berlin–Heidelberg–New York, 1967, 112–117.
26. HERVÉ, R.-M., Développement sur une théorie axiomatique des fonctions surharmoniques. C. R. Acad. Sci. Paris, 1959, **248**, 179–181.
27. –, Recherches sur la théorie axiomatiques des fonctions surharmoniques. Sém. Théorie du Potentiel, 1960, **3**, 11, 6 pages.
28. –, Topologie de l'ensemble des fonctions surharmoniques $\geqq 0$ et représentation intégrale. C. R. Acad. Sci. Paris, 1960, **250**, 2834–2836.
29. –, Les fonctions harmoniques adjointes dans l'axiomatique de M. BRELOT. C. R. Acad. Sci. Paris, 1960, **250**, 4263–4265.
30. –, Recherches axiomatiques sur la théorie des fonctions surharmoniques et du potentiel. Ann. Inst. Fourier, 1962, **12**, 415–571.
31. –, Un principe de maximum pour les sous-solutions locales d'une équation uniformément elliptique de la forme $L u = \sum_i \frac{\partial}{\partial x_i}\left(\sum_j a_{ij} \frac{\partial u}{\partial x_j}\right) = 0$. Ann. Inst. Fourier, 1964, **14**, 493–508.
32. HÖRMANDER, L., Hypoelliptic secont order differential equations. Acta Math., 1967, **119**, 147–171.
33. MEYER, P. A., BRELOT's Axiomatic Theory of the DIRICHLET Problem and HUNT's Theory. Ann. Inst. Fourier, 1963, **13**, 2, 357–372.
34. MUSTAŢĂ, P., (to appear).
35. TAUTZ, G., Zur Theorie der elliptischen Differentialgleichungen. Math. Ann., 1942, **118**, 733–770.
36. –, Zur Theorie der ersten Randwertaufgabe. Math. Nachr., 1949, **2**, 279–303.
37. –, Zum Umkehrungsproblem bei elliptischen Differentialgleichungen I, II, Bemerkungen. Archiv der Math., 1952, **3**, 232–238, 239–250, 361–365.

Stationäre Zweiphasenströmungen mit Magnetfeld

Von JOACHIM FÖRSTE, Berlin[1])

(Manuskripteingang: 22. August 1969)

In einem beschränkten oder unbeschränkten Raumgebiet T, welches Komplementärmenge eines beschränkten Gebietes ist, befinde sich ein Gemisch zweier inkompressibler zäher elektrisch leitender Flüssigkeiten, dessen stationäre Bewegung beschrieben werde durch ein System von vier nichtlinearen elliptischen Vektordifferentialgleichungen, die sich ergeben als Kombination der NAVIER-STOKESschen und der MAXWELLschen Gleichungen mit Zusatzgliedern, welche die Wechselwirkung der Medien beschreiben. Die beiden Geschwindigkeits- und Magnetfelder, die wir suchen, sollen im Innern des Strömungsgebietes quellenfrei sein und auf den Rändern in gegebene Vektorfelder übergehen.
Durch Konstruktion eines HILBERT-Raumes H_4, dessen Elemente Vektorfeldquadrupel sind, wird die Frage der Lösbarkeit dieser Randwertprobleme zurückgeführt auf Operatorgleichungen in H_4, welche die Anwendung des LERAY-SCHAUDERschen Fixpunktsatzes gestatten. Dabei ist Ausgangspunkt die Menge $I(T)$ der auf T glatten quellenfreien finiten Vektorfelder, welche bezüglich des Skalarproduktes $\int \mathfrak{u}_{x_k} \mathfrak{v}_{x_k}\, dx$ zum HILBERT-Raum H vervollständigt wird; mit den Elementen von H werden geordnete Quadrupel gebildet, sie definieren H_4, indem als Skalarprodukt die Summe der Skalarprodukte der vier Einzelfelder festgelegt wird. Die Differentialgleichungen werden durch Integralidentitäten und die Randbedingungen durch Enthaltenseinsforderungen bezüglich H_4 ersetzt.
Für das innere Problem gelingt eine a priori Abschätzung der (verallgemeinerten) Lösungen, welche zu einer Einzigkeitsaussage Anlaß gibt.

I. Existenz einer Lösung für beschränkte Gebiete

In einem beschränkten Raumgebiet T mit der Begrenzung S befinde sich ein Zweiphasengemisch (Gas oder Flüssigkeit und feiner Staub), dessen Bestandteile elektrisch leitend sind. Beide Medien sehen wir als inkompressible zähe Flüssigkeiten an. Eine stationäre Strömung in T werde beschrieben durch das Randwertproblem

$$\varrho_1 (\mathfrak{v}_1 \operatorname{grad}) \mathfrak{v}_1 = - \operatorname{grad} p_1 + \mu_1 \Delta \mathfrak{v}_1 + \bar{\mu}_1 \operatorname{rot} \mathfrak{H}_1 \times \mathfrak{H}_1 + K_1 (\mathfrak{v}_2 - \mathfrak{v}_1)$$

$$\varrho_2 (\mathfrak{v}_2 \operatorname{grad}) \mathfrak{v}_2 = - \operatorname{grad} p_2 + \mu_2 \Delta \mathfrak{v}_2 + \bar{\mu}_2 \operatorname{rot} \mathfrak{H}_2 \times \mathfrak{H}_2 + K_2 (\mathfrak{v}_1 - \mathfrak{v}_2)$$

$$\eta_1 \Delta \mathfrak{H}_1 = - \operatorname{rot} (\mathfrak{v}_1 \times \mathfrak{H}_1) + \operatorname{grad} \omega_1$$

$$\eta_2 \Delta \mathfrak{H}_2 = - \operatorname{rot} (\mathfrak{v}_2 \times \mathfrak{H}_2) + \operatorname{grad} \omega_2$$

$$\operatorname{div} \mathfrak{v}_1 = 0 , \quad \operatorname{div} \mathfrak{v}_2 = 0; \quad \operatorname{div} \mathfrak{H}_1 = 0 , \quad \operatorname{div} \mathfrak{H}_2 = 0;$$

$$\mathfrak{v}_1|_S = \mathfrak{a}_1 , \ \mathfrak{v}_2|_S = \mathfrak{a}_2 ; \ \mathfrak{H}_1|_S = \mathfrak{h}_1 , \ \mathfrak{H}_2|_S = \mathfrak{h}_2 .$$

---

[1]) Anschrift des Autors:
Dr. Joachim Förste, Deutsche Akademie der Wissenschaften,
Institut für Angewandte Mathematik und Mechanik
DDR — 108 Berlin, Mohrenstraße 39

Dabei sind ϱ_1, ϱ_2 die Dichten; μ_1, μ_2 die dynamischen Zähigkeiten; $\bar{\mu}_1, \bar{\mu}_2$ die Permeabilitäten; K_1, K_2 positive Konstanten, $\eta_i = [(4\pi)^2 \bar{\mu}_i \sigma_i]^{-1}$ $(i = 1, 2)$; σ_1, σ_2 die Leitfähigkeiten; diese Größen sind sämtlich als gegeben anzusehen. $\mathfrak{v}_1, \mathfrak{v}_2$ bzw. $\mathfrak{H}_1, \mathfrak{H}_2$ sind die gesuchten Geschwindigkeits- bzw. Magnetfelder in T. ω_1, ω_2 ergeben sich aus Stromanteilen im Ohmschen Gesetz, welche von der freien Bewegung der Ionen hervorgerufen werden (vgl. [1]); diese sowie die Druckfelder p_1, p_2 sind ebenfalls in T gesuchte Funktionen. $\mathfrak{a}_1, \mathfrak{a}_2$; $\mathfrak{h}_1, \mathfrak{h}_2$ sind auf S als gegebene Vektorfelder anzusehen. $\mathfrak{a}_1$ und $\mathfrak{a}_2$ sind identisch; während $\mathfrak{h}_1$ und $\mathfrak{h}_2$ nur dann übereinstimmen, wenn die Permeabilitäten beider Medien gleich sind. Über S und die Randwerte treffen wir später Voraussetuungen.

Ziel der folgenden Betrachtungen sind Existenz- und Einzigkeitsaussagen, welche an [2]—[5] anknüpfen (vgl. auch [6] und die dort zitierte Literatur).

Es bezeichne (vgl. [2]) $H(T)$ den Hilbertraum, der entsteht, wenn man die Menge $\dot{I}(T)$ der in T glatten quellenfreien finiten Vektorfelder in der durch das Skalarprodukt

$$[\mathfrak{u}, \mathfrak{v}] = \int_T \sum_{k=1}^{3} \mathfrak{u}_{x_k} \mathfrak{v}_{x_k}\, dx$$

gegebenen Metrik vervollständigt. (x_1, x_2, x_3 sollen kartesische Koordinaten in T sein). Wir definieren den Hilbertraum $H_4(T)$, dessen Elemente geordnete Quadrupel $\langle \mathfrak{u}_1, \mathfrak{u}_2, \mathfrak{g}_1, \mathfrak{g}_2 \rangle$ von Vektorfeldern aus $H(T)$ sind; in H_4 soll komponentenweise linear kombiniert werden, $\langle 0, 0, 0, 0\rangle$ soll das Nullelement sein, und das Skalarprodukt soll durch

$$[\langle \mathfrak{u}_{11}, \mathfrak{u}_{21}, \mathfrak{g}_{11}, \mathfrak{g}_{21}\rangle, \langle \mathfrak{u}_{12}, \mathfrak{u}_{22}, \mathfrak{g}_{12}, \mathfrak{g}_{22}\rangle]_4 =$$
$$[\mathfrak{u}_{11}, \mathfrak{u}_{12}] + [\mathfrak{u}_{21}, \mathfrak{u}_{22}] + [\mathfrak{g}_{11}, \mathfrak{g}_{12}] + [\mathfrak{g}_{21}, \mathfrak{g}_{22}]$$

definiert werden.

Sind $A_1, \ldots, A_4$ vollstetige Operatoren in $H(T)$ und wird A vermöge

$$A\langle \mathfrak{u}_1, \mathfrak{u}_2, \mathfrak{g}_1, \mathfrak{g}_2\rangle = \langle A_1 \mathfrak{u}_1, A_2 \mathfrak{u}_2, A_3 \mathfrak{g}_1, A_4 \mathfrak{g}_2\rangle$$

definiert, so ist A in H_4 vollstetig.

S und die Randwerte seien so beschaffen, daß sich $\mathfrak{a}_1, \mathfrak{a}_2, \mathfrak{h}_1, \mathfrak{h}_2$ in der Form

$$\mathfrak{a}_1 = \operatorname{rot} \mathfrak{b}_1\,, \quad \mathfrak{a}_2 = \operatorname{rot} \mathfrak{b}_2\,, \quad \mathfrak{h}_1 = \operatorname{rot} \mathfrak{k}_1\,, \quad \mathfrak{h}_2 = \operatorname{rot} \mathfrak{k}_2$$

auf T fortsetzen lassen, wobei $\mathfrak{b}_1, \mathfrak{b}_2, \mathfrak{k}_1, \mathfrak{k}_2$ zu $W_2^2(T)$ gehören sollen, d. h. quadratisch integrable verallgemeinerte Ableitungen 2. Ordnung haben. Es existiere eine positive Zahl δ_1 und für $\delta \in (0, \delta_1]$ eine Menge zweimal stetig differenzierbarer Funktionen $\zeta(x, \delta)$, welche in einer δ-Umgebung von S den Wert eins, ansonsten in T den Wert null annehmen, und es soll eine von δ und i unabhängige Konstante C geben, so daß die Relationen

$$|\zeta(x, \delta)| \leqq C\,, \quad \left|\frac{\partial \zeta}{\partial x_i}\right| \leqq \frac{C}{\delta}$$

richtig sind. Wir setzen

$$\left.\begin{array}{l} \mathfrak{a}_1(x, \delta) = \operatorname{rot} \zeta\, \mathfrak{b}_1\,, \quad \mathfrak{a}_2(x, \delta) = \operatorname{rot} \zeta\, \mathfrak{b}_2\,, \quad \mathfrak{h}_1(x, \delta) = \operatorname{rot} \zeta\, \mathfrak{k}_1\,, \\ \qquad\qquad \mathfrak{h}_2(x, \delta) = \operatorname{rot} \zeta\, \mathfrak{k}_2 \end{array}\right\} \tag{0}$$

Diese Vektorfelder gehen für $x \in S$ in die Randwerte über. Auf T definieren wir die Vektorfelder

$$\mathfrak{u}_1(x, \delta) = \mathfrak{v}_1(x) - \mathfrak{a}_1(x, \delta)\,, \qquad \mathfrak{u}_2(x, \delta) = \mathfrak{v}_2(x) - \mathfrak{a}_2(x, \delta)$$

$$\mathfrak{g}_1(x, \delta) = \mathfrak{H}_1(x) - \mathfrak{h}_1(x, \delta)\,, \qquad \mathfrak{g}_2(x, \delta) = \mathfrak{H}_2(x) - \mathfrak{h}_2(x, \delta)\,.$$

Wir sagen $\mathfrak{v}_1$, $\mathfrak{v}_2$, $\mathfrak{H}_1$, $\mathfrak{H}_2$ sei auf T eine Lösung des eingangs formulierten Randwertproblems, wenn für jedes Quadrupel Φ_1, Φ_2, Ψ_1, Ψ_2 aus $\dot{I}(T)$ die Gleichungen

$$[\mathfrak{u}_1, \Phi_1] - [A_1\, \mathfrak{u}_1, \Phi_1] \underset{\text{def.}}{=} \frac{1}{\mu_1} \int \{\mu_1\, (\mathfrak{u}_{1x_k} + \mathfrak{a}_{1x_k})\, \Phi_{1x_k} - (u_{1k} + a_{1k})\, (\mathfrak{u}_1 + \mathfrak{a}_1)\, \Phi_{1x_k}$$
$$+ \bar{\mu}_1\, (g_{1k} + h_{1k})\, (\mathfrak{g}_1 + \mathfrak{h}_1)\, \Phi_{1x_k} - K_1\, (\mathfrak{u}_2 + \mathfrak{a}_2 - \mathfrak{u}_1 - \mathfrak{a}_1)\, \Phi_1\}\, dx = 0\,,$$

$$[\mathfrak{u}_2, \Phi_2] - [A_2\, \mathfrak{u}_2, \Phi_2] \underset{\text{def.}}{=} \frac{1}{\mu_2} \int \{\mu_2\, (\mathfrak{u}_{2x_k} + \mathfrak{a}_{2x_k})\, \Phi_{2x_k} - (u_{2k} + a_{2k})\, (\mathfrak{u}_2 + \mathfrak{a}_2)\, \Phi_{2x_k}$$
$$+ \bar{\mu}_2\, (g_{2k} + h_{2k})\, (\mathfrak{g}_2 + \mathfrak{h}_2)\, \Phi_{2x_k} - K_2\, (\mathfrak{u}_1 + \mathfrak{a}_1 - \mathfrak{u}_2 - \mathfrak{a}_2)\, \Phi_2\}\, dx = 0\,,$$

$$[\mathfrak{g}_1, \Psi_1] - [A_3\, \mathfrak{g}_1, \Psi_1] \underset{\text{def.}}{=} \frac{1}{\eta_1} \int \{(g_{1k} + h_{1k})\, (\mathfrak{u}_1 + \mathfrak{a}_1)\, \Psi_{1x_k}$$
$$- (u_{1k} + a_{1k})(\mathfrak{g}_1 + \mathfrak{h}_1)\, \Psi_{1x_k} + \eta_1\, (\mathfrak{g}_{1x_k} + \mathfrak{h}_{1x_k})\, \Psi_{1x_k}\}\, dx = 0\,,$$

$$[\mathfrak{g}_2, \Psi_2] - [A_4\, \mathfrak{g}_2, \Psi_2] \underset{\text{def.}}{=} \frac{1}{\eta_2} \int \{(g_{2k} + h_{2k})\, (\mathfrak{u}_2 + \mathfrak{a}_2)\, \Psi_{2x_k}$$
$$- (u_{2k} + a_{2k})\, (\mathfrak{g}_2 + \mathfrak{h}_2)\, \Psi_{2x_k} + \eta_2\, (\mathfrak{g}_{2x_k} + \mathfrak{h}_{2x_k})\, \Psi_{2x_k}\}\, dx = 0 \qquad (1)$$

erfüllt sind und $\mathfrak{u}_1$, $\mathfrak{u}_2$, $\mathfrak{g}_1$, $\mathfrak{g}_2$ zu $H(T)$ gehören. Dabei ist über k jeweils von 1 bis 3 zu summieren. Die Integration ist hier und im folgenden, falls nichts anderes gesagt wird, über T zu erstrecken.

Die Integralidentitäten folgen mittels des Gaussschen Integralsatzes aus den Differentialgleichungen; umgekehrt ergeben sich diese, wenn man an Vektorfelder, welche die Integralidentitäten erfüllen, zusätzliche Differenzierbarkeitsforderungen stellt. Wir beweisen den

Satz: *Es gibt Lösungen des Randwertproblems.*

Zunächst stellen wir fest, daß in (1) auch die nichtlinearen Glieder lineare Funktionale in $H(T)$ definieren (vgl. [2]), so daß auf Grund des Rieszschen Darstellungssatzes die Schreibweise auf den linken Seiten gerechtfertigt ist.

Wir definieren den Operator A durch

$$A\langle \mathfrak{u}_1, \mathfrak{u}_2, \mathfrak{g}_1, \mathfrak{g}_2\rangle = \langle A_1\, \mathfrak{u}_1, A_2\, \mathfrak{u}_2, A_3\, \mathfrak{g}_1, A_4\, \mathfrak{g}_2\rangle\,.$$

Zum Beweis des Existenzsatzes benutzen wir einen Fixpunktsatz von Leray und Schauder (vgl. [2]); dazu müssen wir zeigen, daß A ein vollstetiger Operator ist und daß alle Lösungen von

$$\mathfrak{u}_1 - \lambda\, A_1\, \mathfrak{u}_1 = 0\,, \quad \mathfrak{u}_2 - \lambda\, A_2\, \mathfrak{u}_2 = 0\,, \quad \mathfrak{g}_1 - \lambda\, A_3\, \mathfrak{g}_1 = 0\,, \quad \mathfrak{g}_2 - \lambda\, A_4\, \mathfrak{g}_2 = 0 \quad (2)$$

unabhängig von $\lambda \in [0, 1]$ gleichmäßig beschränkt sind.

Die Vollstetigkeit ist klar (vgl. z. B. [3]); um die gleichmäßige Beschränktheit zu zeigen, multiplizieren wir in (2) mit $\mathfrak{u}_1$, $\mathfrak{u}_2$, $\mathfrak{g}_1$ bzw. $\mathfrak{g}_2$ und addieren die vier entstehenden Gleichungen. Einige Glieder verschwinden, wie sich mit Hilfe des GAUSSschen Satzes sofort zeigt; für andere lassen sich über die Einbettungssätze Abschätzungen gewinnen. Man erhält

$$K_2 (\mu_1 ||\mathfrak{u}_1||^2 + \eta_1 \bar{\mu}_1 ||\mathfrak{g}_1||^2) + K_1 (\mu_2 ||\mathfrak{u}_2||^2 + \eta_2 \bar{\mu}_2 ||\mathfrak{g}_2||^2)$$

$$+ K_1 K_2 \int (\mathfrak{u}_1 - \mathfrak{u}_2)^2 dx \leqq \lambda \sum_{i=1}^{2} K_{3-i} (\mu_i ||\mathfrak{a}_i|| \, ||\mathfrak{u}_i|| + | \int u_{ik} \mathfrak{a}_i \mathfrak{u}_{ix_k} dx|$$

$$+ \bar{\mu}_i | \int g_{ik} \mathfrak{h}_i \mathfrak{u}_{ix_k} dx| + \bar{\mu}_i \eta_i ||\mathfrak{h}_i|| \, ||\mathfrak{g}_i|| + \bar{\mu}_i | \int u_{ik} \mathfrak{h}_i \mathfrak{g}_{ix_k} dx|$$

$$+ \bar{\mu}_i | \int g_{ik} \mathfrak{a}_i \mathfrak{g}_{ix_k} dx| + C_{1i} ||\mathfrak{a}_i||^2 ||\mathfrak{u}_i|| + C_{2i} ||\mathfrak{h}_i||^2 ||\mathfrak{u}_i||$$

$$+ \bar{\mu}_i \cdot C_{3i} ||\mathfrak{a}_i|| \, ||\mathfrak{h}_i|| \, ||\mathfrak{g}_i|| \,^{1)}) \qquad (3)$$

mit nur vom Gebiet abhängigen Konstanten C. Angenommen, es gibt eine konvergente Folge $\{\lambda_n\}$, $0 \leqq \lambda_n \leqq 1$ mit dem Grenzwert λ_0 derart, daß die Folge

$$N_n^2 = K_2 (\mu_1 ||\mathfrak{u}_1^n||^2 + \eta_1 \bar{\mu}_1 ||\mathfrak{g}_1^n||^2) + K_1 (\mu_2 ||\mathfrak{u}_2^n||^2 + \eta_2 \bar{\mu}_2 ||\mathfrak{g}_2^n||^2)$$
$$+ K_1 K_2 \int (\mathfrak{u}_1^n - \mathfrak{u}_2^n)^2 dx$$

gegen unendlich strebt; wobei $\mathfrak{u}_1^n$, $\mathfrak{u}_2^n$, $\mathfrak{g}_1^n$, $\mathfrak{g}_2^n$ zum Parameterwert $\lambda = \lambda_n$ gehörige Lösungen von (2) sind. Für jedes dieser Quadrupel gilt (3).

Nun bilden $\mathfrak{w}_1^n = \frac{\sqrt{K_2 \mu_1}}{N_n} \mathfrak{u}_1^n$, $\quad \mathfrak{w}_2^n = \frac{\sqrt{K_1 \mu_2}}{N_n} \mathfrak{u}_2^n$,

$$\mathfrak{f}_1^n = \frac{\sqrt{K_2 \eta_1 \bar{\mu}_1}}{N_n} \mathfrak{g}_1^n, \quad \mathfrak{f}_2^n = \frac{\sqrt{K_1 \eta_2 \bar{\mu}_2}}{N_n} \mathfrak{g}_2^n \qquad (n = 1, 2, \ldots)$$

vier in $H(T)$ beschränkte, also schwach kompakte Folgen, folglich sind sie in $L_4(T)$ stark kompakt. Wir nehmen ohne Beschränkung der Allgemeinheit an, daß sie in $H(T)$ schwach und in $L_4(T)$ stark konvergieren, sonst würden wir die folgenden Betrachtungen mit geeigneten Teilfolgen durchführen.

Wir schreiben (3) für $\lambda = \lambda_n$, dividieren durch N_n^2, führen rechts die Bezeichnungen $\mathfrak{w}_1^n$, $\mathfrak{w}_2^n$, $\mathfrak{f}_1^n$, $\mathfrak{f}_2^n$ ein und lassen $n \to \infty$ streben; dabei dürfen wir den Grenzprozeß unter den Integralen vollziehen; die Limites bezeichnen wir mit $\mathfrak{w}_1$, $\mathfrak{w}_2$, $\mathfrak{f}_1$, $\mathfrak{f}_2$. Es ergibt sich

$$1 \leqq \lambda_0 \sum_{i=1}^{2} (K_{3-i} | \int w_{ik} \mathfrak{a}_i \mathfrak{w}_{ix_k} dx| + \frac{\sqrt{\bar{\mu}_i}}{\sqrt{\mu_i \eta_i}} \{| \int f_{ik} \mathfrak{h}_i \mathfrak{w}_{ix_k} dx| + | \int w_{ik} \mathfrak{h}_i \mathfrak{f}_{ix_k} dx|\}$$
$$+ \frac{1}{\eta_i} | \int f_{ik} \mathfrak{a}_i \mathfrak{f}_{ix_k} dx|) .$$

Macht man nun Gebrauch von den Darstellungen (0), so zeigt sich, daß der rechts stehende Ausdruck beliebig klein gemacht werden kann, wenn man nur δ klein genug wählt (vgl. [2], [3]). Die Annahme $N_n \to \infty$ kann also nicht aufrecht erhalten werden.

---

1) $|| \cdot \cdot ||$ bezeichnet die Norm von $H(T)$.

II. Existenz einer Lösung für das Umströmungsproblem

Das Gebiet T entstehe aus dem dreidimensionalen Raum durch Herausnehmen einer endlichen Anzahl beschränkter einfach zusammenhängender Gebiete samt ihren Berandungen S_k $(k = 1, \ldots, n)$, $\bigcup\limits_{k=1}^{n} S_k = S$, welche die gleichen Voraussetzungen erfüllen sollen wie unter I.

Wir betrachten das gleiche System von Differentialgleichungen wie unter I; zu den Randbedingungen auf S kommen jetzt Bedingungen im Unendlichen, und zwar sollen $\mathfrak{v}_1$, $\mathfrak{v}_2$, $\mathfrak{H}_1$, $\mathfrak{H}_2$ in einem noch zu präzisierenden Sinn gegen die konstanten Vektoren $\mathfrak{v}_{10}$, $\mathfrak{v}_{20}$, $\mathfrak{H}_{10}$, $\mathfrak{H}_{20}$ mit den Komponenten v_{101}, v_{102}, v_{103}; $v_{201}, \ldots$ usw. streben.

Wir setzen

$$\bar{\mathfrak{b}}_1(x) = (v_{102}\, x_3, v_{103}\, x_1, v_{101}\, x_2)\,, \qquad \bar{\mathfrak{b}}_2(x) = (v_{202}\, x_3, v_{203}\, x_1, v_{201}\, x_2)\,,$$

$$\bar{\mathfrak{k}}_1(x) = (H_{102}\, x_3, H_{103}\, x_1, H_{101}\, x_2)\,, \qquad \bar{\mathfrak{k}}_2(x) = (H_{202}\, x_3, H_{203}\, x_1, H_{201}\, x_2)\,,$$

$$\mathfrak{e}_{11}(x, \delta) = \operatorname{rot}\big(\bar{\mathfrak{b}}_1(x)\, \zeta(x, \delta)\big)\,, \qquad \mathfrak{e}_{21}(x, \delta) = \operatorname{rot}\big(\bar{\mathfrak{b}}_2(x)\, \zeta(x, \delta)\big)\,,$$

$$\mathfrak{e}_{12}(x, \delta) = \operatorname{rot}\big(\bar{\mathfrak{k}}_1(x)\, \zeta(x, \delta)\big)\,, \qquad \mathfrak{e}_{22}(x, \delta) = \operatorname{rot}\big(\bar{\mathfrak{k}}_2(x)\, \zeta(x, \delta)\big)\,,$$

$$\mathfrak{a}_{11}(x, \delta) = \operatorname{rot}\big(\mathfrak{b}_1(x)\, \zeta(x, \delta)\big)\,, \qquad \mathfrak{a}_{21}(x, \delta) = \operatorname{rot}\big(\mathfrak{b}_2(x)\, \zeta(x, \delta)\big)\,,$$

$$\mathfrak{h}_{11}(x, \delta) = \operatorname{rot}\big(\mathfrak{k}_1(x)\, \zeta(x, \delta)\big)\,, \qquad \mathfrak{h}_{21}(x, \delta) = \operatorname{rot}\big(\mathfrak{k}_2(x)\, \zeta(x, \delta)\big)\,,$$

$$\mathfrak{a}_1 = \mathfrak{a}_{11}(x, \delta) + \mathfrak{v}_{10} - \mathfrak{e}_{11}(x, \delta)\,,$$

$$\mathfrak{a}_2 = \mathfrak{a}_{21}(x, \delta) + \mathfrak{v}_{20} - \mathfrak{e}_{21}(x, \delta)\,,$$

$$\mathfrak{h}_1 = \mathfrak{h}_{11}(x, \delta) + \mathfrak{H}_{10} - \mathfrak{e}_{12}(x, \delta)\,,$$

$$\mathfrak{h}_2 = \mathfrak{h}_{21}(x, \delta) + \mathfrak{H}_{20} - \mathfrak{e}_{22}(x, \delta)\,,$$

wobei $\mathfrak{b}_1$, $\mathfrak{b}_2$, $\mathfrak{k}_1$, $\mathfrak{k}_2$ und ζ die gleiche Bedeutung wie unter I. haben sollen. Dann ist auf S und in seiner Umgebung

$$\mathfrak{a}_1(x, \delta) = \mathfrak{a}_1(x)\,, \quad \mathfrak{a}_2(x, \delta) = \mathfrak{a}_2(x)\,; \quad \mathfrak{h}_1(x, \delta) = \mathfrak{h}_1(x)\,, \quad \mathfrak{h}_2(x, \delta) = \mathfrak{h}_2(x)$$

und in einer Umgebung des unendlichen fernen Punktes

$$\mathfrak{a}_1(x, \delta) = \mathfrak{v}_{10}\,, \quad \mathfrak{a}_2(x, \delta) = \mathfrak{v}_{20}\,; \quad \mathfrak{h}_1(x, \delta) = \mathfrak{H}_{10}\,, \quad \mathfrak{h}_2(x, \delta) = \mathfrak{H}_{20}\,;$$

$\mathfrak{a}_1$ und $\mathfrak{a}_2$ sollen wieder identisch sein.

Wir definieren auf T Vektorfelder

$$\mathfrak{u}_1(x, \delta) = \mathfrak{v}_1(x) - \mathfrak{a}_1(x, \delta)\,, \quad \mathfrak{u}_2(x, \delta) = \mathfrak{v}_2(x) - \mathfrak{a}_2(x, \delta)\,,$$

$$\mathfrak{g}_1(x, \delta) = \mathfrak{H}_1(x) - \mathfrak{h}_1(x, \delta)\,, \quad \mathfrak{g}_2(x, \delta) = \mathfrak{H}_2(x) - \mathfrak{h}_2(x, \delta)\,.$$

Jedes Quadrupel von Vektorfeldern $\mathfrak{v}_1$, $\mathfrak{v}_2$, $\mathfrak{H}_1$, $\mathfrak{H}_2$, das für alle Φ_1, Φ_2, Ψ_1, Ψ_2 aus $\dot{I}(T)$ den Integralbeziehungen (1) genügt, nennen wir eine Lösung des Umströmungsproblems, falls $\langle \mathfrak{u}_1, \mathfrak{u}_2, \mathfrak{g}_1, \mathfrak{g}_2 \rangle \in H_4(T)$ ist.

Existenzsatz: *Unter unseren Voraussetzungen existiert mindestens eine Lösung des Umströmungsproblems.*

Beweis: K_m sei eine Folge von Kugeln, für die $K_{m+1} \supset K_m \supset S$ ist und zu jedem $x \in T$ ein m vorhanden ist, so daß $x \in K_m$ gilt; es sei $T_m = T \cap K_m$, T_m wird berandet von S und der Kugeloberfläche S'_m.

Auf Grund des Existenzsatzes in I. gibt es ein Quadrupel von Vektorfeldern $\mathfrak{v}_1^m$, $\mathfrak{v}_2^m$, $\mathfrak{H}_1^m$, $\mathfrak{H}_2^m$ derart, daß für alle Φ_1, Φ_2, Ψ_1, Ψ_2 aus $\dot{I}(T_m)$ die Integralrelationen (1) erfüllt sind, wobei über T_m zu integrieren ist und

$$\mathfrak{u}_1^m = \mathfrak{v}_1^m - \mathfrak{a}_1 , \quad \mathfrak{u}_2^m = \mathfrak{v}_2^m - \mathfrak{a}_2 , \quad \mathfrak{g}_1^m = \mathfrak{H}_1^m - \mathfrak{h}_1 , \quad \mathfrak{g}_2^m = \mathfrak{H}_2^m - \mathfrak{h}_2$$

zu $H(T_m)$ gehören. Die Normen

$$||\mathfrak{u}_1^m||_{H(T_m)} , \quad ||\mathfrak{u}_2^m||_{H(T_m)} , \quad ||\mathfrak{g}_1^m||_{H(T_m)} \text{ und } ||\mathfrak{g}_2^m||_{H(T_m)}$$

sind bezüglich m gleichmäßig beschränkt. Um dies zu sehen, multiplizieren wir

$$\begin{aligned} &\mathfrak{u}_1^m - A_1\, \mathfrak{u}_1^m = 0 \text{ in } H(T_m) \text{ skalar mit } K_2\, \mu_1\, \mathfrak{u}_1^m , \\ &\mathfrak{u}_2^m - A_2\, \mathfrak{u}_2^m = 0 \quad \text{mit} \quad K_1\, \mu_2\, \mathfrak{u}_2^m , \\ &\mathfrak{g}_1^m - A_3\, \mathfrak{g}_1^m = 0 \quad \text{mit} \quad K_2\, \eta_1\, \bar{\mu}_1\, \mathfrak{g}_1^m \quad \text{und} \\ &\mathfrak{g}_2^m - A_4\, \mathfrak{g}_2^m = 0 \quad \text{mit} \quad K_1\, \eta_2\, \bar{\mu}_2\, \mathfrak{g}_2^m , \end{aligned}$$

addieren alle vier und berücksichtigen, daß einige Glieder verschwinden; wir erhalten:

$$\begin{aligned} &K_2 (\mu_1 ||\mathfrak{u}_1^m||^2 + \eta_1 \bar{\mu}_1 ||\mathfrak{g}_1^m||^2) + K_1 (\mu_2 ||\mathfrak{u}_2^m||^2 + \eta_2 \bar{\mu}_2 ||\mathfrak{g}_2^m||^2) + K_1 K_2 \int (\mathfrak{u}_1^m - \mathfrak{u}_2^m)^2\, dx \\ &= K_2 \int (- \mu_1\, \mathfrak{a}_{1\,x_k}\, \mathfrak{u}_{1\,x_k}^m + (u_{1\,k}^m + a_{1\,k})\, \mathfrak{a}_1\, \mathfrak{u}_{1\,x_k}^m - \bar{\mu}_1 (g_{1\,k}^m + h_{1\,k})\, \mathfrak{h}_1\, \mathfrak{u}_{1\,x_k}^m \\ &\quad - \eta_1 \bar{\mu}_1\, \mathfrak{h}_{1\,x_k}\, \mathfrak{g}_{1\,x_k}^m + \mu_1 (u_{1\,k}^m + a_{1\,k})\, \mathfrak{h}_1\, \mathfrak{g}_{1\,x_k}^m - \bar{\mu}_1 (g_{1\,k}^m + h_{1\,k})\, \mathfrak{a}_1\, \mathfrak{g}_{1\,x_k})\, dx \\ &\quad + K_1 \int (- \mu_2\, \mathfrak{a}_{2\,x_k}\, \mathfrak{u}_{2\,x_k}^m + (u_{2\,k}^m + a_{2\,k})\, \mathfrak{a}_2\, \mathfrak{u}_{2\,x_k}^m - \bar{\mu}_2 (g_{2\,k}^m + h_{2\,k})\, \mathfrak{h}_2\, \mathfrak{u}_{2\,x_k}^m \\ &\quad - \eta_2 \bar{\mu}_2\, \mathfrak{h}_{2\,x_k}\, \mathfrak{g}_{2\,x_k}^m + \mu_2 (u_{2\,k}^m + a_{2\,k})\, \mathfrak{h}_2\, \mathfrak{g}_{2\,x_k}^m - \bar{\mu}_2 (g_{2\,k}^m + h_{2\,k})\, \mathfrak{a}_2\, \mathfrak{g}_{2\,x_k}^m)\, dx . \end{aligned} \tag{3}$$

Hierin beziehen sich die Normen und Integrale auf T_m. Wäre unsere Behauptung falsch, so müßte der links stehende Ausdruck, den wir kurz mit N_m^2 bezeichnen, für $m \to \infty$ gegen Unendlich streben. Diese Annahme führt man unter Ausnutzung der Eigenschaften der auftretenden Vektorfelder zum Widerspruch. Wir stellen hier den Gedankengang im einzelnen nicht dar, weil er wie in [4] verläuft. $\mathfrak{u}_1^m$, $\mathfrak{u}_2^m$, $\mathfrak{g}_1^m$, $\mathfrak{g}_2^m$ lassen sich nun als gleichmäßig beschränkte Folgen in $H(T)$ auffassen, weil sich jedes dieser Felder auf $T - T_m$ durch null fortsetzen läßt. Es existieren daher schwach konvergente Teilfolgen, ihre Limites $\mathfrak{u}_1$, $\mathfrak{u}_2$, $\mathfrak{g}_1$. $\mathfrak{g}_2$ gehören zu $H(T)$, weil jeder HILBERT-Raum schwach vollständig ist. Es läßt sich leicht zeigen (vgl. [4]), daß diese Felder auch die Integralbeziehungen (1) erfüllen.

III. Ein Einzigkeitssatz für das innere Problem

Wir gehen aus von (3). Für die Norm R eines Elements von $H_4(T)$ gilt

$$R^2 = ||\langle \mathfrak{u}_1, \mathfrak{u}_2, \mathfrak{g}_1, \mathfrak{g}_2 \rangle||_4^2 = ||\mathfrak{u}_1||^2 + ||\mathfrak{u}_2||^2 + ||\mathfrak{g}_1||^2 + ||\mathfrak{g}_2||^2;$$

wir setzen

$$||\mathfrak{u}_1|| = R\cos\vartheta\,, \quad ||\mathfrak{u}_2|| = R\sin\vartheta\cos\varphi\,, \quad ||\mathfrak{g}_1|| = R\sin\vartheta\sin\varphi\cos\psi\,,$$
$$||\mathfrak{g}_2|| = R\sin\vartheta\sin\varphi\sin\psi;$$

$$0 \leqq R < \infty\,, \quad 0 \leqq \vartheta \leqq \frac{\pi}{2}\,, \quad 0 \leqq \varphi \leqq \frac{\pi}{2}\,, \quad 0 \leqq \psi \leqq \frac{\pi}{2}\,.$$

Nun erinnern wir daran (vgl. [5]), daß sich die in (3) auf der rechten Seite stehengebliebenen Integrale in folgender Form abschätzen lassen

$$|\int u_{ik}\, \mathfrak{a}_i\, \mathfrak{u}_{i x_k}\, dx| \leqq \tilde{C}_{1i}(\varepsilon, \varrho)\, ||\mathfrak{u}_i||^2$$
$$|\int g_{ik}\, \mathfrak{h}_i\, \mathfrak{u}_{i x_k}\, dx| \leqq \tilde{C}_{2i}(\varepsilon, \varrho)\, ||\mathfrak{g}_i||\, ||\mathfrak{u}_i||$$
$$|\int u_{ik}\, \mathfrak{h}_i\, \mathfrak{g}_{i x_k}\, dx| \leqq \tilde{C}_{3i}(\varepsilon, \varrho)\, ||\mathfrak{u}_i||\, ||\mathfrak{g}_i||$$
$$|\int g_{ik}\, \mathfrak{a}_i\, \mathfrak{g}_{i x_k}\, dx| \leqq \tilde{C}_{4i}(\varepsilon, \varrho)\, ||\mathfrak{g}_i||^2\,. \tag{4}$$

Dabei sind ε und ϱ positive Zahlen, die beliebig klein gewählt werden können und die $\tilde{C}$ sind positive Zahlen, die mit ε und ϱ gegen Null gehen. Damit nimmt (3) die Gestalt

$$K_2(\mu_1\, ||\mathfrak{u}_1||^2 + \eta_1 \bar{\mu}_1\, ||\mathfrak{g}_1||^2) + K_1(\mu_2\, ||\mathfrak{u}_2||^2 + \eta_2 \bar{\mu}_2\, ||\mathfrak{g}_2||^2) + K_1 K_2 \int (\mathfrak{u}_1 - \mathfrak{u}_2)^2\, dx$$
$$\leqq \sum_{i=1}^{2} K_{3-i}(\mu_1\, ||\mathfrak{a}_i||\, ||\mathfrak{u}_i|| + \tilde{C}_{1i}(\varepsilon, \varrho)\, ||\mathfrak{u}_i||^2 + \bar{\mu}_i\, \tilde{C}_{2i}(\varepsilon, \varrho)\, ||\mathfrak{g}_i||\, ||\mathfrak{u}_i||$$
$$+ \bar{\mu}_i \eta_i\, ||\mathfrak{h}_i||\, ||\mathfrak{g}_i|| + \bar{\mu}_i\, \tilde{C}_{3i}(\varepsilon, \varrho)\, ||\mathfrak{u}_i||\, ||\mathfrak{g}_i|| + \bar{\mu}_i\, \tilde{C}_{4i}(\varepsilon, \varrho)\, ||\mathfrak{g}_i||^2$$
$$+ C_{1i}\, ||\mathfrak{a}_i||^2\, ||\mathfrak{u}_i|| + C_{2i}\, ||\mathfrak{h}_i||^2\, ||\mathfrak{u}_i|| + \bar{\mu}_i\, C_{3i}\, ||\mathfrak{a}_i||\, ||\mathfrak{h}_i||\, ||\mathfrak{g}_i||)\,. \tag{5}$$

Wir setzen (4) in (5) ein und subtrahieren auf beiden Seiten von (5) die Glieder, welche $\tilde{C}$ enthalten; dabei wählen wir ε und ϱ so klein, daß die linke Seite nichtnegativ bleibt. Dann erhält (5) die Form

$$F R^2 + K_1 K_2 \int (\mathfrak{u}_1 - \mathfrak{u}_2)^2\, dx \leqq G R$$

mit positiven Größen F und G. Daraus ergibt sich, daß $\langle \mathfrak{u}_1, \mathfrak{u}_2, \mathfrak{g}_1, \mathfrak{g}_2 \rangle$ für Lösungen des inneren Randwertproblems die a priori Abschätzung

$$R \leqq \frac{G}{F} \tag{6}$$

gestattet.

Es seien $\mathfrak{v}_1, \mathfrak{v}_2, \mathfrak{H}_1, \mathfrak{H}_2$ und $\mathfrak{v}_1', \mathfrak{v}_2', \mathfrak{H}_1', \mathfrak{H}_2'$ zwei zu den gleichen Randwerten $\mathfrak{a}_1$, $\mathfrak{a}_2$, $\mathfrak{h}_1$, $\mathfrak{h}_2$ gehörige Lösungen des inneren Randwertproblems. Wir setzen

$$\mathfrak{u}_1 = \mathfrak{v}_1 - \mathfrak{a}_1\,, \quad \mathfrak{u}_2 = \mathfrak{v}_2 - \mathfrak{a}_2\,, \quad \mathfrak{g}_1 = \mathfrak{H}_1 - \mathfrak{h}_1\,, \quad \mathfrak{g}_2 = \mathfrak{H}_2 - \mathfrak{h}_2$$
$$\mathfrak{u}_1' = \mathfrak{v}_1' - \mathfrak{a}_1\,, \quad \mathfrak{u}_2' = \mathfrak{v}_2' - \mathfrak{a}_2\,, \quad \mathfrak{g}_1' = \mathfrak{H}_1' - \mathfrak{h}_1\,, \quad \mathfrak{g}_2' = \mathfrak{H}_2' - \mathfrak{h}_2\,,$$

wobei $\mathfrak{a}_1$, $\mathfrak{a}_2$, $\mathfrak{h}_1$, $\mathfrak{h}_2$, die auf T quellenfrei fortgesetzten Randfelder sind; weiter sei

$$\mathfrak{U}_1 = \mathfrak{u}_1 - \mathfrak{u}_1' = \mathfrak{v}_1 - \mathfrak{v}_1'\,, \quad \mathfrak{U}_2 = \mathfrak{u}_2 - \mathfrak{u}_2' = \mathfrak{v}_2 - \mathfrak{v}_2'$$
$$\mathfrak{G}_1 = \mathfrak{g}_1 - \mathfrak{g}_1' = \mathfrak{H}_1 - \mathfrak{H}_1'\,, \quad \mathfrak{G}_2 = \mathfrak{g}_2 - \mathfrak{g}_2' = \mathfrak{H}_2 - \mathfrak{H}_2'\,.$$

Nun gilt (1) für beide Lösungen des Randwertproblems; (1) muß auch richtig sein, wenn für Φ_1, Φ_2, Ψ_1 bzw. Ψ_2 die Felder $\mathfrak{U}_1$, $\mathfrak{U}_2$, $\mathfrak{G}_1$ bzw. $\mathfrak{G}_2$ eingesetzt werden. Wir subtrahieren die einander entsprechenden Gleichungen für die gestrichenen Felder von denen für die ungestrichenen Felder; nach einfachen Umformungen erhalten wir

$$\int \{\mu_1 \mathfrak{U}_{1x_k} \mathfrak{U}_{1x_k} - [U_{1k}\mathfrak{a}_1 + a_{1k}\mathfrak{U}_1 + U_{1k}\mathfrak{u}_1 + u'_{1k}\mathfrak{U}_1]\mathfrak{U}_{1x_k}$$
$$+ \bar{\mu}_1 [G_{1k}\mathfrak{h}_1 + h_{1k}\mathfrak{G}_1 + G_{1k}\mathfrak{g}_1 + g'_{1k}\mathfrak{G}_1]\mathfrak{U}_{1x_k} - K_1(\mathfrak{U}_2 - \mathfrak{U}_1)\mathfrak{U}_1\}\, dx = 0\,,$$

$$\int \{\mu_2 \mathfrak{U}_{2x_k} \mathfrak{U}_{2x_k} - [U_{2k}\mathfrak{a}_2 + a_{2k}\mathfrak{U}_2 + U_{2k}\mathfrak{u}_2 + u'_{2k}\mathfrak{U}_2]\mathfrak{U}_{2x_k}$$
$$+ \bar{\mu}_2 [G_{2k}\mathfrak{h}_2 + h_{2k}\mathfrak{G}_2 + G_{2k}\mathfrak{g}_2 + g'_{2k}\mathfrak{G}_2]\mathfrak{U}_{2x_k} - K_2(\mathfrak{U}_1 - \mathfrak{U}_2)\mathfrak{U}_2\}\, dx = 0\,,$$

$$\int \{\eta_1 \mathfrak{G}_{1x_k} \mathfrak{G}_{1x_k} + [G_{1k}\mathfrak{a}_1 + h_{1k}\mathfrak{U}_1 + G_{1k}\mathfrak{u}_1 + g'_{1k}\mathfrak{U}_1]\mathfrak{G}_{1x_k}$$
$$- [U_{1k}\mathfrak{h}_1 + a_{1k}\mathfrak{G}_1 + U_{1k}\mathfrak{g}_1 + u'_{1k}\mathfrak{G}_1]\mathfrak{G}_{1x_k}\}\, dx = 0\,,$$

$$\int \{\eta_2 \mathfrak{G}_{2x_k} \mathfrak{G}_{2x_k} + [G_{2k}\mathfrak{a}_2 + h_{2k}\mathfrak{U}_2 + G_{2k}\mathfrak{u}_2 + g'_{2k}\mathfrak{U}_2]\mathfrak{G}_{2x_k}$$
$$- [U_{2k}\mathfrak{h}_2 + a_{2k}\mathfrak{G}_2 + U_{2k}\mathfrak{g}_2 + u'_{2k}\mathfrak{G}_2]\mathfrak{G}_{2x_k}\}\, dx = 0\,.$$

Wir denken die dritte dieser Gleichungen mit $\bar{\mu}_1$ multipliziert und zur ersten addiert, während die vierte mit $\bar{\mu}_2$ multipliziert und zur zweiten addiert werde; dabei berücksichtigen wir, daß einige Glieder verschwinden, was sich mit dem Gaussschen Satz leicht beweisen läßt. Von den jetzt dastehenden Gleichungen multiplizieren wir die erste mit K_2 und die zweite mit K_1 und addieren beide; dies führt uns zu

$$K_2(\mu_1 \|\mathfrak{U}_1\|^2 + \eta_1\bar{\mu}_1\|\mathfrak{G}_1\|^2) + K_1(\mu_2\|\mathfrak{U}_2\|^2 + \eta_2\bar{\mu}_2\|\mathfrak{G}_2\|^2) + K_1K_2\int(\mathfrak{U}_1 - \mathfrak{U}_2)^2 dx$$
$$= K_2\int \{U_{1k}\mathfrak{a}_1\mathfrak{U}_{1x_k} + U_{1k}\mathfrak{u}_1\mathfrak{U}_{1x_k} - \bar{\mu}_1 G_{1k}\mathfrak{h}_1\mathfrak{U}_{1x_k} - \bar{\mu}_1 G_{1k}\mathfrak{g}_1\mathfrak{U}_{1x_k}$$
$$- \bar{\mu}_1 G_{1k}\mathfrak{a}_1\mathfrak{G}_{1x_k} - \bar{\mu}_1 G_{1k}\mathfrak{u}_1\mathfrak{G}_{1x_k} + \bar{\mu}_1 U_{1k}\mathfrak{h}_1\mathfrak{G}_{1x_k} + \bar{\mu}_1 U_{1k}\mathfrak{g}_1\mathfrak{G}_{1x_k}\}\, dx$$
$$+ K_1\int \{U_{2k}\mathfrak{a}_2\mathfrak{U}_{2x_k} + U_{2k}\mathfrak{u}_2\mathfrak{U}_{2x_k} - \bar{\mu}_2 G_{2k}\mathfrak{h}_2\mathfrak{U}_{2x_k} - \bar{\mu}_2 G_{2k}\mathfrak{g}_2\mathfrak{U}_{2x_k}$$
$$- \bar{\mu}_2 G_{2k}\mathfrak{a}_2\mathfrak{G}_{2x_k} - \bar{\mu}_2 G_{2k}\mathfrak{u}_2\mathfrak{G}_{2x_k} + \bar{\mu}_2 U_{2k}\mathfrak{h}_2\mathfrak{G}_{2x_k} + \bar{\mu}_2 U_{2k}\mathfrak{g}_2\mathfrak{G}_{2x_k}\}\, dx\,.$$

Hier schätzen wir die rechte Seite mit Hilfe der Schwarzschen Ungleichung und der Sobolewschen Einbettungssätze ab, wobei die auftretenden Konstanten D_i nur vom Gebiet abhängen:

$$K_2(\mu_1\|\mathfrak{U}_1\|^2 + \eta_1\bar{\mu}_1\|\mathfrak{G}_1\|^2) + K_1(\mu_2\|\mathfrak{U}_2\|^2 + \eta_2\bar{\mu}_2\|\mathfrak{G}_2\|^2)$$
$$\leqq K_2(D_1\|\mathfrak{U}_1\|^2\|\mathfrak{a}_1\| + D_2\|\mathfrak{U}_1\|^2\|\mathfrak{u}_1\| + D_3\bar{\mu}_1\|\mathfrak{G}_1\|\,\|\mathfrak{U}_1\|\,\|\mathfrak{h}_1\|$$
$$+ D_4\bar{\mu}_1\|\mathfrak{G}_1\|\,\|\mathfrak{g}_1\|\,\|\mathfrak{U}_1\| + D_5\bar{\mu}_1\|\mathfrak{G}_1\|^2\|\mathfrak{a}_1\| + D_6\bar{\mu}_1\|\mathfrak{G}_1\|^2\|\mathfrak{u}_1\|$$
$$+ D_7\bar{\mu}_1\|\mathfrak{U}_1\|\,\|\mathfrak{h}_1\|\,\|\mathfrak{G}_1\| + D_8\bar{\mu}_1\|\mathfrak{U}_1\|\,\|\mathfrak{g}_1\|\,\|\mathfrak{G}_1\|$$
$$+ K_1(D_9\|\mathfrak{U}_2\|^2\|\mathfrak{a}_2\| + D_{10}\|\mathfrak{U}_2\|^2\|\mathfrak{u}_2\| + D_{11}\bar{\mu}_2\|\mathfrak{G}_2\|\,\|\mathfrak{U}_2\|\,\|\mathfrak{h}_2\|$$
$$+ D_{12}\bar{\mu}_2\|\mathfrak{G}_2\|\,\|\mathfrak{g}_2\|\,\|\mathfrak{U}_2\| + D_{13}\bar{\mu}_2\|\mathfrak{G}_2\|^2\|\mathfrak{a}_2\|$$
$$+ D_{14}\bar{\mu}_2\|\mathfrak{G}_2\|^2\|\mathfrak{u}_2\| + D_{15}\bar{\mu}_2\|\mathfrak{U}_2\|\,\|\mathfrak{h}_2\|\,\|\mathfrak{G}_2\|$$
$$+ D_{16}\bar{\mu}_2\|\mathfrak{U}_2\|\,\|\mathfrak{g}_2\|\,\|\mathfrak{G}_2\|) \qquad (7)$$

Nun führen wir nochmals „Polarkoordinaten" ein

$$||\mathfrak{U}_1|| = \varrho \cos\Theta\,,\quad ||\mathfrak{U}_2|| = \varrho \sin\Theta \cos\Phi\,,\quad ||\mathfrak{G}_1|| = \varrho \sin\Theta \sin\Phi \cos\Psi\,,$$
$$||\mathfrak{G}_2|| = \varrho \sin\Theta \sin\Phi \sin\Psi\,,$$

$$0 \leqq \varrho < \infty\,,\quad 0 \leqq \Theta \leqq \frac{\pi}{2}\,;\quad 0 \leqq \Phi \leqq \frac{\pi}{2}\,,\quad 0 \leqq \Psi \leqq \frac{\pi}{2}\,.$$

Wir benutzen in (7) die a priori Abschätzung (6), um für $||\mathfrak{u}_1||$. $||\mathfrak{u}_2||$, $||\mathfrak{g}_1||$, $||\mathfrak{g}_2||$ obere Schranken zu erhalten und klammern auf beiden Seiten von (7) den Faktor

$$\varrho^2 = ||\langle \mathfrak{U}_1, \mathfrak{U}_2, \mathfrak{G}_1, \mathfrak{G}_2\rangle||_4^2$$

aus. Dann liefert die Forderung, daß der Faktor von ϱ^2 auf der rechten Seite kleiner wird als der auf der linken, was z. B. für verschwindende Randfelder zutrifft, eine hinreichende Einzigkeitsbedingung für die Lösung des inneren Randwertproblems.

Literaturverzeichnis

[1] LASSNER, G., Über ein Rand-Anfangswertproblem der Magnetohydrodynamik, Arch. rat. mech. analysis 25, 388–405 (1967).

[2] LADYSHENSKAJA, O., Funktionalanalytische Untersuchungen der NAVIER-STOKESschen Gleichungen, Akademie-Verlag Berlin 1965.

[3] FÖRSTE, J., Ein Existenzsatz für stationäre Strömungen in der Magnetohydrodynamik, Mber. Dt. Akad. Wiss. zu Berlin 6, 886–894 (1964).

[4] –, Zum magnetohydrodynamischen Umströmungsproblem, ebenda 7, 1–6 (1965).

[5] –, Ein Einzigkeitssatz für stationäre Strömungen in der Magnetohydrodynamik, ebenda 9, 241–247 (1967).

[6] –, Eine langsame Zweiphasenströmung, ebenda 10, 672–686 (1968).

Iterationsverfahren bei Folgen kontraktiver Operatoren

von HERBERT GAJEWSKI, Berlin[1])

(Manuskripteingang: 22. August 1969)

Im reellen BANACH-Raum X sei $\{T_i\}$ eine Folge strikt kontraktiver Operatoren $T_i \in (X \to X)$, deren Fixpunkte stark gegen ein Element $y_* \in X$ konvergieren. Es werden Sätze über die starke Konvergenz der Iterationsfolge

$$z_i = T_i z_{i-1}\,, \quad z_0 \in X\,, \quad i = 1, 2, \ldots \tag{$*$}$$

gegen y_* angegeben. Als Spezialfälle erweisen sich die folgenden Aussagen:

1. Sei $X = H$ ein separabler HILBERT-Raum; $\{H_i\}$ eine Folge endlich-dimensionaler Unterräume $H_i \subset H$, $\overline{\bigcup_i H_i} = H$; P_i der Projektionsoperator von H auf H_i; $T \in (H \to H)$ strikt kontraktiv; $T_i = P_i T$. Dann konvergiert die Folge ($*$) stark gegen den Fixpunkt y_* von T.

2. Sei $T \in (H \to H)$ strikt kontraktiv ($\|T x - T y\| \leqq k \|x - y\|$); $U \in (H \to H)$ nichtexpansiv; $K = \{u : u \in H,\ U u = u\} = \varnothing$, $T_i = l_i\ U + (1 - l_i)\, T$, $l_i = 1 - \frac{1}{i^a}$ $0 < a < 1$. Dann konvergiert die Folge ($*$) stark gegen die Lösung $y_* \in K$ der Variationsungleichung $(T u - u,\ u - v) \geqq 0$, $\forall\ v \in K$.

Es sei X ein reeller BANACH-Raum mit der Norm $\|\cdot\|$. Wir betrachten Operatorenfolgen $\{T_i\}$, $T_i \in (X \to X)$ mit den Eigenschaften

(a) $\|T_i x - T_i y\| \leqq k_i \|x - y\|\,, \quad 0 \leqq k_i < 1\,, \quad x, y \in X\,, \quad i = 1, 2, \ldots$

(b) die Folge der Fixpunkte $\{y_i\}$ der T_i konvergiert stark gegen ein Element $y_* \in X$.

Im ersten Teil des Vortrags nennen wir für die starke Konvergenz des Iterationsverfahrens

$$z_i = T_i z_{i-1}\,, \quad z_0 \in X\,, \quad i = 1, 2, \ldots \tag{1}$$

gegen y_* hinreichende Bedingungen an die Kontraktionskonstante k_i. Im zweiten Teil werden Probleme betrachtet, deren Lösung y_* als Grenzwert von Fixpunktfolgen strikt kontraktiver Operatoren dargestellt und so mit dem Iterationsverfahren (1) ermittelt werden kann. Abschließend wenden wir im 3. Teil die erzielten Ergebnisse zur Lösung nichtlinearer elliptischer Randwert-

---

[1]) Anschrift des Autors:
Dr. Herbert Gajewski, Deutsche Akademie der Wissenschaften
Institut für Angewandte Mathematik und Mechanik
DDR — 108 Berlin, Mohrenstraße 39

probleme und Variationsungleichungen mit nichtlinearen elliptischen Differentialoperatoren an.

1.

Satz 1. *Die Operatorenfolge* $\{T_i\}$, $T_i \in (X \to X)$, *besitze die Eigenschaften* (*a*) *und* (*b*) *und es gelte* $0 \leqq k_i \leqq k < 1$, $i = 1, 2, \ldots$. *Dann konvergiert die Iterationsfolge* (1) *stark gegen* y_*.

Satz 2. *Die Operatorenfolge* $\{T_i\}$, $T_i \in (X \to X)$ *besitze die Eigenschaften* (*a*), (*b*), *für jedes i bilde* T_i *die abgeschlossene, konvexe und beschränkte Menge C in sich ab. Die Folge* $\{k_i\}$ *wachse monoton und es existiere eine Konstante A mit* $||T_{i_1} x - T_{i_2} x|| \leqq A \, |k_{i_1} - k_{i_2}|$, $x \in C$, *sowie eine monoton wachsende Funktion* $m(i)$ *mit* $k_i^{m(i)} \to 0$, $\dfrac{k_{i+m(i)} - k_i}{1 - k_i} \to 0$. *Dann konvergiert die Folge* (1) *stark gegen* y_*.

Bemerkung. Die Sätze 1 und 2 werden in [3] bewiesen. Dort finden sich noch weitere Sätze ähnlicher Art. Einen Spezialfall von Satz 2 hat HALPERN [7] bewiesen.

Die Bedingungen an die Kontraktionskonstanten sind speziell bei $k_i = k < 1$ für Satz 1 und bei $k_i = (1 - b/i^a)$, $0 < a, b < 1$ für Satz 2 erfüllt.

2.

Es sei $X = H$ ein separabler HILBERT-Raum mit dem Skalarprodukt $(\cdot\,, \cdot)$, $\{S_i\}$ ein in H vollständiges System von Koordinatenelementen, H_i die lineare Hülle der ersten i von ihnen, P_i der Projektionsoperator von H auf H_i.

Satz 3. *Sei* $T \in (H \to H)$ *ein strikt kontraktiver Operator mit der Kontraktionskonstanten k und dem Fixpunkt* y_*. *Dann besitzen die Operatoren* $T_i = P_i T \in (H \to H)$ *die Eigenschaften* (*a*) *und* (*b*). ($k_i = k$).

Korollar: Sei $T \in (H \to H)$ ein strikt kontraktiver Operator, dann konvergiert das Projektions-Iterationsverfahren

$$z_i = P_i T z_{i-1}\,, \qquad z_0 \in H\,, \qquad i = 1, 2, \ldots \tag{2}$$

gegen den Fixpunkt y_* von T.

Bemerkung. Satz 3 und das Korollar werden in [2, 3] bewiesen. Projektions-Iterationsverfahren wurden zuerst in [6] betrachtet. Zur Konstruktion der Glieder z_i der Folge (2) sind lediglich lineare, algebraische Gleichungssysteme aufzulösen. Wegen $z_i \in H_i$ gilt nämlich $z_i = \sum_{r=1}^{i} c_r^i S_r$ dabei ist $\sum_{r=1}^{i} c_r^i (S_r, S_l) = (T z_{i-1}, S_l)$, $l = 1, 2, \ldots, i$.

Satz 4. *Sei* $U \in (H \to H)$ *ein nichtexpansiver Operator*[1]) *mit nichtleerer Fixpunktmenge K,* $T \in (H \to H)$ *ein strikt kontraktiver Operator mit der Kontraktionskonstanten* $0 \leqq k < 1$ *und* y_* *die Lösung der Variationsgleichung*

$$(T u - u\,, u - v) \geqq 0\,, \quad v \in K\,. \tag{3}$$

---

[1]) Ein Operator $u \to (X \to X)$ heißt nichtexpansiv, wenn für alle $x, y \to X$ gilt, $||U x - U y|| \leqq ||x - y||$.

Weiter sei $\{l_i\}$, $0 \leqq l_i < 1$, $l_i \to 1$ *eine Folge reeller Zahlen. Dann besitzen die Operatoren* $T_i = l_i U + (1 - l_i) T$ *die Eigenschaften* (*a*) *und* (*b*), $(k_i = (1 - l_i) k)$

Beweis: Die Operatoren U und T bilden die Kugel

$$C = \{x : ||x - y_*|| \leqq \frac{1}{1-k} || T y_* - y_* ||$$

in sich ab. Das gilt auch für die wegen

$$||T_i x - T_i y|| \leqq l_i ||U x - U y|| + (1 - l_i) ||T x - T y||$$
$$\leqq l_i ||x - y|| + (1 - l_i) k ||x - y||$$
$$= (l_i + (1 - l_i) k) ||x - y|| = k_i ||x - y||, \quad k_i = l_i + (1 - l_i) k < 1$$

strikt kontraktiven Operatoren T_i. Für die Fixpunkte y_i der T_i folgt daraus $y_i \in C$. Die Folge $\{y_i\}$ ist deswegen schwach kompakt.

O. B. d. A. sei $y_i \rightharpoonup v$, wir zeigen $v = y_*$. Es gilt zunächst

$$y_i - U y_i = (l_i U y_i + (1 - l_i) T y_i) - U y_i = (1 - l_i) ||T y_i - U y_i|| \to 0 .$$

Daraus folgt [1] (Lemma 2) $U v = v$, also $v \in K$. Wir finden weiter

$$(1 - l_i) y_i + l_i (y_i - U y_i) = (1 - l_i) T y_i$$

und

$$(1 - l_i) y_* + l_i (y_* - U y_*) = (1 - l_i) y_* ,$$

oder nach Multiplikation mit $y_i - y_*$ und anschließender Subtraktion

$$(1 - l_i) ||y_i - y_*||^2 + l_i (y_i - y_* - (U y_i - U y_*), y_i - y_*)$$
$$= (1 - l_i) (T y_i - y_*, y_i - y_*) .$$

Die Monotonie des Operators $I - U$ liefert

$$(1 - l_i) ||y_i - y_*||^2 \leqq (1 - l_i) (T y_i - y_*, y_i - y_*) .$$

Division durch $(1 - l_i)$ ergibt

$$||y_i - y_*||^2 = (T y_i - y_*, y_i - y_*)$$
$$= (T y_* - y_*, v - y_*) + (T y_i - T y_*, y_i - y_*) + (T y_* - y_*, y_i - v) ,$$

oder, da y_* Lösung von (3) ist,

$$(1 - k) ||y_i - y_*||^2 \leqq (T y_* - y_*, y_i - v) \to 0 \text{ und damit } y_i \to y_*, \text{ q. e. d.}$$

Korollar. Es seien die Voraussetzungen von Satz 4 mit

$$l_i = 1 - \frac{1}{i^a}, \quad 0 < a < 1 ,$$

erfüllt. Dann konvergiert die Folge

$$z_i = l_i U z_{i-1} + (1 - l_i) T z_{i-1} , \quad z_0 \in H , \quad i = 1, 2, \ldots \tag{4}$$

stark gegen den Fixpunkt y^* des nichtexpansiven Operators U, der Lösung der Variationsgleichung (3) ist.

Zum Beweis weisen wir lediglich auf Satz 2 und die für

$$x \in C = \{x : ||x - y_*|| \leqq \frac{1}{1-k} ||T y_* - y_*||\}$$

gültige Abschätzung

$$\begin{aligned}||T_{i_1} x - T_{i_2} x|| &= ||l_{i_1} U x + (1 - l_{i_1}) T x - (l_{i_2} U x + (1 - l_{i_2}) T x|| \\ &\leqq |l_{i_1} - l_{i_2}| \, ||U x|| + |l_{i_1} - l_{i_2}| \, ||T x|| \\ &\leqq |k_{i_1} - k_{i_2}| \frac{(||Ux|| + ||Tx||)}{1 - k} = A \, |k_{i_1} - k_{i_2}|\end{aligned}$$

hin.

Bemerkung. Satz 4 wurde für den Spezialfall $T x \equiv v_0 \in H$ von BROWDER [1] bewiesen. Unter gewissen Regularitätsforderungen an y_* (siehe dazu [4, 5]), kann man zeigen, daß auch die Operatoren $S_i = P_i T_i = P_i \big(l_i U + (1 - l_i) T\big)$ die Eigenschaften (a) und (b) besitzen.

3.

Es sei G ein beschränktes Gebiet des R^n mit dem Rand ∂G und $\mathring{C}^2$ die Menge der in $\overline{G} = G + \partial G$ zweimal stetig differenzierbaren Funktionen, die auf ∂G verschwinden.

Für $u \in \mathring{C}^2$ gilt die FRIEDRICHSsche Ungleichung

$$\int_G \sum_{r=1}^{n} \left(\frac{\partial u}{\partial x_r}\right)^2 dG \geqq d \int_G u^2 \, dG .$$

Wir betrachten den Differentialoperator

$$P u \equiv - \sum_{r=1}^{n} \frac{\partial a_r}{\partial x_r}(x_s, p_s) + b(x_s, u) , \qquad p_s = \frac{\partial u}{\partial x_s}, \qquad s = 1, \ldots, n ,$$

mit

$$\sum_{r,s=1}^{n} \frac{\partial a_r}{\partial p_s} t_r t_s \geqq m \left(\sum_{r=1}^{n} t_r^2\right), \quad \left|\frac{\partial a_r}{\partial p_s}\right| \leqq C , \quad \left|\frac{\partial b}{\partial u}\right| \leqq D , \quad \frac{\partial b}{\partial u} \geqq l > - dm$$

und das Randwertproblem

$$P u = f , \qquad u/\partial G = 0 , \qquad f \in L_2(G) . \tag{5}$$

Es sei $H = \mathring{W}_2^1(G)$ die Vervollständigung von $\mathring{C}^2$ bezüglich der durch das Skalarprodukt

$$(u, v) = \int_G \operatorname{grad} u \cdot \operatorname{grad} v \, dG = \int_G \sum_{r=1}^{n} \frac{\partial u}{\partial x_r} \frac{\partial v}{\partial x_r} dG$$

gegebenen Metrik. Über den RIESZschen Darstellungssatz erzeugen wir gemäß den Vorschriften

$$\int_G P u \cdot h \, dG \equiv (E u, h) , \quad h \in H$$

$$\int_G f \cdot h \, dG \equiv (\bar{f}, h) , \qquad h \in H$$

einen Operator $E \in (H \to H)$ und ein Element $\bar{f} \in H$. E genügt den Beziehungen [8]

$$(E u - E v, u - v) \geqq C \, ||u - v||^2 , \qquad C = m + l/d > 0 ,$$

$$||E u - E v|| \leqq L \, ||u - v|| , \qquad L = L(C, D, d) ,$$

ist also stark monoton und LIPSCHITZ-stetig. Der Operator $T = I - a (E - \bar{f})$, $0 < a < \frac{2 C}{L^2}$ ist dann strikt kontraktiv [8]. $\left(k = \sqrt{1 - 2 a C + a^2 L^2}\right)$.

Im Sinne der schwachen Lösungen ist das Randwertproblem (5) äquivalent dem Fixpunktproblem

$$T u = u . \tag{6}$$

(6) kann auf Grund des Korollars zu Satz 3 durch das Projektions-Iterationsverfahren (2) gelöst werden.

Wir betrachten die Variationsungleichung

$$\left.\begin{aligned}(f - P u, u - v)_{L_2} \geqq 0 , \quad v \in k = \{v : v \in H , \ |\text{grad } v \,| \leqq 1 ,\\ \text{fast überall im } G\} .\end{aligned}\right\} \tag{7}$$

Im Sinne der schwachen Lösungen dazu äquivalent ist die Variationsungleichung

$$(T u - u, u - v) \geqq 0 , \quad v \in K .$$

Wir erzeugen gemäß der Vorschrift

$$(U u, h) = (u, h) - \int_G g \, (|\text{grad } u|^2) \, \text{grad } u \cdot \text{grad } h \, dG ,$$

$$g(t) = \begin{cases} 0 & \text{für } t \leqq 1 \\ \dfrac{(1 - \sqrt{t})^2}{t} & \text{für } t > 1 , \end{cases}$$

einen Operator $U \in (H \to H)$. U ist [2, 5] nichtexpansiv und hat die Fixpunktmenge K. Auf Grund des Korollars zu Satz 4 kann die (verallgemeinerte) Lösung von (7) mit dem Iterationsverfahren 4 erhalten werden, das in der Form

$$\Delta z_i = \Delta z_{i-1} - l_i \sum_{r=1}^{n} \frac{\partial}{\partial x_r} g \, (|\text{grad } z_{i-1}|^2) \, \frac{\partial z_{i-1}}{\partial x_r} + a \, (1 - l_i) \, (P \, z_{i-1} - f)$$

geschrieben werden kann.

Literatur

[1] BROWDER, F. E., Convergence of Approximats to Fixed points of nonexpansive Nonlinear Mappings in Banach spaces. Arch. Rat. Mech. Anal. **24**, 82–90 (1967).

[2] GAJEWSKI, H., Über die Konvergenz von Diagonalfolgen bei nichtlinearen Funktionalgleichungen. Mber. Dt. Akad. Wiss. **10**, 657–666 (1968).

[3] —, Iterationsverfahren bei Folgen konstraktiver Operatoren. Mber. Dt. Akad. Wiss. 11, 818–826 (1969)

[4] GAJEWSKI, H., Projektions-Iterationsverfahren bei nichtexpansiven Operatoren. Mber. Dt. Akad. Wiss. 12, 1–8 (1970).

[5] –, Zur Lösung einer Klasse elliptischer Variationsungleichungen. Math. Nachr. 45, 317—326 (1970).

[6] –, und LANGENBACH, A., Zur Konstruktion von Minimalfolgen für das Funktional des ebenen elastisch-plastischen Spannungszustandes. Math. Nach. **30**, 165–180 (1965).

[7] HALPERIN, B., Fixed points of nonexpandings maps. Bull. Amer. Math. Soc. **73**, 957–961 (1967).

[8] PETRYSHYN, W. V., On the extension and the solution of nonlinear Operator equations. Illinois Int. of Math. **10**, 255–274 (1966).

Über einige SJÖSTRANDsche Probleme für Differentialgleichungen vom zusammengesetzten Typ

von WOLFGANG GERLACH und LOTHAR VON WOLFERSDORF, Freiberg[1])

(Manuskripteingang: 22. August 1969)

Für die zuerst von HADAMARD diskutierte Gleichung $\partial/\partial x\,[\Delta\psi] = 0$ in der xy-Ebene hat SJÖSTRAND das Problem behandelt, die Lösung ψ bei Vorgabe ihrer Werte auf dem Rand des betrachteten konvexen Gebietes und zusätzlich auf einer gewissen durch das Innere des Gebietes laufende Kurve zu bestimmen.

Im Vortrag wird zunächst ein von SJÖSTRAND, CATTABRIGA und BAROZZI angewandtes Iterationsverfahren zur Lösung des SJÖSTRANDschen Problems im Fall des Einheitskreises bzw. der Einheitskugel für die entsprechende Gleichung im R^n verallgemeinert und auf ein neuartiges Kopplungsproblem für harmonische Funktionen in der xy-Ebene übertragen. Außerdem wird ein allgemeines Kopplungsproblem für analytische und verallgemeinerte analytische Funktionen untersucht, mit dessen Hilfe gewisse allgemeine Probleme der SJÖSTRANDschen Art bei eincharakteristischen Gleichungen und Systemen vom zusammengesetzten Typ behandelt werden.

Differentialgleichungen von zusammengesetzten Typ, d. h. Differentialgleichungen, die in jedem Punkt eines vorgegebenen Gebietes sowohl komplexe als auch reelle Charakteristiken besitzen, sind zuerst von J. HADAMARD [7] betrachtet worden. HADAMARD diskutierte für die einfachste solche Gleichung

$$\partial/\partial x[\Delta\Psi] = 0\,, \quad \Delta\Psi = \Psi_{xx} + \Psi_{yy} \tag{1}$$

verschiedene korrekt gestellte Randwertprobleme, bei denen zusätzlich zu einer Vorgabe auf dem ganzen Rand L des gegebenen konvexen Gebietes eine Vorgabe auf dem Teil des Randes, auf dem beim Durchlaufen die Ordinate y streng wächst (bzw. streng fällt), gemacht wird. Allgemeinere solche „HADAMARDsche Probleme“ sind für Gleichungen vom zusammengesetzten Typ von G. I. ÈSKIN (z. B. [5]) und für Systeme solcher Gleichungen von A. DŽURAEV (z. B. [4]) untersucht worden.

Eine Aufgabe anderer Art für die Gleichung (1) hat O. SJÖSTRAND [8], [9] behandelt. Bei dieser liegt die zusätzliche Vorgabe auf einer Kurve l, die von einem Punkt P_1 des Randes L mit minimaler Ordinate y zu einem Punkt P_2 mit maximaler Ordinate y durch das Innere des betrachteten Gebietes führt und auf der y streng wächst. Solche „SJÖSTRANDschen Probleme“ sind bisher wenig betrachtet worden, sie bilden den Gegenstand unseres Vortrages.

---

[1]) Anschrift der Autoren:
Dr. Wolfgang Gerlach und Professor Dr. Lothar von Wolfersdorf
Bergakademie Freiberg, Sektion Mathematik
DDR — 92 Freiberg, Bernhard-von-Cotta-Str. 1

In der Arbeit [8] untersucht SJÖSTRAND das spezielle Problem erster Art, eine reguläre Lösung ψ der Gleichung (1) im Innern des Einheitskreises zu finden, die auf der Einheitskreislinie L und dem Durchmesser $l : x = 0$ vorgegebene Werte annimmt. Die diesem Problem äquivalente Integralgleichung läßt sich nach SJÖSTRAND und CATTABRIGA [3] durch Iteration auflösen. Die Abschätzung von CATTABRIGA kann nun verbessert werden, und damit kann auch das entsprechende Problem mit einer beliebigen Kurve l der Form $x = \xi(y)$ $(-1 \leqq y \leqq 1)$, die nur der Ungleichung

$$|\xi(y)| \leqq q\sqrt{1 - y^2} \qquad (0 \leqq q < 1) \tag{2}$$

genügen soll, behandelt werden [6]. Dazu sei gesetzt

$$\psi(x, y) = u(x, y) + w(y)\,, \qquad \Delta u = 0\,.$$

Elimination von $w(y)$ ergibt

$$u|_P - u|_Q = g(P) \tag{3}$$

mit $P = (x, y) \in L$ und $Q = \big(\xi(y), y\big) \in l$, wobei die vorgegebene Funktion $g(P)$ den Verträglichkeitsbedingungen

$$g(P_1) = g(P_2) = 0\,, \qquad P_{1,2} = (0, \pm 1) \tag{4}$$

genügt. Aus der Beziehung (3) folgt für die Funktion $\mu(P) = u|_P$ die Integralgleichung

$$\mu(P) - I[x, y; \mu]|_Q = g(P) \tag{5}$$

mit $I[x, y; \mu]$ als POISSON-Integral mit der Dichte μ. Unter der Annahme

$$|g(P)| \leqq M\,[1 - y^2]^\alpha \qquad (0 < \alpha \leqq 1) \tag{6}$$

erhält man mit Hilfe der HÖLDERschen Ungleichung die Abschätzung

$$|I[x, y; g]| \leqq M\{I[x, y; 1]\}^{1-\alpha}\,\{I[x, y; 1 - \tilde{y}^2]\}^\alpha\,,$$

wobei $I[x, y; 1] \equiv 1$ und $I[x, y; 1 - \tilde{y}^2] = (1/2)\,[1 + x^2 - y^2]$ ist. Daher liefert die Ungleichung (2)

$$|I[x, y; g]|_Q| \leqq M\left(\frac{1 + q^2}{2}\right)^\alpha [1 - y^2]^\alpha\,,$$

d. h. die Konvergenz der NEUMANNschen Reihe von (5) mit dem Kontraktionsfaktor

$$\left(\frac{1 + q^2}{2}\right)^\alpha < 1\,. \tag{7}$$

Die vorliegende Methode läßt sich ohne wesentliche Änderungen auf das SJÖSTRANDsche Problem erster Art für die Gleichung

$$\partial/\partial x_1[\Delta\psi] = 0\,, \qquad \Delta\psi = \psi_{x_1 x_1} + \cdots + \psi_{x_n x_n} \tag{8}$$

mit L als n-dimensionaler Einheitskugel und einer beliebigen Fläche l der Form $x_1 = \xi(x_2, \ldots, x_n)$, die der Ungleichung

$$|\xi(x_2, \ldots, x_n)| \leqq q\sqrt{1 - [x_2^2 + \cdots + x_n^2]} \qquad (0 \leqq q < 1) \tag{9}$$

genügt, übertragen, wobei der Kontraktionsfaktor den Wert

$$\left[\left(1 - \frac{1}{n}\right) q^2 + \frac{1}{n}\right]^\alpha < 1 \tag{10}$$

besitzt. Für den Spezialfall der inneren Fläche $x_1 = 0$ wurde die iterative Lösbarkeit dieses Problems in anderer komplizierter Weise von BAROZZI [1] gezeigt. Mit Benutzung des SCHAUDERschen Fixpunktsatzes kann die Bedingung (9) noch zu

$$\xi^2(x_2, \ldots, x_n) \leqq \varrho\,[1 - \varphi(\varrho)]\,, \qquad \varrho = 1 - [x_2^2 + \cdots + x_n^2] \tag{11}$$

abgeschwächt werden, wobei $\varphi(\varrho)$ eine beliebige in [0, 1] stetige, monoton wachsende Funktion mit $\varphi(0) \geqq 0$ und $\varphi(1) \leqq 1$ sein darf. Außerdem wurde in [6] gezeigt, daß sich das vorliegende Iterationsverfahren und der SCHAUDERsche Fixpunktsatz bei der Gleichung (8) auch für allgemeinere Gebiete des R^n sowie bei gewissen anderen Gleichungen anwenden lassen.

Weiterhin sei erwähnt, daß das spezielle SJÖSTRANDsche Problem zweiter und dritter Art, bei dem auf der Einheitskugel L an Stelle der Funktionswerte die Werte der Normalableitung bzw. einer Linearkombination aus beiden und auf der Meridianfläche $l\colon x_1 = 0$ wieder die Funktionswerte von ψ vorgeschrieben werden, mittels des sogenannten POINCARÉschen Kunstgriffs auf das entsprechende Problem erster Art zurückgeführt werden kann [11], [6]. Schließlich konvergiert das Iterationsverfahren für $n = 2$ in modifizierter Form auch im Fall der Kopplungsbedingung

$$u|_P - [a(y)\, u|_Q + b(y)\, v|_Q] = g(P)\,, \tag{12}$$

wobei v die konjugierte harmonische Funktion zu u mit der Normierungsbedingung $v(0, 0) = 0$ bedeutet, wenn an Stelle von (2) schärfer

$$|\xi(y)| \leqq p\,[1 - y^2] \qquad (0 \leqq p < 1) \tag{13}$$

gilt und die Bedingung

$$\left(\frac{1 + p^2}{2}\right)^\alpha \max_{-1 \leqq y \leqq 1} \left\{|a(y)| + \frac{2\,p}{1 - p^2}\,|b(y)|\right\} < 1 \tag{14}$$

erfüllt ist [16]. Probleme der Form (12) mit $a(y) = 1$, $b(y) = 0$ für allgemeine elliptische Differentialgleichungen wurden kürzlich von A. V. BICADZE und A. A. SAMARSKIĬ [2] formuliert.

Die zweite Arbeit von SJÖSTRAND [9] behandelt das Problem erster Art bei der Gleichung (1) und bei allgemeinen konvexen Gebieten mit einer beliebigen inneren Kurve l, die in die Punkte $P_{1,2}$ mit minimaler bzw. maximaler Ordinate y nicht tangential zur Randkurve L einläuft. Nach einer konformen Abbildung auf den Einheitskreis läßt sich für dieses Problem eine äquivalente stark singuläre Integralgleichung angeben, die unter hinreichenden Glattheitsvoraussetzungen durch eine einfache Substitution auf eine Integralgleichung mit sogar beschränktem Kern zurückgeführt werden kann. Die Anwendung der FREDHOLMschen Alternative ergibt dann zusammen mit dem aus dem Maximum-Minimum-Prinzip für harmonische Funktionen folgenden Unitätssatz die Existenz der Lösung des Problems.

Mit einer weitgehenden Verallgemeinerung dieser Methode von SJÖSTRAND ist in [12] das folgende allgemeine Kopplungsproblem für analytische Funktionen untersucht worden:

Es sind im Innengebiet S der Kurve L holomorphe Funktionen $\Phi(z)$ gesucht, die die Bedingung

$$\Phi^+(t) + G(t)\,\overline{\Phi^+(t)} - \{H(t)\,\Phi[\alpha(t)] + G(t)\,\overline{H(t)}\,\overline{\Phi[\alpha(t)]}\} = g(t) \qquad (t \in L) \qquad (15)$$

erfüllen, wobei die auf L vorgegebenen HÖLDER-stetigen Funktionen $G(t)$, $H(t)$ und $g(t)$ den Bedingungen $|G(t)| = 1$, $g(t) = G(t)\,\overline{g(t)}$ genügen und $\varkappa = (1/2\,\pi) \times [\arg G(t)]_L$ eine gerade Zahl sei. Die Funktion $\varphi = \alpha(t)$ vermittelt eine Abbildung der Randkurve L auf eine in S verlaufende Kurve l, die mit der Kurve L die endlich vielen Punkte P_k $(k = 1, \ldots, m)$ gemeinsam hat, wobei diese Punkte bei der Abbildung fest bleiben und bei Annäherung des laufenden Punktes t von L an die Punkte P_k der Bildpunkt $\varphi = \alpha(t)$ von l sich hinreichend schnell dem entsprechenden Punkt P_k annähert. Unter der zusätzlichen Voraussetzung

$$\operatorname{Im} H(t) = 0 \quad \text{in} \quad P_k \qquad (k = 1, \ldots, m) \qquad (16)$$

wurde gezeigt, daß das Problem vom NOETHERschen Typ ist, wobei wie im Falle des Problems, das sich aus (15) für $H(t) \equiv 0$ ergibt, die Beziehung

$$k - k' = \varkappa + 1 \qquad (17)$$

für die Anzahl k der linear unabhängigen Lösungen des homogenen Problems und die Anzahl k' der linear unabhängigen Lösbarkeitsbedingungen gilt. Die Zusatzbedingung (16) konnte bis jetzt nur in Sonderfällen, wie dem obigen Problem mit der Bedingung (12) und beliebigen HÖLDER-stetigen Koeffizienten $a(y)$, $b(y)$, fallen gelassen werden [16].

Dagegen läßt sich mit Hilfe der Theorie der verallgemeinerten analytischen Funktionen von I. N. VEKUA [10] das entsprechende Kopplungsproblem für reguläre Lösung $W(z)$ der Differentialgleichung

$$\frac{\partial W}{\partial \bar{z}} + A(z)\,W(z) + B(z)\,\overline{W(z)} = 0 \qquad (18)$$

mit $A(z), B(z) \in L_p\,(S + L)$, $p > 2$, wobei in der Bedingung (15) auch Integralterme der verschiedensten Form auftreten können, leicht auf ein solches Problem für analytische Funktionen zurückführen und auch in diesem Fall die Beziehung (17) beweisen [14].

Verschiedenartige SJÖSTRANDsche Probleme der Richtungsableitung für die Gleichung (1) oder allgemeiner die Gleichung

$$\partial/\partial x[L\,\psi] = 0\,, \qquad L\,\psi = \Delta\psi + a(y)\,\psi_x + b(y)\,\psi_y \qquad (19)$$

mit der allgemeinen Lösung

$$\psi(x, y) = u(x, y) + w(y)\,, \qquad L\,u = 0$$

lassen sich vermöge der Substitution

$$W(z) = u_x(x, y) - i\,u_y(x, y)$$

auf Spezialfälle des Kopplungsproblems für die Gleichung (18) zurückführen. Das ist insbesondere der Fall, wenn auf L eine Randbedingung der Form

$$\alpha \psi_x + \beta \psi_y + \gamma \psi = f \tag{20}$$

und auf l eine Bedingung der Gestalt

$$\psi = m(y) \tag{21a}$$

bzw. allgemeiner

$$\psi_y + \lambda(y) \psi_x + \nu(y) \psi = n(y) \tag{21b}$$

oder auf L eine Randbedingung der Form

$$\alpha \psi_x + \beta \psi_y + \gamma \psi + \delta L \psi = f \tag{22}$$

und auf l eine Bedingung der Gestalt

$$L \psi + \lambda(y) \psi_x + \mu(y) \psi_y + \nu(y) \psi = r(y) \tag{23}$$

vorgeschrieben sind, wobei in beiden Fällen die vorgegebenen Koeffizientenfunktionen die Bedingung

$$\alpha^2 + \beta^2 \neq 0 \quad \text{auf} \quad L \tag{24}$$

und gewisse Zusatzbedingungen in den Punkten $P_{1,2}$ (vgl. oben) erfüllen sollen [13], [14], [15].

Lösbarkeitsaussagen lassen sich in ähnlicher Weise auch für SJÖSTRANDsche Probleme bei allgemeinen eincharakteristischen Systemen vom zusammengesetzten Typ der Form

$$\left.\begin{aligned} \frac{\partial W}{\partial \bar{z}} + A(z)\, W(z) + B(z)\, \overline{W(z)} &= A_1(z)\, X(z)\,, \\ \frac{\partial X}{\partial x} &= A_0(z)\, X(z) + Re\, [B_0(z)\, W(z)] \end{aligned}\right\} \tag{25}$$

mit komplexwertigen Funktionen $W(z) = U(z) + i\, V(z)$ und $A(z)$, $B(z)$, $A_1(z)$, $B_0(z)$ sowie reellwertigen Funktionen $X(z)$ und $A_0(z)$ erhalten. Auf ein solches System kann insbesondere jede Gleichung von der Gestalt

$$\frac{\partial}{\partial x} \Delta\psi + a\, \psi_{xx} + b\, \psi_{xy} + c\, \psi_{yy} + d\, \psi_x + e\, \psi_y = 0 \tag{26}$$

vermöge der Substitution

$$U = \psi_x\,, \qquad V = -\psi_y\,, \qquad X = \Delta\psi + [a - c]\, \psi_x + b\, \psi_y$$

zurückgeführt werden. Die Lösung $(U, V; X)$ des Systems (25) genüge den Bedingungen

$$\alpha\, U + \beta\, V + \gamma\, X = f \quad \text{auf} \quad L\,, \tag{27}$$

$$\alpha_1\, U + \beta_1\, V + \gamma_1\, X = f_1 \quad \text{auf} \quad l\,, \tag{28}$$

wobei wieder die Ungleichung (24) sowie die Beziehungen

$$\gamma_1 \neq 0 \quad \text{auf} \quad l \tag{29}$$

und $\alpha_1 \beta = \alpha \beta_1$ in $P_{1,2}$ gelten sollen [17]. Auch der Fall $\gamma_1 \equiv 0$ auf l mit $\gamma \equiv 0$ auf L ist von Interesse.

Literatur

[1] BAROZZI, G. C. Su alcuni probleme relativi a una equazione lineare a derivate parziali di tipo composito. Atti Sem. Mat. Fis. Univ. Modena **10**, 11—30 (1960/61).

[2] BICADZE, A. V., SAMARSKIĬ, A. A., Über einige einfachste Verallgemeinerungen linearer elliptischer Randwertaufgaben (russ.). Doklady Akad. Nauk SSSR **185**, 739—740 (1969).

[3] CATTABRIGA, L., Su alcuni probleme per equazioni differenziali dı tipo composito. Rendiconti Sem. Mat. Univ. Padova **27**, 122—143 (1957).

[4] DŽURAEV, A., Eine lineare Randwertaufgabe für ein System von partiellen Differentialgleichungen vom zusammengesetzten Typ (russ.). Izvestija Akad. Nauk SSSR, Ser. matem. **31**, 543—562 (1967).

[5] ÈSKIN, G. I., Eine Randwertaufgabe für die Gleichung $\frac{\partial}{\partial t} P\left(\frac{\partial}{\partial t}, \frac{\partial}{\partial x}\right) u = 0$ mit einem elliptischen Operator $P\left(\frac{\partial}{\partial t}, \frac{\partial}{\partial x}\right)$ (russ.). Sibirsk. Mat. Žurnal **3**, 882—911 (1962).

[6] GERLACH, W., Zu einigen SJÖSTRANDschen Problemen für Differentialgleichungen vom zusammengesetzten Typ. Dissertation Freiberg 1969.

[7] HADAMARD, J., Propriétés d'une équation linéaire aux derivées partielles du quatrième ordre. Tôhoku Math. J. **37**, 133—150 (1933).

[8] SJÖSTRAND, O., Sur une équation aux dérivées partielles du type composite. Ark. Mat., Astron. och Fys. **25** A, No 21, 1—11 (1936).

[9] SJÖSTRAND, O., Sur une équation aux dérivées partielles du type composite (Note 2). Ark. Mat., Astron. och Fys. **26** A, No 1, 1—10 (1937).

[10] VEKUA, I. N., Verallgemeinerte analytische Funktionen. Berlin 1963.

[11] v. WOLFERSDORF, L., Geschlossene Lösung einiger SJÖSTRANDscher Probleme für Differentialgleichungen vom zusammengesetzten Typ. Beiträge zur Analysis und Angewandten Mathematik (Herrn Prof. Dr. phil. habil. HANS SCHUBERT zum 60. Geburtstag), Univ. Halle 1968/69, S. 91—100.

[12] v. WOLFERSDORF, L., Ein Kopplungsproblem für analytische Funktionen. Math. Nachr. **41**, 319—334 (1969).

[13] v. WOLFERSDORF, L., Das SJÖSTRANDsche Problem der Richtungsableitung für die Gleichung $\frac{\partial}{\partial x} \Delta u = 0$. Math. Nachr. **41**, 371—379 (1969).

[14] v. WOLFERSDORF, L., Ein Kopplungsproblem für verallgemeinerte analytische Funktionen. Math. Nachr. **45**, 242—261 (1970).

[15] v. WOLFERSDORF, L., SJÖSTRANDsche Probleme der Richtungsableitung bei einer Gleichung vom zusammengesetzten Typ. Math. Nachr. **45**, 263—277 (1970).

[16] v. WOLFERSDORF, L., Ein spezielles Kopplungsproblem für harmonische Funktionen. Beiträge zur Analysis und Angewandten Mathematik, Univ. Halle (im Druck).

[17] v. WOLFERSDORF, L., SJÖSTRANDsche Probleme bei einem System von partiellen Differentialgleichungen vom zusammengesetzten Typ Math. Nachr. **46**, 323—339 (1970).

Fixpunktbifurkation mehrdeutiger Abbildungen

von Reinhard Kluge, Berlin[1])

(Manuskripteingang: 5. September 1969)

Die Arbeit enthält:

1. Eine Ergänzung zur „Leray-Schauderschen Theorie" von A. Granas für mehrdeutige vollstetige Abbildungen im reellen Banach-Raum B betreffend die Berechnung des topologischen Index des isolierten Fixpunktes $o \in B$ im Fall (eindeutig) Frechet-differenzierbarer mehrdeutiger Abbildungen. Für eindeutige Abbildungen folgt daraus der entsprechende Satz der Leray-Schauderschen Theorie.
2. Ein notwendiges und ein hinreichendes Kriterium für die Existenz von Bifurkationspunkten im Fall der Fixpunktbifurkation für in Punkt 1 genannte Abbildungen, die für eindeutige Operatoren in zwei bekannte Sätze von M. A. Krasnoselski in der Theorie der Bifurkation von Lösungen nichtlinearer Operatorengleichungen übergehen.

1. Wir geben hier ein notwendiges und ein hinreichendes Kriterium für die Existenz von Bifurkationselementen im Fall der Fixpunktbifurkation (differenzierbarer) mehrdeutiger vollstetiger Abbildungen im reellen Banach-Raum B an. Der Beweis des hinreichenden Kriteriums (Satz 4) stützt sich dabei auf den Begriff des Grades einer mehrdeutigen Abbildung von A. Granas [2, 3] und auf Ergänzungen des Autors ([5]) zur Leray-Schauderschen Theorie für mehrdeutige Abbildungen bezüglich der Berechnung des topologischen Index eines isolierten Fixpunktes im Fall F-differenzierbarer mehrdeutiger Abbildungen (Satz 2).

Eine allgemeine Theorie der Fixpunktbifurkation für metrische Parameterräume wurde in [4, 5] gegeben. Wir relativieren hier einige Resultate dieser Arbeiten auf den Fall des reellen Zahlenparameters und F-differenzierbarer Abbildungen. Für eindeutige Abbildungen gehen diese Aussagen in die bekannten Sätze von M. A. Krasnoselski [6] bezüglich der Bifurkation von Lösungen nichtlinearer Gleichungen über.

Die Fixpunktbifurkation mehrdeutiger Abbildungen findet über ein Regularisierungsverfahren unter Verwendung der Ergebnisse der abstrakten Theorie monotoner Operatoren [1] Anwendung auf die Bifurkation von Lösungen allgemeiner nichtlinearer parametrischer Gleichungen mit eindeutigen Abbildungen, die z. B. aus nichtlinearen Differentialoperatoren in üblicher Weise erzeugt sein können.

---

[1]) Anschrift des Autors:
Dr. Reinhard Kluge, Deutsche Akademie der Wissenschaften,
Institut für Angewandte Mathematik und Mechanik
DDR — 108 Berlin, Mohrenstr. 39

2. $||\cdot||$ bezeichne die Norm und o das Nullelement von B, $||M||$ die Zahl $\sup_{u \in M} ||u||$ für die nichtleere beschränkte Menge $M \subset B$, (B, B) die Menge aller (eindeutigen und mehrdeutigen) Abbildungen von B in B mit ganz B als Definitionsbereich, $H(B)$ die mit der HAUSDORFF-Metrik versehene Menge aller nichtleeren abgeschlossenen beschränkten Teilmengen aus B und R_1 die reelle Zahlenachse.

$A \in (B, B)$ mit $A\,x \in H(B)$ für $x \in B$ erzeugt eine eindeutige Abbildung $\bar{A}$ von ganz B in $H(B)$. A heißt kompakt, wenn das Bild jeder beschränkten Menge unter A relativ kompakt ist, oberhalbstetig in $x \in B$, wenn für jede Umgebung $U(A\,x)$ eine Umgebung $V(x)$ existiert, daß $A(V(x)) \subset U(A\,x)$, oberhalbstetig, wenn A in jedem $x \in B$ oberhalbstetig ist. $x \in B$ heißt Fixpunkt von A, wenn $x \in A\,x$. Für eindeutige A schreiben wir wie üblich $x = A\,x$.

Bevor wir zum Bifurkationsproblem übergehen, wollen wir F-differenzierbare mehrdeutige Abbildungen betrachten.

Definition 1. A besitzt in o die FRECHETsche Ableitung C, wenn $A\,x - A\,o = C\,x + W\,x$ für alle $x \in B$, C eine lineare oberhalbstetige Abbildung aus (B, B) ist und $W \in (B, B)$ der folgenden Bedingung genügt: Es gibt ein $c > 0$, daß $W\,x$ für jedes $x \in B$ mit $||x|| < c$ beschränkt ist und $||W\,x||/||x|| \to 0$ für $||x|| \to 0$.

Es gilt ([5])

Satz 1. *Wenn A mit $A\,o = y \in B$ kompakt ist und in o die eindeutige* FRECHET*sche Ableitung C besitzt, dann ist auch C kompakt.*

Eine Ergänzung zur LERAY-SCHAUDERschen Theorie von A. GRANAS liefert (vgl. [5])

Satz 2. *Sei o Fixpunkt der kompakten Abbildung A mit $A\,o = o$, für die $A\,x$ für jedes $x \in B$ konvex und abgeschlossen und $\bar{A}$ stetig ist. Sei weiter die Zahl 1 kein Eigenwert der eindeutigen* FRECHET*schen Ableitung C von A in o. Dann ist o ein isolierter Fixpunkt von A und sein Index (im Sinne des Grades für mehrdeutige Abbildungen) gleich $(-1)^a$, wobei a die Summe der (algebraischen) Vielfachheiten der in* (0, 1) *gelegenen charakteristischen Zahlen von C ist.*

3. Sei $A\,o = o$.

Definition 2. $v \in R_1$ heißt *Bifurkationselement* von A, wenn für beliebige Zahlen $\varepsilon, \tau > 0$ Fixpunkte $x(z)$ von zA, $z \in R_1$, mit $0 < ||x(z)|| < \tau$ und $|z - v| < \varepsilon$ existieren.

Wir verlangen im weiteren immer, daß A in o die eindeutige FRECHETsche Ableitung C besitzt. Der folgende Satz liefert dann ein notwendiges Kriterium für die Existenz von Bifurkationselementen.

Satz 3. *Sei C kompakt. Dann ist jedes Bifurkationselement von A eine charakteristische Zahl von C.*

Satz 3 ist eine Folgerung aus Satz 9 von [5]. Aus Satz 11 von [5] folgt speziell für unseren Fall das folgende hinreichende Kriterium für die Existenz von Bifurkationselementen.

Satz 4. *Sei A kompakt, $\bar{A}$ stetig und $A\,x$ konvex und abgeschlossen für alle $x \in B$. Dann ist jede charakteristische Zahl von C mit ungerader (algebraischer) Vielfachheit ein Bifurkationselement von A.*

Bemerkung. Die Sätze 3 und 4 gehen für eindeutige Abbildungen in die bekannten Sätze von M. A. Krasnoselski über [6].

Literatur

[1] Browder, F. E., Problemes non-lineaires, Montreal 1965.
[2] Granas, A., Sur la notion du degré topologique pour une certaine classe de transformations multivalentes dans les espaces de Banach. Bull. de l'Acad. Polonaise, ser. math., Vol. 7, 191–194 (1959).
[3] Granas, A., Theorem on Antipodes and Theorems on Fixde Points for a certain class of Multivalued Mappings in Banach spaces. Bull. de l'Acad. Polonaise, ser. math., Vol. 7, 271–275 (1959).
[4] Kluge, R., Fixpunktbifurkation für parameterabhängige vieldeutige vollstetige Abbildungen. Mber. Dt. Akad. Wiss. **11**, 89–95 (1969).
[5] Kluge, R., Differenzierbare mehrdeutige Abbildungen und Fixpunktbifurkation. Mber. Dt. Akad. Wiss. **11**, 469–480 (1969).
[6] Krasnoselski, M. A., Topologische Methoden in der Theorie der nichtlinearen Integralgleichungen. Moskau 1956 (russ.).

Zur Existenz und Approximation von Eigenfunktionen in allgemeinen nichtlinearen Eigenwertproblemen

von Reinhard Kluge, Berlin[1])

(Manuskripteingang: 5. September 1969)

Sei B ein reeller reflexiver Banach-Raum, B^* sein adjungierter Raum und M eine nichtleere Menge. Unter einem nichtlinearen Eigenwertproblem verstehen wir das Problem der Existenz von $o \in B$ verschiedener Lösungen (Eigenfunktionen) $u(z)$ der Gleichung $S\,u = D(z)\,u$, $u \in B$ und $z \in M$, mit den möglicherweise nichtlinearen Potentialoperatoren S, $D(z) \in (B \to B^*)$.

Die Arbeit enthält:

1. Ein allgemeines Existenzkriterium für Eigenfunktionen $u(z)$ (für wohlbestimmte $z \in M$).
2. Aussagen über die Konvergenz eines Ritzschen Verfahrens (Galerkin-Verfahrens) (mit fixiertem z) gegen Eigenfunktionen $u(z)$.
3. Aussagen über die Konvergenz eines Projektions-Iterationsverfahrens (mit fixiertem $z \in M$) gegen Eigenfunktionen $u(z)$. Dieses Verfahren besitzt den praktischen Vorteil, daß bei jedem Schritt nur ein (endliches) lineares algebraisches Gleichungssystem zu lösen ist.

1. Sei B ein reeller reflexiver Banach-Raum mit der Norm $\|\cdot\|$, dem Nullelement o und dem adjungierten Raum B^* mit dem Nullelement o_*, (w, v) das innere Produkt der Elemente $w \in B^*$ und $v \in B$ (im Fall des Hilbert-Raumes H das Skalarprodukt der Elemente $w, v \in H$), (B, B^*) die Menge aller Abbildungen, die ganz B in B^* abbilden, M eine nichtleere Menge und S, $D(z) \in (B, B^*)$ für alle $z \in M$.

Unter einem nichtlinearen Eigenwertproblem verstehen wir das Problem der Existenz von o verschiedener Lösungen (Eigenfunktionen) der Gleichung

$$S\,u = D(z)\,u\,, \qquad u \in B\,, \quad z \in M\,. \tag{1}$$

Die möglicherweise nichtlinearen Operatoren S und $D(z)$ können dabei z .B. auf übliche Weise aus Differentialoperatoren erzeugt sein (vgl. u. a. [1] und [3]).

Wir geben hier einen Satz über die Existenz von Eigenfunktionen an, der ein entsprechendes Ergebnis in [5] verallgemeinert. Es folgen Aussagen über die Konvergenz eines Ritzschen (Galerkin-) und eines Projektions-Iterationsverfahrens gegen Eigenfunktionen im formulierten Problem. Das hier angegebene Galerkin-Verfahren unterscheidet sich dabei von dem in [2] für den Fall

$$S\,u = z\,D_0\,u\,, \qquad u \in B\,, \tag{2}$$

[1]) Anschrift des Autors:
Dr. Reinhard Kluge, Deutsche Akademie der Wissenschaften
Institut für Angewandte Mathematik und Mechanik
DDR — 108 Berlin, Mohrenstraße 39

mit $D_0 \in (B, B^*)$ und dem reellen Zahlenparameter z untersuchten Verfahren dadurch, daß der Parameter z im Verfahren fixiert und der Existenzbeweis der Galerkin-Näherungen nichttopologischer Natur ist. Das Projektions-Iterationsverfahren besitzt den praktischen Vorteil, daß bei jedem Schritt nur ein (endliches) lineares algebraisches Gleichungssystem zu lösen ist. Eine Übersicht über solche Verfahren und ihre Anwendungen auf verschiedene nichtlineare Probleme gibt die Arbeit [3].

2. $A \in (B, B^*)$ heißt *hemistetig*, wenn die Funktion $d(t) \equiv (A(v + t(u - v)), h)$ $t \in [0, 1]$, für beliebige aber fixierte $u, v, h \in B$ in t stetig ist, *Potentialoperator*, wenn A der Gradient eines auf B definierten reellwertigen Funktionals ist, *monoton*, wenn $(Au - Av, u - v) \geqq 0$ für alle $u, v \in B$ und *beschränkt* (*kompakt*), wenn das Bild jeder in B beschränkten Menge in B^* beschränkt (relativ kompakt) ist.

Im weiteren sei $z \in M$ fixiert und S und $D(z)$ hemistetige Potentialoperatoren. Wir betrachten $F(u, z) \equiv \int_0^1 (S(tu), u)\, dt - \int_0^1 (D(z)(tu), u)\, dt$, $u \in B$. $F(u, z)$ heißt nicht fallend, wenn ein $R > 0$ existiert, daß $F(u, z) > F(o, z)$ für alle $u \in B$ mit $||u|| \geqq R$. Wenn $S - D(z)$ koerciv ist, d. h., wenn $((S - D(z)u, u))/||u|| \to +\infty$ für $||u|| \to \infty$, dann ist $F(u, z)$ nicht fallend.

Es gilt (vgl. [4])

Satz 1. *S und $D(z)$ seien hemistetige Potentialoperatoren, S monoton, $D(z)$ kompakt, $S o = D(z) o = o_*$, $F(u, z)$ nicht fallend und $G(z) \equiv \{u \in B: F(u, z) < 0\}$ nicht leer. Dann existiert wenigstens eine Eigenfunktion von* (1) *für das fixierte z.*

Ein allgemeines Kriterium für $G(z) \neq \emptyset$ enthält [4]. Speziell folgt daraus

Satz 2. *S sei ein* Lipschitz*stetiger Potentialoperator mit der Konstanten L und $S o = o_*$ und D_0 ein linearer beschränkter Potentialoperator mit $(D_0 u, u) \geqq 0$ für alle $u \in B$. Dann ist für* (2) *$G(z)$ nicht leer, sobald $|z| > \frac{L}{||D_0||}$.*

3. Im weiteren sei B ein separabler Hilbert-Raum H und (w_n) ein in H linear unabhängiges und vollständiges Elementensystem, H_n die lineare Hülle der Elemente $w_1, \ldots, w_n$ und P_n der Projektor von H auf H_n.

$u_n \in H_n$ heißt n-te Galerkin-Näherung von (1) für das fixierte $z \in M$, wenn es Lösung der Gleichung

$$(S u - D(z) u, h) = 0\,, \quad h \in H\,, \tag{3}$$

ist. $u_n \in H_n$ heißt n-te Ritzsche Näherungslösung für (1), wenn $F(u, z)$ in u_n sein Minimum auf H_n realisiert.

Es gilt ([4])

Satz 3. *S und $D(z)$ seien hemistetige Potentialoperatoren, S monoton und beschränkt, $D(z)$ kompakt, $S o = D(z) o = o$, $F(u, z)$ nicht fallend und $G(z)$ nicht leer. Dann besitzt* (1) *wenigstens eine Eigenfunktion für das fixierte z. Weiter existieren* Ritz*sche Näherungsfolgen für* (1), *die beschränkt und* Galerkin-*Folgen von* (1) *sind. Der schwache Grenzwert jeder schwach konvergenten Teilfolge so einer* Ritz*schen Näherungsfolge ist eine Eigenfunktion von* (1) *für z.*

Wir gehen nun zum Problem der starken Konvergenz des Verfahrens über. $A \in (H, H)$ heißt gleichmäßig monoton, wenn eine reellwertige stetige strikt wachsende Funktion $c(r)$, $r \geqq 0$ und $c(0) = 0$, derart existiert, daß $(A\,u - A\,v, u - v) \geqq c\,(||u - v||)$ für alle $u, v \in H$, *verstärkt stetig*, wenn A jede schwach konvergente Folge aus H in eine in H stark konvergente Folge abbildet.

A genügt der Bedingung $(S)_0$, wenn jede schwach konvergente Folge $(u_n) \subset H$ mit dem Grenzelement u, für die $(A\,u_n)$ schwach in H gegen $y \in H$ konvergiert und $(A\,u_n\,u_n) \to (y, u)$ für $n \to \infty$, auch stark konvergiert.

Es gilt ([4])

Lemma 1. *Wenn $A_1 \in (H, H)$ gleichmäßig monoton und $A_2 \in (H, H)$ verstärkt stetig ist, dann genügt $A = A_1 + A_2$ der Bedingung $(S)_0$.*

Eine Ergänzung zu Satz 3 gibt

Satz 4. *In den Voraussetzungen von Satz 3 genüge S zusätzlich der Bedingung $(S)_0$ und sei $D(z)$ gleichmäßig stetig auf der Menge $\{u \in H: ||u|| \leqq R\}$, dann konvergiert jede schwach konvergente Teilfolge einer* Ritz*schen Näherungsfolge auch stark gegen die entsprechende Eigenfunktion von* (1).

Zum Beweis von Satz 4 vgl. [4].

4. Sei $A_n = P_n\,A\,P_n$ für $A \in (H, H)$ und $u_0 \in H$ fixiert. Wir betrachten das Projektions-Iterationsverfahren

$$u_n = P_n\,u_{n-1} - a\,S_n\,u_{n-1} + a\,D(z)_n\,u_{n-1}\,, \qquad n = 1, 2, \ldots . \tag{4}$$

Es besteht im n-ten Schritt, $n = 1, 2, \ldots$, in der Lösung des linearen algebraischen Gleichungssystems

$$(u_n, w_r) = (u_{n-1} - a\,S\,u_{n-1} + a\,D(z)\,u_{n-1}\,w_r,)\,, \qquad r = 1, \ldots, n\,,$$

mit $u_n = \sum\limits_{r=1}^{n} a_r^{(n)}\,w_r$ bezüglich der Koeffizienten $a_r^{(n)}$, $r = 1, \ldots, n$.

Es gilt (vgl. [4])

Satz 5. *S und $D(z)$ seien* Lipschitz*stetige Potentialoperatoren mit den* Lipschitz*konstanten L_1 und $L_2(z)$ entsprechend, S monoton, $D(z)$ kompakt, $S - D(z)$ koerciv, $S\,o = D(z)\,o = o$ und $G(z)$ nicht leer. Dann besitzt* (1) *wenigstens eine Eigenfunktion für das fixierte z. Der schwache Grenzwert jeder schwach konvergenten Teilfolge von* (4) *mit $u_0 \in G(z)$ und $0 < a < 2/(L_1 + L_2(z))$ ist eine Eigenfunktion von* (1) *für z. Wenn S außerdem $(S)_0$ genügt, dann konvergiert jede schwach konvergente Teilfolge von* (4) *auch stark gegen die entsprechende Eigenfunktion von* (1).

Literaturverzeichnis

[1] Browder, F. E., Problemes non-lineaires, Montreal 1965.
[2] Browder, F. E., Nonlinear eigenvalue problems and Galerkin approximations, Bull. Amer. Math. Soc. **74**, 651–656 (1968).
[3] Gajewski, H., Kluge, R., Projektions-Iterationsverfahren und nichtlineare Probleme mit monotonen Operatoren. Mber. Dt. Akad. Wiss. **12**, 98–115 (1970).

[4] Kluge, R., Zur numerischen Approximation von Eigenfunktionen in nichtlinearen Eigenwertproblemen. Mber. Dt. Akad. Wiss. **11**, 811–818 (1969).
[5] Langenbach, A., Stabile Bereiche und Bifurkationselemente nichtlinearer Gleichungen. Mber. Dt. Akad. Wiss. **11**, 798–811 (1969).
[6] Вайнберг, М. М., Вариационные методы исследования нелинейных операторов. Москва 1956.

Darstellung negativ gekrümmter Flächen durch pseudoholomorphe Funktionen

von GERT KNEIS, Berlin[1])

(Manuskripteingang: 22. August 1969)

Durch Einführung eines geeigneten Liniennetzes kann man die Koordinatenfunktionen einer negativ gekrümmten C^3-Fläche im E^3 als Realteil von Lösungen des elliptischen Differentialgleichungssystems der (p, q)-analytischen Funktionen im Sinne von POLOSHI darstellen. Das Liniennetz wird mit Hilfe von Diffeomorphismen einer BELTRAMIschen Differentialgleichung gewonnen, die Bestimmung der Koeffizienten des Differentialgleichungssystems führt auf verallgemeinerte analytische Funktionen vom VEKUAschen Typ. Im Falle einfach zusammenhängender Flächen ist eine solche Darstellung auch global möglich. In diesem Zusammenhang wird die Aufgabe gelöst, eine indefinite quadratische Differentialform im Großen in eine gewisse kanonische Gestalt zu transformieren. Ferner wird die Existenz positiver Lösungen einer speziellen elliptischen Differentialgleichung zweiter Ordnung mit am Rande ausartenden Koeffizienten nachgewiesen. Eine ausführliche Darstellung ist in Vorbereitung.

1.

Minimalflächen haben die kennzeichnende Eigenschaft, daß ihre Koordinatenfunktionen in isothermen Parametern harmonische Funktionen sind. Faßt man diese harmonischen Funktionen als Realteile holomorpher Funktionen auf, so ergibt sich aus der Darstellbarkeit einer Minimalfläche als Realteil eines holomorphen Vektors die Möglichkeit, zu deren Studium funktionentheoretische Mittel heranziehen zu können.

2.

Eine etwas allgemeinere Darstellung läßt sich nun auch für die Klasse der Flächen mit negativer Gaußscher Krümmung angeben. Ist die gegebene Fläche topologisch einfach zusammenhängend und hinreichend oft differenzierbar, so lassen sich Parameter u und v, die an die Stelle der isothermen Parameter im Falle der Minimalflächen treten, einführen, derart, daß der Flächenvektor $P(u, v)$ einer linearen elliptischen Differentialgleichung zweiter Ordnung der folgenden Art genügt:

$$\frac{\partial}{\partial u}\left(p\frac{\partial P}{\partial u} + q\frac{\partial P}{\partial v}\right) + \frac{\partial}{\partial v}\left(-q\frac{\partial P}{\partial u} + p\frac{\partial P}{\partial v}\right) = 0\,, \quad p > 0\,. \tag{1}$$

[1]) Anschrift des Autors:
Gert Kneis, Deutsche Akademie der Wissenschaften
Institut für Reine Mathematik
DDR — 1199 Berlin, Rudower Chaussee 5

Dabei sind p und q geeignete, von der Fläche abhängige Funktionen. Da die Dgl. (1) sich in der BIANCHI-Normalform befindet, läßt sie sich als lineares elliptisches System erster Ordnung für zwei Vektoren P und Q deuten. Die durch den Vektor Q dargestellte Fläche wird als zu P konjugierte Fläche bezeichnet, es bestehen gewisse Analogien zu der Paarbildung Minimalfläche — konjugierte Minimalfläche. Die komplexe Vektorfunktion $P + i\,Q$ erweist sich als (p, q)-analytisch im Sinne von POLOSHI. Zum Studium negativ gekrümmter Flächen läßt sich daher jetzt die Theorie der (p, q)-analytischen Funktionen benutzen.

3.

Ich möchte nun kurz skizzieren, wie man eine Darstellung (1) einer Fläche gewinnen kann. Durch skalare Multiplikation mit einem vektoriellen Dreibein der Fläche erhält man zunächst drei skalare Gleichungen, welche mit der Vektorgleichung (1) gleichbedeutend sind.

Es seien $w(z) = p(u, v) + i\,q(u, v)$,

$-\langle dP, dn\rangle = L\,du^2 + 2\,M\,du\,dv + N\,dv^2$ die 2. Fundamentalform von P

und $4\,A(z) = \sum_{j=1}^{2} \left\{{jj \atop 1}\right\} + i \left\{{jj \atop 2}\right\}$ mit den CHRISTOFFEL-Symbolen.

Dann lauten die drei skalaren Gleichungen:

$$L(u, v) + N(u, v) = 0\,, \tag{2}$$

$$\frac{\partial w}{\partial z^*} + A\,(w + w^*) = 0\,. \tag{3}$$

Setzt man $L - i\,M = H(z)$, so hat die zweite Fundamentalform in solchen Parametern, in denen (2) gilt, die Darstellung:

$$-\langle dP, dn\rangle = \operatorname{Re} H(z)\,dz^2\,.$$

Bei konformen Abbildungen im Parameterbereich bleibt daher die kanonische Gestalt (2) der zweiten Fundamentalform erhalten, letztere transformiert sich dabei wie der Realteil eines quadratischen Differentials. Die Dgl. (3) ist übrigens eine konforme Invariante bezüglich der zugrunde gelegten Fläche.

Um eine Darstellung (1) einer gegebenen Fläche zu gewinnen, hat man also folgendermaßen vorzugehen:

a) Bei gegebenem Parametersystem ist eine reguläre Parametertransformation durchzuführen, so daß die zweite Fundamentalform die kanonische Gestalt (2) annimmt.

b) In den neuen Parametern ist eine Lösung der Dgl. (3) zu suchen, deren Realteil im betrachteten Gebiet positiv ist.

4.

Will man auf einer Fläche kanonische Parameter einführen; so sieht man aus (2) sofort, daß die Fläche keine Punkte positiver Gaußscher Krümmung besitzen darf. Andererseits kann man wegen (2) die Funktion $N(u, v)$ aus dem Differentialgleichungssystem von CODAZZI und MAINARDI entfernen und erhält so ein elliptisches Differentialgleichungssystem in der VEKUAschen Normalform für die Funktionen L und M. Aus dem Nullstellenverhalten solcher Systeme schließt man: Auf dem betrachteten Flächenstück lassen sich kanonische Parameter höchstens dann einführen, wenn dieses entweder ein Stück einer Ebene ist oder bis auf isolierte Flachpunkte negativ gekrümmt ist.

Man gehe nun von einer beliebigen Darstellung der Fläche aus, L, M und N seien die Koeffizienten der zweiten Fundamentalform. Die Einführung kanonischer Parameter ist äquivalent mit der Konstruktion schlichter Lösungen der Differentialgleichung

$$L\left|\frac{\partial f}{\partial v}\right|^2 - 2\,M\,\mathrm{Re}\,\frac{\partial f}{\partial u}\left(\frac{\partial f}{\partial v}\right)^* + N\left|\frac{\partial f}{\partial u}\right|^2 = 0\,. \tag{4}$$

Dazu betrachte man eine BELTRAMIsche Differentialgleichung

$$\frac{\partial f}{\partial u} = \sigma(z)\,\frac{\partial f}{\partial v} \tag{5}$$

und versuche, σ so einzurichten, daß die Lösungen dieser Gleichung insbesondere (4) befriedigen. Das ist genau dann der Fall, wenn für σ die folgende Gleichung erfüllt ist:

$$L + N|\sigma|^2 - 2\,M\,\mathrm{Re}\,\sigma = 0\,. \tag{6}$$

Die Lösung dieser Gleichung bereitet an den Nullstellen der Koeffizienten einige Schwierigkeiten. Durch ein besonderes Fortsetzungsverfahren kann gezeigt werden, daß es eine Lösung gibt, die in der Differenzierbarkeitsklasse der Koeffizienten liegt. Unter der Voraussetzung, daß die Diskriminante $LN - M^2$ im ganzen Gebiet negativ ist, läßt es sich ferner einrichten, daß der Imaginärteil dieser Lösung in jedem abgeschlossenen Teilgebiet G_n unterhalb einer festen negativen Zahl σ_n bleibt. Es ist bekannt, daß die BELTRAMI-Gleichung dann einen globalen Diffeomorphismus besitzt. I. a. wird die GAUSSsche Krümmung gegen den Rand hin keine negative obere Grenze besitzen, wie das z. B. bei vollständigen Flächen der Fall ist. Dann wird auch $\mathrm{Im}\,\sigma$ diese Eigenschaft haben. Es läßt sich nun zeigen, daß die BELTRAMI-Gleichung auch bei diesem Randverhalten eine global schlichte Lösung im Gebiet G besitzt. Bei dreimaliger stetiger Differenzierbarkeit des Flächenvektors läßt sich daher die 2. Fundamentalform global in kanonische Gestalt überführen.

5.

Wegen der konformen Invarianz der Dgl. (3) läßt sich als offenes Parametergebiet der Einheitskreis wählen. Die Aufgabe besteht nun darin, bei beliebigem Randverhalten von $A(z)$ Lösungen anzugeben, deren Realteil im Inneren des Einheitskreises strikt positiv ist. Dieses Problem ist nur unter stärkeren Differenzierbarkeitsforderungen an A (und damit an die Fläche) lösbar. Man betrachte dazu die mit (3) äquivalente reelle elliptische Differentialgleichung zweiter Ordnung für den Realteil p von w. Diese hat die Gestalt

$$\Delta p + \alpha\,\frac{\partial p}{\partial u} + \beta\,\frac{\partial p}{\partial v} + \left(\frac{\partial \alpha}{\partial u} + \frac{\partial \beta}{\partial v}\right)p = 0\,. \tag{7}$$

Es ist bekannt, daß diese Gleichung in jedem hinreichend glatt berandeten abgeschlossenen Teilgebiet strikt positive Lösungen besitzt. Mit Hilfe der für die Lösungen von (7) gültigen Harnackschen Ungleichung und unter Anwendung von Häufungprinzipien läßt sich aus dieser Tatsache folgern, daß es eine klassische Lösung im offenen Einheitskreis gibt, die dort strikt positiv ist.

Über die Existenz von p-analytischen Funktionen zu vorgegebenem Realteil

von Ralf Komin, Berlin[1])

(Manuskripteingang: 22. August 1969)

Der Realteil u einer holomorphen Funktion einer komplexen Variablen ist eine harmonische Funktion, d. h. es gilt $\Delta u = 0$. Bei holomorphen Funktionen mehrerer komplexer Variabler entspricht dieser Gleichung das System von Poincaré. Dieses System wird nun für p-analytische Funktionen verallgemeinert.

In der holomorphen Funktionentheorie stellt man die Frage: Unter welchen Bedingungen gibt es zu einer vorgegebenen Funktion $u(x, y)$ eine zweite Funktion $v(x, y)$, so daß $f(z) = u(x, y) + i\,v(x, y)$ eine holomorphe Funktion von $z = x + i\,y$ ist?

Die Antwort erhält man aus dem Cauchy-Riemannschen Differentialgleichungssystem, indem man die gemischten zweiten Ableitungen von v vergleicht, es entsteht die Bedingung $\Delta u = 0$.

Auf dem gleichen Weg erhält man eine Antwort, wenn man sich obiges Problem für eine Funktion mehrerer Variablen stellt. Es entsteht dann das System von Poincaré, es lautet für zwei komplexe Variable $z_1 = x_1 + i\,x_3$; $z_2 = x_2 + i\,x_4$

$$\begin{aligned} a_1 &= \partial_{11} u + \partial_{33} u = 0 \,, \\ a_2 &= \partial_{22} u + \partial_{44} u = 0 \,, \\ a_3 &= \partial_{12} u + \partial_{34} u = 0 \,, \\ a_4 &= \partial_{14} u - \partial_{23} u = 0 \,. \end{aligned}$$

Ich werde mich hier auf diesen Fall zweier komplexer Variablen beschränken, die ausführlichen Betrachtungen für mehr als zwei Variable sind in den Monatsberichten der Deutschen Akademie der Wissneschaften im Band 10, Heft 9, 1968 zu finden.

Wir sprechen von p-analytischen Funktionen, wenn statt des Cauchy-Riemann-Systems das allgemeinere System

$$\left.\begin{aligned} \partial_3 v &= p\,\partial_1 u \,; & \partial_4 v &= p\,\partial_2 u \\ -\,\partial_1 v &= p\,\partial_3 u \,; & -\,\partial_2 v &= p\,\partial_4 u \end{aligned}\right\} \tag{1}$$

zugrunde gelegt wird. p ist eine reellwertige Funktion der Variablen x_1, x_2, x_3 und x_4.

---

[1]) Anschrift des Autors:
Ralf Komin, Deutsche Akademie der Wissenschaften
Institut für Reine Mathematik
DDR — 1199 Berlin, Rudower Chaussee 5

Das eingangs gestellte Problem wird für p-analytische Funktionen durch den folgenden Satz beantwortet:

Satz: *In einem einfach zusammenhängenden Gebiet G sei die reelle Funktion $u(x_1, \ldots, x_4)$ definiert und dreimal stetig partiell differenzierbar. Verschwindet höchstens eine partielle Ableitung und erfüllt u drei der Bedingungen*

$$\left.\begin{aligned} \partial_1 u\,(a_2\,\partial_1 u - a_4\,\partial_4 u - a_3\,\partial_2 u) &= 0\,, \\ \partial_2 u\,(a_1\,\partial_2 u + a_4\,\partial_3 u - a_3\,\partial_1 u) &= 0\,, \\ \partial_3 u\,(a_2\,\partial_3 u + a_4\,\partial_2 u - a_3\,\partial_4 u) &= 0\,, \\ \partial_4 u\,(a_1\,\partial_4 u - a_4\,\partial_1 u - a_3\,\partial_3 u) &= 0\,, \end{aligned}\right\} \tag{2}$$

dann existiert eine p-analytische Funktion $f(z_1, z_2)$, deren Realteil die Funktion $u(x_1, \ldots, x_4)$ ist.

Für den Beweis werden in (1) die gemischten zweiten Ableitungen von v gebildet, ihre Übereinstimmung ergibt ein System der Form

$$\left.\begin{aligned} &p\,a_4 - \partial_2 p\,\partial_3 u + \partial_1 p\,\partial_4 u = 0 \\ &p\,a_3 + \partial_4 p\,\partial_3 u + \partial_1 p\,\partial_2 u = 0 \\ &\vdots \end{aligned}\right\} \tag{3}$$

und vier weitere Gleichungen. Von diesen sechs Gleichungen sind vier unabhängig.

Die Beweismethode besteht nun darin, daß (3) als Differentialgleichungssystem für die Funktion p betrachtet wird, d. h. man bestimmt die Funktion p geeignet.

(3) wird so umgeformt, daß ein homogenes System entsteht, die Anwendung der Theorie der Systeme linearer parteiller Differentialgleichungen liefert dann die Bedingungen (2). Die Bedingungen (2) sichern die Vollständigkeit des Systems (3) und damit die Existenz einer Lösung.

Die Frage nach zusätzlichen Bedingungen unter denen p eindeutig bestimmt ist, führt zur Lösung eines Anfangswertproblems (dazu und zum Beweis des Satzes s. das angegebene Heft der Monatsberichte).

Konstruktive Methoden zur Lösung von elliptischen Differentialgleichungen mittels BERGMAN-Operatoren

von EBERHARD LANCKAU, Eisleben[1])

(Manuskripteingang: 22. August 1969)

BERGMAN-Operatoren sind komplexe Kurvenintegrale, die analytische Funktionen einer komplexen Veränderlichen in Lösungen elliptischer Differentialgleichungen transformieren. Bei dieser Transformation bestehen enge Beziehungen zwischen den Eigenschaften der Lösung der Differentialgleichungen und denen der komplexwertigen Ausgangsfunktion. Ziel der Anwendung der Integraloperatoren ist es, für die Lösungen der elliptischen Gleichung gestellte Probleme auf gleichartige Probleme für analytische Funktionen einer komplexen Veränderlichen zurückzuführen, also z. B. Randwertprobleme einer allgemeineren elliptischen Gleichung auf die der Potentialgleichung.

Es wird ein Operator konstruiert, dessen Kern aus der RIEMANN-Funktion einer hyperbolischen Gleichung folgt, die mit der gegebenen elliptischen Gleichung verwandt ist. Je nach der Wahl freier Parameter im Kern ist der Operator singularitätentreu oder randwerttreu, d. h. die gesuchte Lösung hat nach Lage und Art gleichartige Singularitäten wie die Ausgangsfunktion oder sie stimmt auf dem vorgegebenen Rand zusammen mit ihren ersten Ableitungen mit der Ausgangsfunktion überein.

1. Aufgabenstellung

Die vorliegende Arbeit befaßt sich mit linearen partiellen Differentialgleichungen 2. Ordnung von elliptischem Typ. Dabei beschränken wir uns auf ebene Probleme, d. h. auf zwei unabhängige Variable. Es liegt der Gedanke nahe, für einfache elliptische Differentialgleichungen Methoden aus der Theorie komplexwertiger Funktionen zur Konstruktion und zur Untersuchung von Lösungen heranzuziehen. Es werde dazu die Differentialgleichung

$$\Delta\varphi + 4\,M(x, y)\cdot\varphi = 0 \tag{1}$$

betrachtet. Führt man hier als neue unabhängige Veränderliche

$$z = x + i\,y\,,$$
$$\bar{z} = x - i\,y$$

ein, nachdem man sich vorher x und y zu komplexen Werten fortgesetzt gedacht hat, so geht (1) wegen

$$\Delta = 4\,\partial^2/\partial z\,\partial\bar{z}$$

[1]) Anschrift des Autors:
Dr. habil. Eberhard Lanckau, VEB Mansfeld Kombinat Wilhelm Pieck, DDR — 425 Eisleben, Markt 57

in die Gleichung

$$L[u] = \partial^2 u/\partial z\,\partial\bar{z} + N(z, \bar{z})\,u = 0 \tag{2}$$

über. Dabei ist $u(z, \bar{z}) = \varphi(x, y)$ und $N(z, \bar{z}) = M(x, y)$.

Ziel der folgenden Betrachtungen soll es sein, durch geeignete Integraltransformationen aus einer analytischen Funktion $f(z)$ der komplexen Veränderlichen z Lösungen $u(z, \bar{z})$ der Differentialgleichung (2) zu konstruieren.

Für eine derartige Integraltransformation wollen wir abgekürzt

$$u(z, \bar{z}) = T[f(z)] \tag{3}$$

schreiben. Man wird an diese Methode zur Konstruktion von Lösungen der Differentialgleichungen vor allem zwei Anforderungen stellen:

1. *Für wichtige Funktionen $f(z)$ sollen die Lösungen $u(z, z)$ möglichst weitgehend explizit darstellbar sein.*

2. *Zwischen den Eigenschaften der Lösung $u(z, \bar{z})$ und denen der Funktion $f(z)$ soll möglichst weitgehende Ähnlichkeit bestehen. Genauer soll dies bedeuten, daß z. B. zwischen dem Singularitätenverhalten von $u(z, \bar{z})$ und dem von $f(z)$ oder zwischen den Randwerten beider Funktionen ein enger Zusammenhang bestehen soll.*

Im Folgenden betrachten wir Integraltransformationen (3) zur Erzeugung von Lösungen der Gleichung (2) mit dem Ziel, Methoden zur expliziten Konstruktion von Lösungen mit vorgeschriebenen Eigenschaften zu gewinnen.

2. Ansätze für die Lösung

2.1. Ansatz als Kurvenintegral

Die Lösungen $u(z, \bar{z})$ der Differentialgleichung (2) setzen wir als BERGMAN-Operator in der Form

$$u(z, \bar{z}) = \int_{z_A}^{z} E(z, \bar{z}, t)\,\frac{d}{dt} f(t)\,dt \tag{4}$$

an. Dabei ist die „Grundfunktion" $f(z)$ zunächst eine beliebige analytische Funktion der komplexen Veränderlichen z. Sie kann — entsprechend den gewünschten Eigenschaften der Lösung $u(z, \bar{z})$ — frei gewählt werden, hängt also nicht von der Gleichung (2) ab. Dagegen hängt, wie anschließend gezeigt wird, die „Erzeugerfunktion" $E(z, \bar{z}, t)$ nur von der Gleichung (2) ab — d. h. also von $N(z, \bar{z})$ —, dagegen nicht von der Lösung $u(z, \bar{z})$ ab. z_A ist ein beliebiger fester Punkt; Festlegungen über den Verlauf des Integrationsweges hat man bei den einzelnen Beispielen zu treffen. Um zu Bedingungen für die Erzeugerfunktion $E(z, \bar{z}, t)$ zu gelangen, setzen wir den Ausdruck (4) in die Gleichung (2) ein. Man erhält dann

$$u_{\bar z} = \int_{z_A}^{z} E_{\bar z}(z, \bar z, t) \cdot f'(t)\, dt ,$$

$$u_{z\bar z} = \int_{z_A}^{z} E_{z\bar z}(z, \bar z, t) \cdot f'(t)\, dt + E_{\bar z}(z, \bar z, z) \cdot f'(z) ,$$

$$L[u] = \int_{z_A}^{z} L[E]\; f'(t)\, dt + E_{\bar z}(z, \bar z, z) \cdot f'(z) .$$

(Die später folgende Konstruktion der Erzeugerfunktion $E(z, \bar z, t)$ wird zeigen, daß die Differentiation im Integranden erlaubt war.) Die Gleichung (2) ist also erfüllt, wenn man für die Erzeugerfunktion

$$L[E(z, \bar z, t)] = 0 \qquad \text{für alle } t , \tag{5a}$$

$$E_{\bar z}(z, \bar z, z) = 0 \tag{5b}$$

fordert. Eine Lösung dieser Gleichungen bestimmen wir im Abschnitt 3. Es sei jetzt nur darauf hingewiesen, daß zur Konstruktion einer Schar von Lösungen der Gleichung (2) eine partielle Lösung der Gleichungen (5) genügt, wenn nur $E(z, \bar z, t) \not\equiv 0$ ist.

2.2. Operatoren nach M. EICHLER

Die Forderungen (5a), (5b) ergänzen wir durch die Normierungsbedingung

$$E(z, \bar z, z) = 1 . \tag{5c}$$

Da für alle t die Bedingung $L[E] = 0$ erfüllt sein sollte, ist wegen der Linearität der Gleichung (20) auch

$$E(z, \bar z, z_A) \cdot f(z_A)$$

eine Lösung von (2), mithin ist also auch

$$u_0(z, \bar z) = E(z, \bar z, z_A) \cdot f(z_A) + \int_{z_A}^{z} E(z, \bar z, t) \cdot f'(t)\, dt$$

eine Lösung. Integriert man hier unter Verwendung von (5c) partiell, so erhält man als Lösung

$$u_0(z, \bar z) = f(z) - \int_{z_A}^{z} E_t(z, \bar z, t) \cdot f(t)\, dt . \tag{6}$$

Dieser Operator wurde von M. EICHLER angegeben. Es sei hier erwähnt, daß wir im Abschnitt 3 einen allgemeineren Ausdruck für die Erzeugerfunktion $E_t(z, \bar z, t)$ als M. EICHLER angeben werden.

2.3. Zusammenhänge mit einer Reihenentwicklung

Führt man die Gedankengänge des vorigen Abschnittes (2.2.) wiederholt aus, so kommt man zu einer Reihenentwicklung für die Lösungen der Gleichung (2). Dazu verwenden wir die „iterierten Integrale“ $f_v(z)$, für die

$$f'_{v+1}(z) = f_v(z) , \qquad v \geqq 0 ,$$

und

$$f_0(z) = f(z)$$

gelten soll. Da in der Gleichung (2) die Variable t nicht vorkommt, sind wegen (5a) auch $E_t(z, \bar{z}, t)$ und mithin also auch alle höheren Ableitungen $\partial^v E(z, \bar{z}, t)/\partial t^v$ Lösungen von (2), weshalb auch

$$\partial^v E(z, \bar{z}, z_A)/\partial t^v \cdot f_v(z_A) \tag{7}$$

für alle v Lösung von (2) ist. Integriert man nun in (6) wiederholt partiell und addiert oder subtrahiert nach jedem Schritt einen Ausdruck der Form (7), so erhält man als Lösung von (2)

$$u_n(z, \bar{z}) = \sum_{v=0}^{n} (-1)^v \left(\partial^v E(z, \bar{z}, z)/\partial t^v\right) \cdot f_v(z) + (-1)^{n+1} \int_{z_A}^{z} \left(\partial^{n+1} E(z, \bar{z}, t)/\partial t^{n+1}\right) f_n(t)\, dt \,.$$

Dadurch wird man zu dem Lösungsansatz

$$u(z, \bar{z}) = \sum_{v=0}^{\infty} (-1)^v \left(\partial^v E(z, \bar{z}, z)/\partial t^v\right) \cdot f_v(z) \tag{8}$$

geführt. Man kann verifizieren, daß (8) eine Lösung von (2) ist. Obwohl der Ansatz (8) zur expliziten Konstruktion einer großen Zahl von Lösungen der Gleichung (2) sehr wertvoll ist, betrachten wir ihn hier nicht weiter.

2.4. Ein allgemeiner Ansatz

Die Lösung (6) läßt sich noch verallgemeinern, indem man von der festen unteren Grenze abgeht. Wir machen für die Lösung $u(z, \bar{z})$ der Gleichung (2) den Ansatz

$$u(z, \bar{z}) = f(z) - \int_{g(\bar{z})}^{z} S(z, \bar{z}, t) \cdot f(t)\, dt \tag{9}$$

mit einer differenzierbaren Funktion $g(\bar{z})$. Bedingungen für die Erzeugerfunktion $S(z, \bar{z}, t)$ erhält man wie früher durch Einsetzen der Lösung (9) in die Gleichung (2). Man erhält hier

$$u_{\bar{z}}(z, \bar{z}) = -\int_{g(\bar{z})}^{z} S_{\bar{z}}(z, \bar{z}, t) \cdot f(t)\, dt + S\big(z, \bar{z}, g(\bar{z})\big) \cdot f\big(g(\bar{z})\big) \cdot g'(\bar{z}) \,,$$

$$u_{z\bar{z}}(z, \bar{z}) = -\int_{g(\bar{z})}^{z} S_{z\bar{z}}(z, \bar{z}, t) \cdot f(t)\, dt + S_z\big(z, \bar{z}, g(\bar{z})\big) \cdot f\big(g(\bar{z})\big) \cdot g'(\bar{z}) - S_{\bar{z}}(z, \bar{z}, z) \cdot f(z) \,,$$

$$L[u] = -\int_{g(\bar{z})}^{z} L[S] f(t)\, dt + S_z\, \big(z, \bar{z}, g(\bar{z})\big) \cdot f\big(g(\bar{z})\big) \cdot g'(\bar{z}) + \big(N(z, \bar{z}) - S_{\bar{z}}(z, \bar{z}, z)\big) f(z) \,.$$

(9) ist also eine Lösung von (2), wenn man fordert

$$L[S] = 0 \quad \text{für alle } t\,, \tag{10a}$$

$$S_z(z, \bar{z}, g(\bar{z})) = 0\,, \tag{10b}$$

$$S_{\bar{z}}(z, z, z) = N(z, \bar{z})\,. \tag{10c}$$

Eine Lösung dieser Gleichungen wird ebenfalls in Abschnitt 3 angegeben. Auch hier genügt eine Lösung des Systems (10) zur Konstruktion unendlich vieler Lösungen (9).

3. Die RIEMANNsche Funktion als Erzeugerfunktion

Die im Abschnitt 2 verwendeten Erzeugerfunktionen werden sämtlich aus der RIEMANNschen Funktion $R(z, \bar{z}, t, t^*)$ der Differentialgleichung (2) gewonnen, die ja in z und $\bar{z}$ eine formal hyperbolische Gleichung ist. Dazu zeigen wir:

Satz 1: *Eine Erzeugerfunktion $E(z, \bar{z}, t)$ der Operatoren* (4), (6), (8), *d. h. eine Lösung der Gleichungen* (5), *ist*

$$E(z, \bar{z}, t) = R(z, \bar{z}, t, t^*)\,. \tag{11}$$

Dabei ist $t^* = t^*(t)$ eine beliebige differenzierbare Funktion von t.
(*Dabei soll eine Wahl, die die Existenz von $N(t, t^*)$ und damit der* RIEMANN*schen Funktion unmöglich macht, ausgeschlossen sein.*)

Beweis: Die Differentialgleichung (2) ist als hyperbolische Differentialgleichung selbstadjungiert, daher genügt die Riemannsche Funktion der Gleichung für alle t, t^* dieser Gleichung selbst, d. h. der Gleichung (5a).

Um die Gleichung (5b) nachzuweisen, gehen wir von der für die RIEMANNsche Funktion der selbstadjungierten Gleichung (2) gültigen Integraldarstellung

$$R(z, \bar{z}, t, \tau) + \int_{p=t}^{z} \int_{q=\tau}^{\bar{z}} N(p, q) \cdot R(p, q, t, \tau)\, dp\, dq = 1 \tag{12}$$

aus. Durch Differentiation nach z folgt hieraus

$$R_{\bar{z}}(z, \bar{z}, t, \tau) + \int_{t}^{z} N(p, \bar{z})\, R(p, \bar{z}, t, \tau)\, dp = 0\,.$$

Für $z = t$ erhält man hieraus sofort für jedes t^* die Bedingung (5b):

$$R_{\bar{z}}(z, \bar{z}, z, t^*(z)) = E_{\bar{z}}(z, \bar{z}, z) = 0\,.$$

Aus (12) folgt weiter unmittelbar, daß auch die Eigenschaft (5c) durch die Erzeugerfunktion E erfüllt ist:

$$E(z, \bar{z}, z) = R(z, \bar{z}, z, \tau) = 1\,. \tag{13}$$

Insbesondere gilt dies natürlich für $\tau = t^*(z)$.

Satz 2: *Eine Erzeugerfunktion* $\dot{S}(z, \bar{z}, t)$ *des Operators* (9), *d. h. eine Lösung der Gleichungen* (10), *ist*

$$S(z, \bar{z}, t) = \partial R(z, \bar{z}, t, \tau)/\partial t\big|_{\tau=t^*(t)} \tag{14}$$

Hier ist $\tau = t^*(t)$ *die Umkehrfunktion zu* $\tau = g(t)$.

Es sei darauf hingewiesen, daß die Funktion S von der Erzeugerfunktion E_t des Operators (6) verschieden ist:

$$E_t = \partial R(z, \bar{z}, t, \tau)/\partial t\big|_{\tau=t^*(t)} + t^{*\prime}(t) \cdot \partial R(z, \bar{z}, t, \tau)/\partial \tau\big|_{\tau=t^*(t)}\,.$$

Beweis des Satzes 2 (vgl. [3]): Da $R(z, \bar{z}, t, \tau)$ der Gleichung (2) genügt und da diese Gleichung t und τ nicht enthält, genügt also auch die partielle Ableitung von R nach t für jedes τ der Gleichung (2), also der Gleichung (10a).

Differenziert man (12) zunächst nach t, dann nach z, so folgt

$$R_{tz}(z, \bar{z}, t, \tau) + \int_{\tau}^{\bar{z}} N(z, q) \cdot R_t(z, q, t, \tau)\, dq = 0\,.$$

Setzt man hier zunächst $\tau = t^*(t)$ und wählt dann $t = g(\bar{z})$, d. h. $t^*(t) = t^*(g(\bar{z})) = \bar{z}$, so folgt

$$R_{tz}(z, \bar{z}, g(\bar{z}), \bar{z}) = S_z(z, \bar{z}, g(\bar{z})) = 0\,,$$

dies ist die Bedingung (10b).

Differenziert man jedoch (12) zunächst nach t, dann nach $\bar{z}$, so folgt

$$R_{t\bar{z}}(z, \bar{z}, t, \tau) - N(t, \bar{z}) \cdot R(t, \bar{z}, t, \tau) + \int_{t}^{z} N(p, \bar{z}) \cdot R_t(p, \bar{z}, t, \tau)\, dp = 0\,.$$

Hieraus ergibt sich für $t = z$ und für jedes τ die Bedingung (10c), wenn man noch (13) beachtet:

$$R_{t\bar{z}}(z, \bar{z}, z, \tau) = N(z, \bar{z})\,,$$

also speziell für $\tau = t^*(t)$:

$$R_{t\bar{z}}(z, \bar{z}, z, t^*(z)) = S_{\bar{z}}(z, \bar{z}, z) = N(z, \bar{z})\,.$$

Das Regularitätsverhalten der Erzeugerfunktionen (11) und (14) hängt also vom Koeffizienten $N(z, \bar{z})$ und von der Funktion $t^* = t^*(t)$ ab.

Es bleibt also die Aufgabe, die RIEMANNsche Funktion zu gegebenen Differentialgleichungen zu bestimmen. Ohne Beweis geben wir hier das folgende spezielle Ergebnis an:

Die elliptische Differentialgleichung

$$\Delta\varphi + 2\,A'\,x^{-1}\,\varphi_x + 2\,B'\,y^{-1}\,\varphi_y + (C'\,x^{-2} + D'\,y^{-2} + G')\,\varphi = 0\,,$$

auf die sich viele bekannte Differentialgleichungen der mathematischen Physik zurückführen lassen, geht durch die Transformation

$$z = x + i\,y\,,$$

$$\bar{z} = x - i\,y\,,$$

$$u(z, \bar{z}) = x^{A'} \cdot y^{B'} \cdot \varphi(x, y)$$

und mit den Festsetzungen

$$\begin{aligned} A'(1 - A') + C' &= A(1 - A)\,, \\ B'(1 - B') + D' &= B(1 - B)\,, \\ G' &= 4\,G \end{aligned}$$

in die komplexe Normalform (2) mit

$$N(z, \bar{z}) = A(1 - A)(z + \bar{z})^{-2} - B(1 - B)(z - \bar{z})^{-2} - G \tag{15}$$

über. Die RIEMANNsche Funktion der Gleichung (2) mit dem Koeffizienten (15) ist eine konfluente hypergeometrische Funktion der drei Variablen

$$\begin{aligned} W &= (z - t)(\bar{z} - t^*)\,, \\ U &= -\;W:\big((z + \bar{z})(t + t^*)\big)\,, \\ V &= \quad W:\big((z - z)(t - t^*)\big)\;: \end{aligned}$$

und zwar gilt für $|U| < 1$, $|V| < 1$ speziell

$$R = \sum_{k,m,n=0}^{\infty} \frac{(A, k)(B, m)(1 - A, k)(1 - B, m)}{k!\,m!\,n!} \frac{U^k V^m (G\,W)^n}{(k + m + n)!}$$

mit $(k, m) = \Gamma(k + m):\Gamma(k)$.

Die aus der Literatur als RIEMANNsche Funktionen selbstadjungierter Differentialgleichungen bekannten Kugel- und Besselfunktionen sind Spezialfälle hiervon.

4. Singularitätentreue und Randwerttreue

In diesem Abschnitt betrachten wir Eigenschaften der Operatoren (4) und (9).

4.1. Singularitätentreue

Der Operator (4) besitzt die von vielen Typen BERGMANscher Integraloperatoren her bekannte Eigenschaft der Singularitätentreue. Dies bedeutet, daß die Lösung $u(z, \bar{z})$ (in Regularitätsgebieten des Koeffizienten $N(z, \bar{z})$ und bei geeigneter Wahl von $t^* = t^*(t)$ — vgl. Satz 1) genau dort singulär ist, wo die Grundfunktion $f(z)$ singulär ist, und daß zwischen den Typen der Singularitäten von $f(z)$ und von $u(z, \bar{z})$ enge Zusammenhänge bestehen. So erzeugt der Operator (4) aus einer Grundfunktion mit einer algebraischen oder logarithmischen Verzweigungssingularität eine Lösung mit einer gleichartigen Singularität (auch gleicher Ordnung) und aus einer Grundfunktion mit einem Pol eine Lösung mit einer sog. polartigen Singularität (Pol gleicher Ordnung mit Logarithmus verbunden).

Für Anwendungen, z. B. in der Gasdynamik, ist es vielfach erforderlich, verzweigte Lösungen zu konstruieren, die in einem Teil der Verzweigungsblätter weitere Singularitäten besitzen, in den anderen Blättern dagegen regulär sind. Als Beispiel dafür, daß der Operator (4) auch derartige Lösungen aus entsprechenden Grundfunktionen erzeugt, betrachten wir die Grundfunktion

$$f(z) = \log\left((a + b\,z)^{1/n} - p\right), \qquad n = 1, 2, \ldots . \tag{16a}$$

Diese Funktion ist bei $z = -a/b$ mit n Zweigen verzweigt. In einem Blatt besitzt sie bei $z = z_0 = (p^n - a)/b$ eine logarithmische Singularität, in den $n - 1$ anderen Blättern ist sie dort regulär.

Als Lösung wird aus dieser Grundfunktion

$$T[f] = \int_{z_A}^{z} E(z, \bar{z}, t)\,\frac{d}{dt}\log\left((a + b\,t)^{1/n} - p\right) dt \tag{16b}$$

erzeugt. Dabei sei ein doppelpunktfreier Integrationsweg gewählt, auf dem überall $(a + b\,t)^{1/n} = p$ ist. Ferner sollen die Betrachtungen nur in Bereichen durchgeführt werden, in denen $E(z, \bar{z}, t)$ bezüglich aller Variablen regulär ist. Ist $N(z, \bar{z})$ bei $z = z_0$, $\bar{z} = \bar{z}_0$ regulär, so läßt sich durch geeignete Wahl von $t^* = t^*(t)$ stets erreichen, daß $z = z_0$ im Regularitätsbereich von $E(z, \bar{z}, t)$ liegt. Zunächst formen wir die Lösung um:

$$T[f] = f(z)\,E(z, \bar{z}, z_0) + R(z, \bar{z}),$$

dabei ist

$$R(z, \bar{z}) = -f(z_A)\,E(z, \bar{z}, z_0) + \int_{z_A}^{z} \left(E(z, \bar{z}, t) - E(z, \bar{z}, z_0)\right) f'(t)\,dt$$

eine bei $z = z_0$ reguläre Funktion. Für den ersten Summanden ist dies klar; für den zweiten folgt dies aus der Umformung

$$\int_{z_A}^{z_A} \left(E(z, \bar{z}, t) - E(z, \bar{z}, z_0)\right) f'(t)\,dt$$

$$= n^{-1} \int_{z_A}^{z} \frac{E(z, \bar{z}, t) - E(z, \bar{z}, z_0)}{t - z_0} \sum_{v=0}^{n-1} \left(p\,(a + b\,t)^{-1/n}\right)^v dt .$$

Mithin besitzt die Lösung (16b) das gleiche Singularitätenverhalten wie die Grundfunktion (16a).

Aus Sätzen über Parameterintegrale folgt für den Operator (4) sofort

$$T[\partial f(z; p)/\partial p] = \partial T[f(z; p)]/\partial p,$$

falls p ein Parameter ist, der nur in der Grundfunktion, jedoch nicht in der Erzeugerfunktion E (also auch nicht im Koeffizienten N) auftritt. Wendet man diese Eigenschaft an, so folgt für die Grundfunktion

$$F(z) = -\,\partial f(z)/\partial p = 1/\left((a + b\,z)^{1-n} - p\right),$$

die bei $z = z_0$ in einem Blatt einen Pol 1. Ordnung hat und in den $n - 1$ anderen Blättern regulär ist, unter ähnlichen Voraussetzungen wie oben

$$\begin{aligned} T[F(z)] &= -\,\partial[T\,f(z)]/\partial p \\ &= F(z)\,E(z, \bar{z}, z_0) - f(z)\,(n/b)\,p^{n-1}\,E_t(z, \bar{z}, z_0) - R_p(z, \bar{z}), \end{aligned}$$

also

$$T[F] = F(z)\, E(z, \bar{z}, z_0) + (n/b)\, p^{1-n} \log F(z)\, E_t(z, \bar{z}, z_0) - R_p(z, \bar{z})\,.$$

Diese Lösung besitzt bei $z = z_0$ in einem Blatt eine polartige Singularität (Pol mit Logarithmus verbunden) und ist in den anderen Blättern dort regulär. Man zeigt dies durch analoge Überlegungen wie oben zu (16b).

4.2. Randwerttreue

In diesem Abschnitt betrachten wir Eigenschaften des Operators (9). Dazu wählen wir zunächst eine spezielle Funktion für die vierte Veränderliche der RIEMANNschen Funktion oder, was dasselbe ist, für die untere Grenze des Integrals in (9).

Es sei $\mathfrak{G}$ ein einfach zusammenhängendes schlichtes Gebiet der z-Ebene mit dem Rand $\partial\mathfrak{G}$. In $\mathfrak{G}$ und auf $\partial\mathfrak{G}$ sei der Koeffizient $N(z, \bar{z})$ der Differentialgleichung (2) regulär. Durch die umkehrbar eindeutige konforme Abbildung $w = k(z)$ werde das Gebiet $\mathfrak{G}$ auf das Innere des Einheitskreises abgebildet. Die Umkehrung zu dieser Abbildung sei $z = k^+(w)$. Dann wählen wir als untere Integrationsgrenze des Operators (9)

$$g(\bar{z}) = k^+\big(1/\overline{k(z)}\big)\,,$$

und $t^* = t^*(t)$ ist die Umkehrung hierzu, wie im Satz 2 festgelegt wurde. Für einen Punkt z, der auf dem Rand $\partial\mathfrak{G}$ liegt und der das Bild w auf dem Einheitskreis hat, gilt

$$g(\bar{z}) = k^+\big(1/\overline{k(z)}\big) = k^+(1/\bar{w}) = k^+(w) = z\,,$$

denn auf dem Einheitskreis gilt ja $w\bar{w} = 1$. Also gilt auf dem Rand $\partial\mathfrak{G}$ auch

$$\bar{z} = t^*(z)\,.$$

Es gilt nun:

Satz 3: *Auf dem Rand $\bar{z} = t^+(z)$ bzw. $z = g(\bar{z})$ stimmt die Lösung* (9) *zusammen mit ihren ersten partiellen Ableitungen mit der Grundfunktion überein:*

$$u\big(z; t^*(z)\big) = f(z)\,,$$
$$u\big(z, t^*(z)\big) = f'(z)\,,$$
$$u_{\bar{z}}\big(z, t^*(z)\big) = 0\,.$$

Zum Beweis vergleiche man [3], Beispiele finden sich in [4].

Während bei dem Operator (4) zwar die Singularitäten von der Grundfunktion auf die Lösung übertragen werden, jedoch zwischen den Randwerten beider Funktionen auf einem vorgegebenem Rand keine einfache Beziehung besteht, liegen bei dem Operator (9) entgegengesetzte Eigenschaften vor: Beispiele zeigen, daß zwar die Randwerte der Lösung und die der Grundfunktion auf einem vorgegebenen Rand übereinstimmen, jedoch die Lösung nicht immer in allen Regularitätspunkten der Grundfunktion regulär ist. Zur Lösung von Randwertproblemen durch Bergmansche Operatoren bedarf es daher weiterer Überlegungen, für die hiermit ein Ansatz gegeben werden sollte.

5. Literatur

[1] Bergman, S., Integral operators in the theory of linear partial differential equations. Erg. der Math., Neue Folge, H. 23, Berlin–Göttingen–Heidelberg 1961.

[2] Eichler, M., Allgemeine Integration linearer partieller Differentialgleichungen von elliptischem Typ bei zwei Grundvariablen. Abh. Math. Seminar Univ. Hamburg **15** (1947), 179–210.

[3] Lanckau, E., Eine Anwendung Bergmanscher Integraloperatoren auf spezielle Differentialgleichungen der Torsionstheorie. IV. Internat. Kongr. über Anwend. der Math. in den Ingenieurwiss., Weimar 1967, Berichte **2**, 131–134.

[4] Lanckau, E., Randwerttreue Bergmansche Integraloperatoren. Wiss. Z. Techn. Hochsch. Ilmenau **13** (1967), 4/2, 377–379.

[5] Vekua, I. N., Новые методы решения эллиптических уравнений, Moskau 1948.

Vollständige orthogonale Systeme von Eigenfunktionen zweier dreieckiger Membranen

von ENDRE MAKAI, Budapest[1])

(Manuskripteingang: 22. August 1969)

Betrachten wir eine dreieckige Membran mit den Winkeln 30°, 60°, 90°. Das vollständige Orthogonalsystem der Eigenfunktionen und der zugehörigen Eigenwerte wird in expliziter Form angegeben, falls

a) die Eigenfunktionen am ganzen Rande die Bedingungen der ersten (zweiten) Randwertaufgabe erfüllen oder

b) die Eigenfunktionen längs der Hypotenuse und der kürzeren Kathete die Bedingungen der ersten (zweiten), längs der längeren Kathete aber die Bedingungen der zweiten (ersten) Randwertaufgabe erfüllen.

In allen vier Fällen werden die Eigenfunktionen als eine endliche Summe von Cosinus- bzw. Sinusfunktionen dargestellt. Mit Hilfe der oben angegebenen vier Typen von Funktionen läßt sich sowohl im Falle der ersten wie auch im Falle der zweiten Randwertaufgabe ein vollständiges Orthogonalsystem der Lösungen des Problems der gleichseitigen dreieckigen Membran angeben.

Das asymptotische Verhalten der Eigenwerte wurde bei allen sechs erwähnten Randwertproblemen untersucht. Insbesondere läßt sich die Gültigkeit der asymptotischen Formel von N. W. KUSNEZOV, die er für andere Typen von Membranen bewiesen hat, auch für unsere Fälle erweitern.

1. Es existiert eine äußerst umfangreiche Literatur über die Eigenfunktionen von Membranen, merkwürdigerweise gibt es aber sehr wenige Membranen, bei denen das vollständige Orthogonalsystem von Eigenfunktionen in mehr oder minder geschlossener Form darstellbar ist. Diese sind: a) die Rechteckmembran, b) die Membran von der Form eines gleichschenkligen rechtwinkligen Dreiecks, c) die Kreismembran oder, allgemeiner, die elliptische Membran, d) die von vier konfokalen Kegelschnittbögen begrenzte Membran.

Dazu kommen noch e)—f) die Dreieckmembranen 30°/60°/90° und 60°/60°/60° (gleichseitige), worüber in dieser Arbeit berichtet werden soll.

Die erste Eigenfunktion und der zugehörige Eigenwert des ersten Randwertproblems der 30°/60°/90°-Dreieckmembran wurde verhältnismäßig spät von G. PÓLYA [6] gefunden. Beim Auffinden dieser Funktion — die identisch ist mit der weiter unten in (2) mit u_{21}^{-} bezeichneten Funktion, aber vom Verfasser in durchaus verschiedener Form angegeben worden ist — ist er aus Symmetriebetrachtungen ausgegangen. Aus seiner Darstellung geht hervor, daß diese Funktion nirgends im Innern des Gebietes verschwindet, also tatsächlich die

[1]) Anschrift des Autors:
Dr. Endre Makai, Mathematical Institute of the Hungarian Academy of Sciences, Budapest V, Reáltanoda u. 13—15, Hungary

erste Eigenfunktion ist. Einige Jahre früher wurde schon ein unendliches, aber unvollständiges System der Eigenfunktionen des ersten Randwertproblems dieser Membran von B. R. Seth [8] angegeben. Sein System enthält auch die erste Eigenfunktion, ohne daß der Verfasser bewiesen hätte, daß der zugehörige Eigenwert wirklich der kleinste positive Eigenwert sei.

Mehr wurde in Verbindung des zweiten Randwertproblems derselben Membrane erreicht. S. K. Lakshmana Rao [3, 4] hat nämlich gefunden, daß die weiter unten mit u^+_{mn} bezeichneten Funktionen (die er in einer von der unsrigen nur wenig abweichenden Form angegeben hat) für alle ganzzahligen Werte von m und n Eigenfunktionen des zweiten Randwertproblems der dreieckigen Membran

$$y \geqq 0\,, \quad x \leqq h\,, \quad y \leqq x/\sqrt{3} \tag{T}$$

sind. Diese Funktionen sind aber nicht linear unabhängig, also bilden sie kein Orthogonalsystem. Ferner wurde die Vollständigkeit dieses Systems von Lakshmana Rao nicht untersucht. (In der Tat ist sein System vollständig.)

Was das erste Randwertproblem des gleichseitigen Dreiecks

$$\alpha \leqq h\,, \quad |y| \leqq x/\sqrt{3} \tag{Δ}$$

betrifft, wurde das unten mit v^-_{mn} bezeichnete unendliche, aber unvollständige System von Lösungen (für alle ganzzahligen Werte von m und n) schon vor mehr als einem Jahrhundert von G. Lamé [5, S. 131—137] in einer von der unsrigen durchaus abweichenden Darstellung gefunden. Sein System enthält u. a. die erste Eigenfunktion v^-_{11}. Einige der Eigenfunktionen u^-_{mn} (s. Formeln (2) unten, nämlich diejenige, für welche $m \equiv n \bmod 3$ gilt) dieser Randwertaufgabe wurden von Seth [8] entdeckt.

Es scheint, daß abgesehen von der Arbeit [3] in der Literatur keine Eigenfunktionen und Eigenwerte für das zweite Randwertproblem des gleichseitigen Dreiecks angegeben worden sind; die dort betrachteten Funktionen u^+_{mn} bilden aber kein vollständiges System von Eigenfunktionen der gleichseitigen Dreieckmembran.

2. Unser Ziel ist, vollständige Orthogonalsysteme von Eigenfunktionen sowohl für das erste als auch für das zweite Randwertproblem der beiden Dreieckmembranen T und Δ in geschlossener Form anzugeben. Wir führen zuerst einige Bezeichnungen ein. Es seien

$$a_1 = (m+n)\frac{\pi}{h}\,, \qquad a_2 = -\,m\frac{\pi}{n}\,, \qquad a_3 = -\,n\frac{\pi}{h}\,,$$

$$b_1 = \frac{m-n}{\sqrt{3}}\,\frac{\pi}{h}\,, \qquad b_2 = \frac{m+2n}{\sqrt{3}}\,\frac{\pi}{h}\,, \qquad b_3 = -\,\frac{2m+n}{\sqrt{3}}\,\frac{\pi}{h}\,,$$

wobei m und n ganze Zahlen bedeuten. Wir bemerken, daß die Vektoren $\boldsymbol{v}_j = \{a_j, b_j\}$ $(j = 1, 2, 3)$ von gleicher Länge sind,

$$\boldsymbol{v}_1^2 = \boldsymbol{v}_2^2 = \boldsymbol{v}_3^2 = \lambda_{mn} = \frac{4\pi^2}{3h^2}(m^2 + mn + n^2)\,, \tag{1}$$

ferner, daß je zwei unter ihnen einen Winkel von 120° einschließen. Diese Behauptungen spielen eine Rolle bei der Untersuchung der Symmetrieeigenschaften der Funktionen

$$\left.\begin{aligned} u_{mn}^- &= \sum \sin a_j x \sin b_j y\,, & u_{mn}^+ &= \sum \cos a_j x \cos b_j y\,, \\ v_{mn}^- &= \sum \sin a_j x \cos b_j y\,, & v_{mn}^+ &= \sum \cos a_j x \sin b_j y\,, \end{aligned}\right\} \tag{2}$$

wobei die Summationen in allen vier Fällen von $j = 1$ bis $j = 3$ laufen.

Jetzt können wir unsere Ergebnisse formulieren.

I. *Die vier Arten der Funktionen* (2) *sind Lösungen der Wellengleichung* $\Delta u + \lambda u = 0$ *mit* $\lambda = \lambda_{mn}$.

II. *Das System* u_{mn}^- $(m > n > 0)$ *ist ein vollständiges Orthogonalsystem der ersten Randwertaufgabe bezüglich der Dreieckmembran* T.

III. *Das System* u_{mn}^+ $(m \geqq n \geqq 0)$ *ist ein vollständiges Orthogonalsystem der zweiten Randwertaufgabe bezüglich der Dreieckmembran* T.

IV. *Das System* u_{mn}^- $(m \geqq n \geqq 0)$ *zusammen mit dem System* v_{mn}^- $(m \geqq n > 0)$ *ist ein vollständiges Orthogonalsystem der ersten Randwertaufgabe bezüglich der Dreieckmembran* Δ.

V. *Das System* u_{mn}^+ $(m \geqq n \geqq 0)$ *zusammen mit dem System* v_{mn}^+ $(m > n \geqq 0)$ *ist ein vollständiges Orthogonalsystem der zweiten Randwertaufgabe bezüglich der Dreieckmembran* Δ.

Die Funktionen $v_{mn}^{\pm}$ bilden auch Lösungen „gemischter" Randwertaufgaben bezüglich des Dreiecks T. Es gilt:

VI. *Das System* v_{mn}^- $(m \geqq n > 0)$ *bildet ein vollständiges Orthogonalsystem von Funktionen, die die Randbedingungen*

$$\frac{\partial v_{mn}^-}{\partial n} = 0 \quad \textit{auf} \quad y = 0\,, \quad v_{mn}^- = 0 \quad \textit{auf} \quad x = h \quad \textit{und auf} \quad y = \frac{x}{\sqrt{3}}$$

erfüllen.

VII. *Das System* v_{mn}^+ $(m > n \geqq 0)$ *bildet ein vollständiges Orthogonalsystem von Funktionen, die die Randbedingungen*

$$v_{mn}^+ = 0 \quad \textit{auf} \quad y = 0\,, \quad \frac{\partial w_{mn}^+}{\partial n} = 0 \quad \textit{auf} \quad x = h \quad \textit{und auf} \quad y = \frac{x}{\sqrt{3}}$$

erfüllen. ($\partial/\partial n$ bedeutet Ableitung in der Normalenrichtung.)

3. Beim Beweis dieser Behauptungen muß man folgende vier Tatsachen verifizieren: Die Funktionen (2) sind a) Lösungen der Wellengleichung mit dem Eigenwert λ_{mn}, erfüllen b) die angegebenen Randbedingungen, sind c) orthogonal und bilden d) ein vollständiges System.

Die ersten drei Schritte sind formal, und besonders der dritte ist mühsam. Die Schritte b) und c) können aber beträchtlich vereinfacht werden, wenn man das vollständige System der Symmetrieeigenschaften der Funktionen (2) in Betracht zieht. (Zum Beispiel sind die Seiten des Dreiecks T Symmetrie- oder Antisymmetrieachsen der Funktionen (2)).

Zum Beweis des Schrittes d) wird von der folgenden Bemerkung ausgegangen. Die Funktionen (2) sind dreigliedrige Summen, deren einzelne Summanden die

Form

$$\left.\begin{aligned} U^{-}_{\mu\nu} &= \sin\mu\pi\frac{x}{a}\sin\nu\pi\frac{y}{b}, & U^{+}_{\mu\nu} &= \cos\mu\pi\frac{x}{a}\cos\nu\pi\frac{y}{b}, \\ V^{-}_{\mu\nu} &= \sin\mu\pi\frac{x}{a}\cos\nu\pi\frac{y}{b}, & V^{+}_{\mu\nu} &= \cos\mu\pi\frac{x}{a}\sin\nu\pi\frac{y}{b} \end{aligned}\right\} \tag{3}$$

haben (μ, ν ganz, $a = h, b = \sqrt{3}\,h$).

Nun bilden die Funktionensysteme $U^{-}_{\mu\nu}$ ($\mu > 0, \nu > 0$) $U^{+}_{\mu\nu}$ ($\mu \geqq 0, \nu \geqq 0$), $V^{-}_{\mu\nu}$ ($\mu > 0, \nu \geqq 0$), $V^{+}_{\mu\nu}$ ($\mu \geqq 0, \nu > 0$) vier vollständige Lösungssysteme der Wellengleichung $\Delta u + \lambda u = 0$ der rechteckigen Membran $0 \leqq x \leqq h$, $0 \leqq y \leqq \sqrt{3}\,h$ mit den respektiven Randbedingungen

$u = 0$ am Rande des Rechteckes,

$\partial u/\partial \boldsymbol{n} = 0$ am Rande des Rechteckes,

$u = 0$ wenn $x = 0$, oder $x = h$, $\partial u/\partial \boldsymbol{n} = 0$, wenn $y = 0$ oder $y = \sqrt{3}\,h$,

bzw.

$\partial u/\partial \boldsymbol{n} = 0$ wenn $x = 0$, oder $x = h$, $u = 0$, wenn $y = 0$ oder $y = \sqrt{3}\,h$.

Aus der bekannten Vollständigkeitseigenschaft dieser vier Funktionensysteme (s. z. B. [1], Kap. II, §1, 6) kann man auf die Vollständigkeit der in II. bis VII. angegebenen Funktionensysteme schließen, wiederum durch die Ausnützung der Symmetrieeigenschaften der Funktionen (2).

4. Da wir explizite Formeln für das Gesamtspektrum sechs verschiedener Eigenwertprobleme haben, können wir sie benutzen, um verschiedene Vermutungen über die Eigenwerte zu prüfen. Eine dieser Vermutungen ist die von G. PÓLYA [7] stammende: Wenn $\lambda_1^{(j)}, \lambda_2^{(j)}, \ldots$ die in nichtabnehmender Folge geordnete Menge der Eigenwerte des j-ten Eigenwertproblems eines Gebietes von der Fläche A ist (jeder Eigenwert mit der entsprechenden Vielfachheit gezählt), dann gilt

$$\lambda_n^{(2)} < \frac{4\pi n}{A} < \lambda_n^{(1)}.$$

Aus I. bis V. läßt sich diese Vermutung für die Gebiete T und Δ bestätigen.

5. Auch das asymptotische Verhalten der Eigenwerte läßt sich in unseren Fällen untersuchen. Man kann das Ergebnis folgendermaßen ausdrücken. Es sei eine Membran vom Gebiet A gegeben, und wir suchen Lösungen der Wellengleichung $\Delta u + \lambda u = 0$, die an einem Teil des Randes von der Gesamtlänge L_1 verschwinden, während an den übrigen Teilen des Randes von der Länge L_2 die Normalableitungen der Funktionen u verschwinden. Die in eine nichtabnehmende Folge geordnete Menge der Eigenwerte sei $\lambda_1, \lambda_2, \ldots$ (ein jeder Eigenwert mit der entsprechenden Vielfachheit gezählt), und es sei $N(\lambda)$ die Anzahl der Eigenwerte, die kleiner als λ sind. Dann gilt in allen unseren sechs Fällen

$$N(\lambda) = \frac{A}{4\pi}\lambda + \frac{L_2 - L_1}{4\pi}\sqrt{\lambda} + o(\sqrt{\lambda}).$$

Diese Formel wurde von N. W. KUSNEZOW [2] in anderen speziellen Fällen bestätigt, nämlich dann, wenn folgende beide Bedingungen erfüllt sind: 1. am ganzen Rande ist entweder $u = 0$, oder $\partial u/\partial n = 0$; 2. das Grundgebiet ist so geschaffen, daß man die Wellengleichung samt Randbedingungen mittels der Methode der Separation der Veränderlichen lösen kann.

6. Ein ausführlicher Bericht wird demnächst in den Studia Scientiarum Mathematicarum Hungariaca erscheinen.

Literatur

[1] Courant-Hilbert, Methods of Mathematical Physics, vol. 1. New York, London, 1953.

[2] Kusnezow, N. W., Asymptotische Verteilung der Eigenwerte einer Membrane im Falle separierbarer Veränderlicher. Diff. Uravnenija **2** (1966) 1385–1402.

[3] Lakshmana Rao, S. K., On the vibrations of triangular membranes. Journ. of the Indian Institute of Science, **38** (1956) No. 1, 1–3.

[4] Lakshmana Rao, S. K., An exposition of the classical problem of vibrations of membranes and plates. Journ. of the Institution of Telecommunication Engineers, **4** (1957) 96–101.

[5] Lamé, G., Leçons sur la théorie mathématique de l'élasticité des corps solides. Paris, Bachelier, 1852.

[6] Pólya, G., A note on the principal frequency of a triangular membrane. Quarterly of Appl. Math. **8** (1951), 386.

[7] Pólya, G., Mathematics and Plausible Reasoning, vol. II. Patterns of Plausible Inference, Princeton Univ. Press, Princeton, 1954.

[8] Seth, B. R., Transverse vibrations of triangular membranes. Proc. Indian Acad. Sci. ser. A. **12** (1940), 487–490.

Das Differenzenverfahren für gewisse quasilineare elliptische Differentialgleichungen

von MANFRED MÜLLER, Berlin[1])

(Manuskripteingang: 22. August 1969)

Für eine Klasse quasilinearer elliptischer Differentialgleichungen vierter Ordnung mit monotonem Operator wird die erste Randwertaufgabe im beschränkten Gebiet unter Verwendung des Differenzenverfahrens betrachtet. Die Differentialgleichung und die Differenzengleichungen können dabei von einem einheitlichen Standpunkt in Form von Funktionalgleichungen behandelt werden. Zur näherungsweisen Herstellung der Lösungen ist das Abstiegsverfahren geeignet.
Die in geeigneter Weise extrapolierten Lösungen des Differenzenverfahrens konvergieren bezüglich der Maschenweite h des Gitters in einer entsprechenden Metrik gegen die verallgemeinerte Lösung des Randwertproblems. Mit Hilfe des Differenzenverfahrens lassen sich im zweidimensionalen Falle zusätzliche Differenzierbarkeitseigenschaften der verallgemeinerten Lösung nachweisen, so daß die Differentialgleichung fast überall im betrachteten Gebiet erfüllt wird.
Konkrete Anwendung findet das Randwertproblem in der nichtlinearen Elastizitäts- und Plastizitätstheorie.

1.

Im beschränkten Gebiet $\Omega \subset R_n$ mit dem Rand Γ betrachten wir das Randwertproblem

$$P\,u = \sum_{|\alpha|,|\beta|=2} a_{\alpha\beta}\, D^{\beta}[f(T^2(u))\, D^{\alpha}u] = g\,, \tag{1}$$

$$D^{\alpha}u|_{\Gamma} = 0\,, \qquad |\alpha| \leqq 1\,. \tag{2}$$

Dabei bedeutet

$$T^2(u) = \sum_{|\alpha|,|\beta|=2} a_{\alpha\beta}\, D^{\alpha}u\, D^{\beta}u\,. \tag{3}$$

Die dazugehörige Bilinearform sei $T^2(u, v)$. α, β bezeichnen Multiindizes,

$$\alpha = (\alpha_1, \dots, \alpha_n), \quad \alpha_i \geqq 0\,; \quad |\alpha| = \sum_{i=1}^{n} \alpha_i\,. \quad D^{\alpha} = D_1^{\alpha_1} \dots D_n^{\alpha_n}\,, \quad D_i^{\alpha_i} = \frac{\partial^{\alpha_i}}{\partial x_i^{\alpha_i}}\,.$$

Die eindeutige Lösbarkeit des Randwertproblems (1), (2) im verallgemeinerten Sinne folgt aus den Ergebnissen von A. LANGENBACH [3]. Die Lösung läßt sich mit Hilfe des Differenzenverfahrens approximativ gewinnen: Die auftretenden

[1]) Anschrift des Autors:
Dr. Manfred Müller, Humboldt-Universität zu Berlin
Sektion Mathematik
DDR — 108 Berlin, Unter den Linden 6

nichtlinearen algebraischen Gleichungssysteme sind eindeutig lösbar. Ihre extrapolierten Lösungen konvergieren auf Grund bekannter Ergebnisse von O. A. LADYSHENSKAJA [1], [2] in einer entsprechenden Metrik gegen die Lösung des Randwertproblems. Einen numerisch realisierbaren Algorithmus für die nichtlinearen algebraischen Gleichungssysteme stellt das Abstiegsverfahren dar.

Das Differenzenverfahren dient außerdem zur Untersuchung der Differenzierbarkeitseigenschaften der Lösung des Randwertproblems. Im zweidimensionalen Fall besitzt die Lösung verallgemeinerte Ableitungen vierter Ordnung, so daß die Differentialgleichung (1) in fast allen $x \in \Omega$ erfüllt wird.

Wir betrachten das Randwertproblem (1), (2) unter folgenden Bedingungen:

I.1 $f \in C^2([0, +\infty))$

I.2 Für alle $\xi \in R_1$ gilt: $0 < \varkappa \leqq \frac{d}{d\xi} f(\xi^2)\,\xi \leqq N_1$, $\quad \varkappa, N_1 = \text{const.}$

I.3 a) $a_{\alpha\beta} \in R_1$, $a_{\alpha\beta} = a_{\beta\alpha}$ für $|\alpha|, |\beta| = 2$,

b) Für alle $\lambda = (\lambda_\alpha)$, $|\alpha| = 2$ gilt: $\sum a_{\alpha\beta} \lambda_\alpha \lambda_\beta \geqq b_0 \sum \lambda_\alpha^2$, $b_0 = \text{const} > 0$.

I.4 $g \in L_2(\Omega)$.

I.5 Für alle $\xi \in R_1$ gilt: $\left| \frac{d^2}{d\xi^2} f(\xi^2)\,\xi \right| \leqq N_2$, $\quad N_2 = \text{const} \geqq 0$.

$\mathring{W}_2^2(\Omega)$ sei die Vervollständigung der Menge $\mathring{C}^\infty(\overline{\Omega})$ aller in $\overline{\Omega}$ finiten, beliebig oft stetig differenzierbaren Funktionen in der Norm

$$||\varphi||^2_{\mathring{W}_2^2(\Omega)} = \int_\Omega \sum_{|\alpha| \leqq 2} |D^\alpha \varphi|^2 \, d\Omega .$$

D e f i n i t i o n: Die Funktion $u \in \mathring{W}_2^2(\Omega)$ heißt *verallgemeinerte Lösung* des Randwertproblems (1), (2), wenn für jedes $\varphi \in \mathring{W}_2^2(\Omega)$ die Integralidentität

$$\int_\Omega f\big(T^2(u)\big)\, T^2(u, \varphi)\, d\Omega = \int_\Omega g\, \varphi\, d\Omega \tag{4}$$

erfüllt wird.

2.

Zum Nachweis von Existenz und Einzigkeit der verallgemeinerten Lösung des Randwertproblems (1), (2) ziehen wir allgemeine Ergebnisse von A. LANGENBACH [3] über die Lösbarkeit von Funktionalgleichungen der Art

$$F(u, \varphi) = l(\varphi) \tag{5}$$

im HILBERT-Raum H mit dem Skalarprodukt [,] und der Norm $|| \; ||_H$ heran.

Voraussetzungen:

II.1 a) *$F(u, \varphi)$ ist für jedes $u \in H$ ein beschränktes, lineares Funktional von φ,*

b) *$F(\Theta, \varphi) = 0$, für jedes $\varphi \in H$,*

c) *Es existiert ein beschränktes, lineares Funktional $F'(u, \varphi)$, so daß für alle $u, \varphi, v \in H$ gilt:*

$$\lim_{t \to 0} \frac{F(u + t\,v, \varphi) - F(u, \varphi)}{t} = F'(u, \varphi)(v) ,$$

d) *Für beliebige, aber feste* $u, \varphi, v, w_1, w_2 \in H$ *hat die Funktion*

$$\psi(s, t) = \psi(s, t; u, \varphi, v, w_1, w_2) = F'(u + s\, w_1 + t\, w_2, \varphi)(v)$$

die Eigenschaft $\psi \in C(R_2)$.

II.2 $F'(u, \varphi)(v) = F'(u, v)(\varphi)$ *für alle* $u, \varphi, v \in H$.

II.3 *Es existiert ein* $c_0 > 0$, *so daß für alle* $u, \varphi \in H$ *gilt*

$$F'(u, \varphi)(\varphi) \geqq c_0 \|\varphi\|_H^2 .$$

II.4 $l(\varphi)$ *ist ein beschränktes, lineares Funktional in* H.

II.5 *Es existiert ein* $c_1 > 0$, *so daß für alle* $u, \varphi \in H$ *gilt*

$$c_1 \|\varphi\|_H^2 \geqq F'(u, \varphi)(\varphi) .$$

Satz 1: *Unter den Voraussetzungen* II.1 bis II.4 *hat die Funktionalgleichung* (5) *genau eine Lösung* $u_0 \in H$. *Dabei realisiert* u_0 *das Minimum des Funktionals*

$$\Phi(u) = \int_0^1 F(t\, u, u)\, dt - l(u) . \tag{6}$$

Satz 2: *Unter den Voraussetzungen* II.1 bis II.5 *liefert das Iterationsverfahren*

$$[u_{i+1}, \varphi] = [u_i, \varphi] - \frac{1}{c_1}\left(F(u_i, \varphi) - l(\varphi)\right), \quad i = 1, 2, \ldots, \quad u_1 = \Theta$$

eine Minimalfolge des Funktionals (6), *so daß gilt*

$$\|u_i - u_0\|_H \underset{i\to\infty}{\to} 0 .$$

Wir führen nun folgende Bezeichnungen ein:

$$F_0(u, \varphi) \doteq \int_\Omega f\left(T^2(u)\right) T^2(u, \varphi)\, d\Omega , \tag{7}$$

$$l_0(\varphi) = \int_\Omega g\, \varphi\, d\Omega . \tag{8}$$

Mit Hilfe dieser Bezeichnungen läßt sich die Integralidentität (4) als Funktionalgleichung der Art (5) im Hilbert-Raum $\mathring{W}_2^2(\Omega)$ schreiben:

$$F_0(u, \varphi) = l_0(\varphi) . \tag{9}$$

Verallgemeinerte Lösbarkeit des Randwertproblems (1), (2) ist also gleichbedeutend mit Lösbarkeit der Funktionalgleichung (9) in $\mathring{W}_2^2(\Omega)$. Auf die Funktionalgleichung (9) sind aber die Ergebnisse von Satz 1 und 2 übertragbar. Es gilt:

Satz 3: *Unter den Voraussetzungen* I.1 bis I.4 *besitzt das Randwertproblem* (1), (2) *genau eine verallgemeinerte Lösung* $u_0 \in \mathring{W}_2^2(\Omega)$, *und es gilt die Abschätzung*

$$\|u_0\|_{\mathring{W}_2^2(\Omega)} \leqq C \|g\|_{L_2(\Omega)} \tag{10}$$

mit einer von u_0, g *unabhängigen Konstanten* C.

Satz 4: *Unter den Voraussetzungen* I.1 bis I.4 *konvergiert die durch das Iterationsverfahren*

$$[u_{i+1}\,\varphi]_{\mathring{W}_2^2(\Omega)} = [u_i, \varphi]_{\mathring{W}_2^2(\Omega)} - \frac{1}{c_1}\left(F_0(u_i, \varphi) - l_0(\varphi)\right),$$

$$i = 1, 2, \ldots, \qquad u_1 = \Theta, \qquad c_1 = 2\,N_1 \cdot \max_{|\alpha|,|\beta|=2} |a_{\alpha\beta}|$$

definierte Folge $\{u_i\} \subset \mathring{W}_2^2(\Omega)$ *in der Metrik von* $\mathring{W}_2^2(\Omega)$ *gegen die verallgemeinerte Lösung* u_0 *des Randwertproblems* (1), (2).

Zum Beweis der Sätze 3, 4 hat man nur nachzuprüfen, ob die Funktionale $F_0(u, \varphi)$ und $l_0(\varphi)$ die Voraussetzungen II.1 bis II.5 erfüllen.

3.

Für beliebiges $h > 0$ wird der Euklidische Raum R_n durch die $(n-1)$-dimensionalen Hyperebenen $x_i = k_i h$, $k_i = 0, \pm 1, \ldots$, $i = 1, \ldots, n$ in halboffene Würfel $\omega_k = \omega_{k_1,\ldots,k_n} = \{x \in R_n | k_i h \leq x_i < (k_i + 1) h, i = 1, \ldots, n\}$ zerlegt. Die entsprechenden abgeschlossenen Würfel seien $\overline{\omega}_k$. Die Menge $R_{n,h}^M$ aller Punkte $M = (k_1 h, \ldots, k_n h)$, $k_i = 0, \pm 1, \ldots$ nennen wir Gitter im R_n mit der Maschenweite h.

Seien $\overline{\Omega}_h = \sum\limits_{\overline{\omega}_k \in \overline{\Omega}} \overline{\omega}_k$, Γ_h der Rand von $\overline{\Omega}_h$; entsprechend geben $\overline{\Omega}_h^M$, Γ_h^M die Mengen aller Gitterpunkte an, die zu $\overline{\Omega}_h$ bzw. Γ_h gehören. Mit $\Omega_{1,h}^M$ bezeichnen wir die Menge aller Punkte $M \in \overline{\Omega}_h^M$, deren Abstand zu Γ_h^M größer als h ist. Schließlich sei $\Gamma_0^M = \overline{\Omega}_h^M \backslash \Omega_{1,h}^M$.

Für Gitterpunkte $M = (k, h, \ldots, k_n h)$ schreiben wir zur Vereinfachung $\overset{\pm i}{M} = (k_1 h, \ldots, (k_i \pm 1) h, \ldots, k_n h)$, $i = 1, \ldots, n$ und für Funktionen $u_h(M)$ auf dem Gitter $\overset{\pm i}{u_h}(M) = u_h(\overset{\pm i}{M})$. Damit sind die Differenzenquotienten folgendermaßen definiert:

$$D_{\pm\Delta_i}^1 u_h = \frac{1}{\pm h}(\overset{\pm i}{u_h} - u_h), \qquad i = 1, \ldots, n.$$

Auf dem Gitter $\overline{\Omega}_h^M$ betrachten wir die Menge $\mathfrak{N}$ aller Gitterfunktionen, die der Bedingung genügen

$$u_h|_{\Gamma_0^M} = 0.$$

Jede dieser Funktionen setzen wir durch null auf ganz $R_{n,h}^M$ fort. Der für beliebige $u_h, v_h \in \mathfrak{N}$ definierte Ausdruck

$$[u_h, v_h] = h^n \sum_{\overline{\Omega}_h^M} \sum_{|\alpha| \leq 2} D_\Delta^\alpha u_h\, D_\Delta^\alpha v_h$$

stellt ein Skalarprodukt dar. Damit wird $\mathfrak{N}$ zu einem endlichdimensionalen Hilbert-Raum, den wir mit $\mathring{W}_{2,h}^2(\Omega)$ bezeichnen.

Der Einfachheit halber ersetzen wir die Bedingung I.4 durch eine schärfere, die garantiert, daß g in $\overline{\Omega}$ punktweise erklärt ist:

I.4′ $g \in \dot{C}^\infty(\overline{\Omega})$.

Die im weiteren zitierten Ergebnisse behalten jedoch auch unter der allgemeineren Voraussetzung I.4 ihre Gültigkeit.

Der von O. A. LADYSHENSKAJA in [1], [2] entwickelten Methode folgend, ersetzen wir die Integralidentität (4) durch ihr Analogon in endlichen Differenzen

$$h^n \sum_{\overline{\Omega}_h^M} f(T_\Delta^2(u_h))\, T_\Delta^2(u_h, \varphi_h) = h^n \sum_{\overline{\Omega}_h^M} g_h \varphi_h \tag{11}$$

und stellen die Frage, ob es Funktionen $u_h \in \mathring{W}^2_{2,h}(\Omega)$ gibt, die dieser Identität für alle $\varphi_h \in \mathring{W}^2_{2,h}(\Omega)$ genügen. Dabei ist

$$T_\Delta^2(u_h) = \sum_{|\alpha|,|\beta|=2} a_{\alpha\beta}\, D_\Delta^\alpha u_h\, D_\Delta^\beta u_h$$

das Analogon zu (3) in endlichen Differenzen. g_h bezeichnet die Einschränkung von g auf das Gitter $\overline{\Omega}_h^M$.

Satz 5: *Die Identität* (11) *ist dem nichtlinearen algebraischen Gleichungssystem*

$$P_\Delta u_h \equiv \sum_{|\alpha|,|\beta|=2} a_{\alpha\beta}\, D_{-\Delta}^\beta [f(T_\Delta^2(u_h))\, D_\Delta^\alpha u_h] = g_h, \qquad M \in \Omega_{1,h}^M \tag{12}$$

mit der Unbekannten $u_h(M)$, $M \in \Omega_{1,h}^M$ *äquivalent.*

Die Frage der Lösbarkeit der Identität (11) läßt sich von demselben Standpunkt entscheiden wie die verallgemeinerte Lösbarkeit des Randwertproblems (1), (2), nämlich unter Verwendung der Ergebnisse von Satz 1. Zur näherungsweisen Herstellung der Lösung ist wiederum das Abstiegsverfahren geeignet. In Analogie zu (7), (8) führen wir folgende Bezeichnungen ein:

$$F_\Delta(u_h, \varphi_h) = h^n \sum_{\overline{\Omega}_h^M} f(T_\Delta^2(u_h))\, T_\Delta^2(u_h, \varphi_h)\,, \tag{13}$$

$$l_\Delta(\varphi_h) = h^n \sum_{\overline{\Omega}_h^M} g_h \varphi_h\,. \tag{14}$$

Damit wird die Identität (11) zu einer Funktionalgleichung der Art (5) im HILBERT-Raum $\mathring{W}^2_{2,h}(\Omega)$:

$$F_\Delta(u_h, \varphi_h) = l_\Delta(\varphi_h)\,. \tag{15}$$

Satz 6: *Unter den Voraussetzungen* I.1 *bis* I.3, I.4' *existiert genau eine Funktion* $u_h^{(0)} \in \mathring{W}^2_{2,h}(\Omega)$, *die die Identität* (11) *für alle* $\varphi_h \in \mathring{W}^2_{2,h}(\Omega)$ *erfüllt.*

Satz 7: *Unter den Voraussetzungen* I.1 *bis* I.3, I.4'' *konvergiert die durch das Iterationsverfahren*

$$[u_h^{(i+1)}, \varphi_h]_{\mathring{W}^2_{2,h}(\Omega)} = [u_h^{(i)}, \varphi_h]_{\mathring{W}^h_{2,h}(\Omega)} - \frac{1}{c_1}\left(F_\Delta(u_h^{(i)}, \varphi_h) - l_\Delta(\varphi_h)\right),$$

$$i = 1, 2, \ldots, \quad u_h^{(1)} = \Theta\,, \quad c_1 = 2\, N_1 \cdot \max_{|\alpha|,|\beta|=2} |a_{\alpha\beta}|$$

definierte Folge $\{u_h^{(i)}\} \subset \mathring{W}^2_{2,h}(\Omega)$ *in der* $\mathring{W}^2_{2,h}(\Omega)$-*Metrik gegen die Lösung* $u_h^{(0)}$ *der Funktionalgleichung* (11).

Die Beweise der Sätze 6 und 7 stellen nur eine Wiederholung der Beweise der Sätze 3 und 4 in endlichen Differenzen dar.

4.

Wir wenden uns nun der Konvergenz der Lösungen des Differenzenverfahrens für $h \to 0$ gegen die verallgemeinerte Lösung des Randwertproblems zu und stützen uns dabei auf die Resultate von O. A. LADYSHENSKAJA [1], [2] über extrapolierte Gitterfunktionen.

Sei zunächst Ω' ein echtes Teilgebiet von Ω und Ω'' ein echtes Teilgebiet von Ω'. Für jede auf dem Gitter $\overline{\Omega}_{h}^{M\prime}$ gegebene Funktion u_h konstruieren wir in $\overline{\Omega}'$ Funktionen u_h', $\tilde{u}_h$, die in allen Punkten $M \in \overline{\Omega}_h'^M$ mit u_h zusammenfallen. Bei hinreichend kleinem h genügt es hierzu offensichtlich, diese Funktionen in jedem halboffenen Würfel $\omega_k \in \overline{\Omega}_h$ zu definieren:

a) u_h' sei die in $\omega_{k_1,\ldots,k_n}$ polylineare Funktion der Variablen $x_1, \ldots, x_n$,

b) $\tilde{u}_h$ sei in $\omega_{k_1,\ldots,k_n}$ konstant.

Lemma 1: *Wenn der Rand Γ'' von Ω'' l-mal stückweise stetig differenzierbar ist und die Funktionen u_h für alle hinreichend kleinen h der Bedingung*

$$h^n \sum_{\overline{\Omega}_h'^M} \sum_{|\alpha| \leqq l} (D_\Delta^\alpha u_h)^2 \leqq C \tag{16}$$

genügen, so existieren eine Folge $\{u_{h_j}\} \subset \{u_h\}$ und eine Funktion $u \in W_2^l(\Omega'')$ derart, daß die Grenzwertbeziehungen gelten

$$(D_\Delta^\alpha u_{h_j})' \underset{j\to\infty}{\rightharpoonup} D^\alpha u \quad \text{in} \quad L_2(\Omega''), \quad |\alpha| \leqq l$$

$$(D_\Delta^\alpha u_{h_j})' \underset{j\to\infty}{\to} D^\alpha u \quad \text{in} \quad L_2(\Omega'''), \quad |\alpha| \leqq l-1,$$

wobei Ω''' ein beliebiges echtes Teilgebiet von Ω'' ist.

Auf Grund dieses Lemmas spielen Abschätzungen der Art (16) die ausschlaggebende Rolle für das Konvergenzverhalten der Lösungen des Differenzenverfahrens.

Satz 8: *Unter den Voraussetzungen* I.1 bis I.3, I.4′ *gilt für die Lösungen $u_h \in \mathring{W}_{2,h}^2(\Omega)$ der Funktionalgleichung* (11) *die Abschätzung*

$$h^n \sum_{\overline{\Omega}_h^M} \sum_{|\alpha| \leqq 2} (D_\Delta^\alpha u_h)^2 \leqq C_1 \, ||g||_{L_2(\Omega)}^2 \tag{17}$$

mit einer von h unabhängigen Konstanten C_1.

Satz 9. *Sei Ω' ein beliebiges echtes Teilgebiet von Ω. Dann genügen die Lösungen $u_h \in \mathring{W}_{2,h}^2(\Omega)$ der Funktionalgleichung* (11) *unter den Voraussetzungen* I.1 bis I.3, I.4′ *für hinreichend kleine h der Abschätzung*

$$h^n \sum_{\overline{\Omega}_h'^M} \sum_{|\alpha| = 3} (D_\Delta^\alpha u_h)^2 \leqq C_2 \, ||g||_{L_2(\Omega)}^2 \tag{18}$$

mit einer von $d(\Omega', \Gamma)$ abhängigen, aber von h unabhängigen Konstanten C_2.

Die Abschätzung (17) läßt sich leicht aus der Funktionalgleichung (11) selbst gewinnen, wenn man dort $\varphi_h = u_h$ setzt und die Voraussetzungen ausnutzt. Bei Abschätzung (18) genügt es, sie für $\overline{Q}_{1,h}^M$ nachzuweisen. Dabei bedeutet allgemein $Q_\nu = Q_\nu(x_0, 2a)$ einen offenen Würfel mit dem Mittelpunkt x_0 und der Kantenlänge $2\nu a$, $a > 0$, dessen Kanten parallel zu den Koordinatenachsen verlaufen. Werden a und danach h genügend klein gewählt, so erfüllt u_h, ausgehend von dem nichtlinearen Gleichungssystem (12), sicher auch das folgende Gleichungssystem:

$$\sum_{|\alpha|,|\beta|=2} a_{\alpha\beta} D^{\beta}_{-\Delta} D^{1}_{\Delta_l} [f(T^2_\Delta(u_h)) D^{\alpha}_\Delta u_h] = D^1_{\Delta_l} g_h , \qquad M \in \overline{Q}^M_{3,h} .$$

Hieraus gewinnt man die gewünschte Abschätzung, wenn man jede Gleichung mit dem entsprechenden Wert $\varphi_h = D^1_\Delta u_h \cdot \zeta^4_h$ multipliziert, über alle $M \in \overline{Q}^M_{3,h}$ summiert und zusammen mit einigen Umformungen wieder die Voraussetzungen ausnutzt. Dabei bezeichnet $\zeta = \zeta(x, Q_2)$ eine glatte Schnittfunktion, die in $\overline{Q}_1$ identisch gleich Eins ist und außerhalb von Q_2 verschwindet.

Folgerung 1: Es existieren eine Funktion $u^* \in \mathring{W}^2_2(\Omega)$ und eine Teilfolge $\{u_{h_j}\} \subset \{u_h\}$ derart, daß die Grenzwertbeziehungen gelten:

$$(D^{\alpha}_\Delta u_{h_j})' \underset{j\to\infty}{\rightharpoonup} D^{\alpha} u^* , \qquad \text{in} \quad L_2(\Omega) , \qquad |\alpha| \leqq 2 , \tag{19}$$

$$(D^{\alpha}_\Delta u_{h_j})' \underset{j\to\infty}{\to} D^{\alpha} u^* , \qquad \text{in} \quad L_2(\Omega) , \qquad |\alpha| \leqq 1 . \tag{20}$$

Folgerung 2: Die Funktion u^* besitzt für jedes echte Teilgebiet $\Omega' \subset \Omega$ die Eigenschaft $u^* \in W^3_2(\Omega)$. Die Folge $\{u_{h_j}\}$ erfüllt neben (19), (20) noch die Grenzwertbeziehungen

$$(D^{\alpha}_\Delta u_{h_j})' \underset{j\to\infty}{\rightharpoonup} D^{\alpha} u^* , \qquad \text{in} \quad L_2(\Omega') , \qquad |\alpha| \leqq 3 , \tag{21}$$

$$(D^{\alpha}_\Delta u_{h_j})' \underset{j\to\infty}{\to} D^{\alpha} u^* , \qquad \text{in} \quad L_2(\Omega') , \qquad |\alpha| \leqq 2 . \tag{22}$$

Satz 10: *Die Grenzfunktion $u^* \in \mathring{W}^2_2(\Omega)$ ist die verallgemeinerte Lösung des Randwertproblems* (1), (2).

Zum Beweis bedient man sich der Tatsache, daß die Identität (11) für $\varphi \in \dot{C}^\infty(\overline{\Omega})$ und hinreichend kleine h auch in Integralform geschrieben werden kann:

$$\int_{\Omega'} f\big(\widetilde{T^2_\Delta(u_{h_j})}\big) \sum_{|\alpha|,|\beta|=2} a_{\alpha\beta} \widetilde{D^{\alpha}_\Delta u_{h_j}} \widetilde{D^{\beta}_\Delta \varphi_{h_j}} \, d\Omega' = \int_{\Omega'} \tilde{g}_{h_j} \tilde{\varphi}_{h_j} \, d\Omega' .$$

Auf Grund der obigen Ergebnisse ist hier der Grenzübergang $j \to \infty$ möglich, so daß u^* die Integralidentität (4) zunächst für alle $\varphi \in \dot{C}^\infty(\overline{\Omega})$ und dann auch für alle $\varphi \in \mathring{W}^2_2(\Omega)$ erfüllt.

5.

Abschätzungen der Art (16) sind auch geeignet, zusätzliche Differenzierbarkeitseigenschaften der verallgemeinerten Lösung des Randwertproblems (1), (2) nachzuweisen. Für $|\alpha| = 4$ erfordert eine solche Abschätzung allerdings eine Einschränkung der Dimension auf $n = 2$, denn wir benutzen wesentlich das an die Dimension gebundene

Lemma 2: *Für jede auf $R_{2,h}^M$ definierte Funktion w_h gelten bei hinreichend kleinen h die Abschätzungen*

$$h^2 \sum_{\overline{Q}_{2,h}^M} w_h^4 \zeta_h^4 \leqq 8\, h^2 \sum_{\overline{Q}_{3,h}^M} w_h^2 \cdot h^2 \sum_{\overline{Q}_{2,h}^M} [(D_{\pm\Delta_1}^1 w_h)^2 + (D_{\pm\Delta_2}^1 w_h)^2]\, \zeta_h^4 + \frac{C_3}{a^2} (h^2 \sum_{\overline{Q}_{3,h}^M} w_h^2)^2$$

mit einer von h unabhängigen Konstanten C_3. Die Richtungen der Differenzenquotienten auf der rechten Seite sind beliebig wählbar.

Satz 11: *Sei Ω' ein beliebiges echtes Teilgebiet von $\Omega \subset R_2$. Unter den Voraussetzungen* I.1 bis I.3, I.4′, I.5 *genügen dann die Lösungen der Funktionalgleichung* (11) *für hinreichend kleine h der Abschätzung*

$$h^2 \sum_{\overline{\Omega}_h'^M} \sum_{|\alpha|=4} (D_\Delta^\alpha u_h)^2 \leqq C_4\, ||g||_{L_2(\Omega)}^2 + C_5\, ||g||_{L_2(\Omega)}^4 ,$$

wobei die Konstanten C_4, C_5 nicht von h abhängen.

Beim Beweis geht man in analoger Weise wie im Satz 9 vor: Auf Grund des nichtlinearen Gleichungssystems (12) erfüllt u_h für hinreichend kleine a und h auch folgendes Gleichungssystem:

$$\sum_{|\alpha|,|\beta|=2} a_{\alpha\beta}\, D_{-\Delta}^\beta\, D_{\pm\Delta_l}^1 D_{\pm\Delta_m}^1 [f(T_\Delta^2(u_h)) . D_\Delta^\alpha u_h] = D_{\pm\Delta l}^1 D_{\pm\Delta_m}^1 g_h , \qquad M \in \overline{Q}_{3,h}^M .$$

Die gewünschte Abschätzung für Q_1 erhält man, wenn man jede dieser Gleichungen mit dem entsprechenden Wert $\varphi_h = D_{\pm\Delta_l}^1 D_{\pm\Delta_m}^1 u_h \cdot \zeta_h^4$ multipliziert, über alle $M \in \overline{Q}_{3,h}^M$ summiert und zusammen mit einigen weiteren Umformungen Lemma 2 anwendet.

Folgerung 3: Die verallgemeinerte Lösung u^* besitzt für jedes echte Teilgebiet $\Omega' \subset \Omega \subset R_2$ die Eigenschaft $u^* \in W_2^4(\Omega')$. Außerdem gelten die Grenzwertbeziehungen

$$(D_\Delta^\alpha u_{h_j})' \underset{j\to\infty}{\rightharpoonup} D^\alpha u^* , \quad \text{in } L_2(\Omega') , \quad |\alpha| \leqq 4 ,$$

$$(D_\Delta^\alpha u_{h_j})' \underset{j\to\infty}{\rightarrow} D^\alpha u^* , \quad \text{in } L_2(\Omega') , \quad |\alpha| \leqq 3 .$$

Folgerung 4: Die verallgemeinerte Lösung u^* ist im Falle $n = 2$ auf Grund der SOBOLEWschen Einbettungssätze [1] zweimal stetig differenzierbar in Ω. Sie erfüllt die Differentialgleichung (1) in fast allen $x \in \Omega$.

6.

Als Anwendungsbeispiel aus der nichtlinearen Elastizitäts- und Plastizitätstheorie kann das stationäre CREEP-Problem einer eingespannten Platte dienen, das durch folgende Randwertaufgabe charakterisiert wird (vgl. [4]):

$$P\,u \equiv D_1^2\left[f(T^2(u))\left(D_1^2 u + \frac{1}{2} D_2^2 u\right)\right] + D_2^2\left[f(T^2(u))\left(D_2^2 u + \frac{1}{2} D_1^2 u\right)\right]$$

$$+ D_1^1 D_2^1 [f(T^2(u))\, D_1^1\, D_2^1 u] = g(x) , \qquad x \in \Omega \tag{23}$$

$$D^\alpha u|_\Gamma = 0 , \quad |\alpha| \leqq 1 . \tag{24}$$

Dabei bedeutet

$$T^2(u) = (D_1^2 u)^2 + (D_2^2 u)^2 + (D_1^1 D_2^1 u)^2 + D_1^2 u \cdot D_2^2 u \,. \tag{25}$$

f ist eine gegebene empirische Funktion, von der wir die Erfüllung der Voraussetzungen I.1, I.2, I.5 fordern. Die Funktion $g(x)$ sei aus $L_2(\Omega)$. Die Matrix der quadratischen Form (25) hat das Aussehen

$$\{a_{\alpha\beta}\} = \begin{Bmatrix} 1 & 0 & \frac{1}{2} \\ 0 & 1 & 0 \\ \frac{1}{2} & 0 & 1 \end{Bmatrix}$$

und erfüllt offensichtlich die Voraussetzung I.3. Damit stellt das Randwertproblem (23), (24) eine konkrete Realisierung von (1), (2) dar.

Literatur

[1] Ladyshenskaja, O. A., Die gemischte Aufgabe für die hyperbolische Gleichung. Moskau, 1953 (russ.).

[2] Ladyshenskaja, O. A., Die Methode endlicher Differenzen in der Theorie der partiellen Differentialgleichungen. Uspechi mat. nauk, XII, H. 5 (77), 1957, 123–148 (russ.).

[3] Langenbach, A., Über Gleichungen mit Potentialoperatoren und Minimalfolgen nichtquadratischer Funktionale. Math. Nachr., 32, H. 1/2, 1966, 9–24.

[4] Langenbach, A., Variationsmethoden in der nichtlinearen Elastizitäts- und Plastizitätstheorie. Wiss. Zs. Humboldt-Univ. Berlin, Math.-Nat. Reihe, IX, 1959/60, 145–164.

[5] Müller, M., Differenzierbarkeitseigenschaften von Lösungen der ersten Randwertaufgabe für gewisse quasilineare elliptische Differentialgleichungen vierter Ordnung. Dissertation, Humboldt-Universität, 1967.

Interpolationsräume

von Jaak Peetre, Lund[1])

(Manuskripteingang: 22. August 1969)

Der vorliegende Artikel gibt einen Überblick über den neuesten Stand der Theorie der Interpolationsräume. Diese Theorie entstand 1960 und geht in erster Linie auf Arbeiten von Lions, Gagliardo, Calderon und Krein zurück. Nach einigen allgemeinen Ausführungen über Interpolationsfunktoren wird auf ein allgemeines Verfahren zur Gewinnung von Interpolationsfunktoren sowie auf das K- und J-Verfahren eingegangen. Es folgen Beispiele von Interpolationsräumen. Die Anwendungen dieser Theorie liegen in erster Linie in der Approximationstheorie, weiter bei den singulären Integralgleichungen, den Fourierschen Multiplikatoren, den Sobolev- und Besov-Räumen usw. Ein größeres Literaturverzeichnis gibt Auskunft über die wichtigste Literatur.

0. Einleitung

Die Funktionalanalysis kann als die Theorie von Funktionenräumen oder abstrakten Räumen aufgefaßt werden. In manchen Fragen der (klassischen) Analysis treten jedoch gleichzeitig mehrere Räume auf, die in einem größeren gemeinsamen Raum eingebettet sind (z. B. L_p- oder Lip_α-Räume in der Theorie der elliptischen partiellen Differentialgleichungen!). Die Theorie der Interpolationsräume kann nun in einem gewissen Sinne gerade als eine Theorie von Paaren (allgemeiner: $(n + 1)$-Tupeln, Familien usw.) von Räumen, die eine solche gemeinsame Einbettung gestatten, aufgefaßt werden. Sie ist in erster Linie 1960 durch die bedeutenden Arbeiten von Lions, Gagliardo, Calderon, Krein entstanden und wurde dann von mehreren anderen Mathematikern weitergeführt. Im folgenden werden wir eine kurze Übersicht über einige der wichtigsten Entwicklungen auf diesem Gebiet machen.

1. Allgemeines über Interpolationsfunktoren

Die Theorie der Interpolationsräume beschäftigt sich mit „Konstruktionen", den sogenannten *Interpolationsfunktoren*, die zu einem jeden Banach-*Paar* $\vec{A} = \{A_0, A_1\}$ einen $\vec{A}$ *untergeordneten* Banach-Raum A (Interpolationsraum)

[1]) Anschrift des Autors:
Prof. Dr. Jaak Peetre, Lund Institute of Technology
Departement of Mathematics
22007 Lund 7, Sweden

zuordnen. Mit BANACH-Paar wird hier gemeint ein Diagramm

$$\begin{array}{ccc} A_0 & \searrow^{i_0} & \\ & & \mathcal{A}\,, \\ A_1 & \nearrow_{i_1} & \end{array}$$

wobei A_0, A_1 BANACH-Räume, $\mathcal{A}$ ein topologischer Vektorraum und i_0, i_1 stetige Einbettungen sind; $\vec{A}$ untergeordnet heißt, daß auch ein Diagramm

$$A \overset{i}{\rightarrow} \mathcal{A}$$

vorliegt, wobei i ebenfalls eine stetige Einbettung ist. (Man kann auch andere Kategorien von Paaren betrachten: HILBERT-Paare, quasi-BANACH-Paare, lokalkonvexe Paare usw.; auch ist es jedenfalls grundsätzlich möglich, eine analoge Theorie von $(n + 1)$-Tupeln $\vec{A} = \{A_0, \ldots, A_n\}$ zu entwickeln.) Grundlegend ist nun die folgende *Interpolationseigenschaft*: Sind $\vec{A}$ und $\vec{B}$ zwei BANACH-Paare und A und B die zu einem und demselben Interpolationsfunktor gehörenden Interpolationsräume, also: $A = F(\vec{A})$, $B = F(\vec{B})$, so gilt für jeden Operator T

$$\mathrm{T} : \vec{A} \rightarrow \vec{B} \Rightarrow \mathrm{T} : A \rightarrow B \tag{1.1}$$

(in Worten: wenn T den Raum A_0 stetig in B_0 abbildet und A_1 stetig in B_1, dann bildet T auch A stetig in B ab).

Beispiel 1.1. Es läßt sich zeigen, daß es einen Interpolationsfunktor F gibt mit

$$L_p = F(L_{p_0}, L_{p_1})\,, \quad L_q = F(L_{q_0}, L_{q_1})\,,$$

wobei die Exponenten p, p_0, p_1, q, q_0, q_1 den Bedingungen

$$\frac{1}{p} = \frac{1-\theta}{p_0} + \frac{\theta}{p_1}\,, \quad \frac{1}{q} = \frac{1-\theta}{q_0} + \frac{\theta}{q_1} \quad (0 < \theta < 1)$$

unterworfen sind. Hieraus ergibt sich unter Anwendung von (1.1) sogleich ein Beweis des RIESZ*schen Interpolationssatzes* (vgl. ZYGMUND [36], Kap. 12). Ebenso kann man den Interpolationssatz von MARCINKIEWICZ (vgl. ebenfalls ZYGMUND [36], Kap. 12) erhalten. (Dabei soll L_{q_0}, L_{q_1} durch $L^*_{q_0}$, $L^*_{q_1}$ ersetzt werden; vgl. Beispiel 3.1.)

Umgekehrt gilt (ARONSZAJN-GAGLIARDO [1]): besteht die Beziehung (1.1) für gegebene Paare $\vec{A}$ und $\vec{B}$ und gegebene untergeordnete Räume A und B, so gibt es einen Funktor F mit $A = F(\vec{A})$, $B = F(\vec{B})$. Dies läßt sich auch so ausdrücken: Man kann durch Verwendung eines geeigneten Interpolationsfunktor „alle" Interpolationsräume gewinnen.

2. Beispiele von Interpolationsfunktoren

Es ist möglich, den allgemeinsten Interpolationsfunktor zu beschreiben, was z. B. GAGLIARDO [8] vor kurzem getan hat. Für die Anwendung sind jedoch immer nur einige ziemlich spezielle Funktoren von Bedeutung. Wir geben hier eine kurze Übersicht.

a) Ein allgemeines Verfahren zur Erhaltung von Interpolationsfunktoren

Es sei gegeben ein Funktor F, der *nicht* ein Interpolationsfunktor zu sein braucht, d. h. $F(\vec{A})$ ist zwar ein BANACH-Raum, aber nicht notwendig $\vec{A}$ untergeordnet. Es sei ω eine *natürliche Transformation* des Funktors F in dem Summenfunktor

$$\vec{A} \to A_0 + A_1 .$$

Dabei ist gemeint, daß alle Diagramme

$$\begin{array}{ccc} & F(\vec{A}) \overset{F(T)}{\rightarrow} F(\vec{B}) & \\ \omega(\vec{A}) & \downarrow \qquad\qquad \downarrow & \omega(\vec{B}) \\ & A_0 + A_1 \rightarrow B_0 + B_1 & \end{array}$$

sich als kommutativ erweisen. Dann gewinnt man durch Zusammensetzung einen Interpolationsfunktor $F_\omega = \omega \circ F$, d. h. $a \in F_\omega(\vec{A})$ dann und nur dann, wenn es ein $u \in F(\vec{A})$ mit $a = \omega(\vec{A})\, u$ gibt. DEUTSCH [5] hat (sogar im lokalkonvexen Fall) wesentlich den Fall $F(\vec{A}) = \mathcal{L}(\vec{X}, \vec{A})$ (der Raum aller linearen Operatoren T mit T : $\vec{X} \to \vec{A}$) oder allgemeiner $F(\vec{A})$ ein Unterfunktor von $\mathcal{L}(\vec{X}, \vec{A})$, $\omega(\vec{A})\, u = \omega_x(\vec{A})\, u = u(x)$, betrachtet, wobei $\vec{X}$ ein gegebenes Paar ist und x ein festes Element $\in X_0 + X_1$. Besonders wichtig ist der Fall, wenn $\vec{X}$ ein Funktionenpaar oder Folgenpaar ist und x die Funktion oder Folge 1. (Die oben erwähnte Konstruktion von GAGLIARDO [8] ist eigentlich auch von dieser Art.) Durch abermalige Spezialisierung gewinnt man:

I. *Die komplexen Räume* $[A_0, A_1]_\theta$ (LIONS [15], CALDERÓN [4]).

II. *Die Mittelräume* („espaces de moyennes") $S(\xi_0, \xi_1, q_0, q_1; A_0, A_1)$ (LIONS-PEETRE [18]).

III. *Die Spurräume* („espaces de traces") $T(\alpha_0, \alpha_1, q_0, q_1; A_0, A_1)$ (LIONS [16]).

b) Die K- und J-Verfahren

Diese Verfahren (jedenfalls das K-Verfahren) gehen auf GAGLIARDO [1], [10], [11] zurück und sind von mir entwickelt worden (PEETRE [24], [25], [26]). Man kann sie heuristisch in drei Schritten gewinnen. In der K-Theorie geht es vor wie folgt:

Erster Schritt: Man bildet $A_0 + A_1$. Das ist trivialerweise ein Interpolationsraum. Wir bemerken, daß die Norm durch

$$\|a\|_{A_0+A_1} = \inf_{a=a_0+a_1} (\|a_0\|_{A_0} + \|a_1\|_{A_1})$$

definiert ist.

Zweiter Schritt. Man ersetzt A_1 durch $t\,A_1$, wobei $0 < t < \infty$. (D. h., die Norm in A_1 wird mit t multipliziert, $\|a\|_{tA_1} = t\|a\|_{A_1}$, oder geometrisch: die Einheitskugel in A_1 wird im Verhältnis $1/t$ verkleinert.) Man gewinnt also den Raum $A_0 + t\,A_1$, was tatsächlich wieder ein Interpolationsraum ist. Die Norm ist jetzt

$$K(t, a) = K(t, a; \vec{A}) = \|a\|_{A_0+A_1} = \inf_{a=a_0+a_1} (\|a_0\|_{A_0} + t\,\|a_1\|_{A_1}) .$$

Dritter Schritt. Man setzt Bedingungen auf $K(t, a)$, als Funktion von t betrachtet. Genauer definiert man

$$(\vec{A})_{\Phi}^{K} = (A_0, A_1)_{\Phi}^{K} = \{a \mid \Phi(K(t, a)) < \infty\},$$

wobei Φ eine gegebene „Funktionennorm" ist. Das wichtigste Beispiel ist

$$\Phi(\varphi) = \left(\int_0^\infty (t^{-\theta}\,\varphi(t))^q \frac{dt}{t}\right)^{1/q}, \quad 0 < \theta < 1, \ 1 \leqq q \leqq \infty.$$

Dann schreibt man schlechthin

$$(A)_{\theta q}^{K} = (A_0, A_1)_{\theta q}^{K} = (A_0, A_1)_{\Phi_{\theta q}}^{K}.$$

Bei dem J-Verfahren erhält man ebenso in dualer Weise (Summenfunktor $\vec{A} \to A_0 + A_1$ durch Durchschnittsfunktor $\vec{A} \to A_0 \cap A_1$ zu ersetzen!) die Räume

$$(\vec{A})_{\Phi}^{J} = (A_0, A_1)_{\Phi}^{J} = \left\{a \mid \exists\ u = u(t) : a = \int_0^\infty u(t) \frac{dt}{t}; \quad \Phi(J(t, u(t))) < \infty\right\}$$

bzw.

$$(\vec{A})_{\theta q}^{J} = (A_0, A_1)_{\theta q}^{J} = (A_0, A_1)_{\Phi_{\theta q}}^{J},$$

wobei

$$J(t, a) = J(t, a; \vec{A}) = \|a\|_{A_0 \cap t A_1} = \max(\|a\|_{A_0}, t\,\|a\|_{A_1}).$$

Man kann zeigen, daß (sogenannter *Äquivalenzsatz*, wesentlich Lions-Peetre [18])

$$(\vec{A})_{\theta q}^{K} = (\vec{A})_{\theta q}^{J} \qquad \text{(Normäquivalenz!)},$$

was wichtig für die Anwendungen ist. Wir können also K und J weglassen und schreiben schlechthin $(\vec{A})_{\theta q}$.

Es ist auch von Bedeutung, diese Räume mit denjenigen von a) vergleichen zu können. Es läßt sich zeigen (sogenannter *Parametersatz*, Peetre [27]), daß

$$S(\xi_0, \xi_1, q_0, q_1; \vec{A}) = (\vec{A})_{\theta q}, \quad 0 = (1-\theta)\,\xi_0 + \theta\,\xi_1, \quad \frac{1}{q} = \frac{1-\theta}{q_0} + \frac{\theta}{q_1}.$$

Außerdem gilt (wesentlich Lions; vgl. Lions-Peetre [18])

$$(\vec{A})_{\theta 1} \subset [\vec{A}]_{\theta} \subset (\vec{A})_{\theta\infty}.$$

Die folgende Frage ist offen: Für welche Paare A gilt es, daß das K-Verfahren bzw. das J-Verfahren „alle" Interpolationsräume ergibt?

Schließlich erwähnen wir noch eine Eigenschaft der Räume $(\vec{A})_{\theta q}$, die sich auch für die Anwendungen als sehr nützlich herausstellt (sogenannter *Stabilitätssatz*, wesentlich Lions; vgl. Lions-Peetre [18]):

$$(\vec{A})_{\theta q} = (\vec{E})_{\lambda q};$$

wobei $\vec{E} = \{E_0, E_1\}$ ein beliebiges Paar mit

$$(\vec{A})_{\theta_0, 1} \subset E_0 \subset (\vec{A})_{\theta_0, \infty}, \quad (\vec{A})_{\theta_1, 1} \subset E_1 \subset (\vec{A})_{\theta_1, \infty}$$

ist und für die Parameter die Bedingung

$$\theta = (1 - \lambda)\, \theta_0 + \lambda\, \theta_1$$

gelten soll. (Also kann man z. B. $E_0 = [\vec{A}]_{\theta_0}$, $E_1 = [\vec{A}]_{\theta_1}$ wählen.)

3. Beispiele von Interpolationsräumen (*K*-Verfahren)

Was ergeben die in vorigem Abschnitt erwähnten Interpolationsfunktoren in „konkreten" Fällen? Wir werden hier einige typische Beispiele geben, wobei wir uns jedoch auf das K-Verfahren beschränken. Die wesentliche Schwierigkeit ist dann die Berechnung von $K(t, a)$.

Beispiel 3.1. $\{L_1, L_\infty\}$. Man kann zeigen (Peetre [24]), daß

$$K(t, a) = \int_0^t a^*(s)\, ds\,, \tag{3.1}$$

wobei a^* die *abnehmende Umordnung* von $|a|$ bezeichnet. Hieraus schließt man leicht, daß

$$(L_1, L_\infty)_{\theta q} = L_{pq}\,, \quad \frac{1}{p} = 1 - \theta \quad \text{(Normäquivalenz!)} \tag{3.2}$$

wobei L_{pq} die *Räume von* Lorentz sind (Lorentz [19]). Wir bemerken insbesondere, daß

$L_{pp} = L_p$ (= Lebesguescher Raum),

$L_{p\infty} = L_p^*$ (= schwacher Lebesguescher Raum oder Raum von Marcinkiewicz).

Dies ist von Bedeutung für die Interpolationssätze von Riesz und Marcinkiewicz (vgl. Beispiel 1.1). Die grundlegende Formel (3.1) und das Ergebnis (3.2) lassen sich in mehreren Richtungen ausdehnen. In erster Linie nennen wir die Verallgemeinerung auf den allgemeineren Fall $\{L_{p_0}, L_{p_1}\}$ (vgl. Krée [13], Oklander [22], Holmstedt [12], Peetre [28]). Wie Triebel [35] gezeigt hat, gelten aber ganz analoge Verhältnisse beim Paar $\{\mathfrak{S}_1, \mathfrak{S}'_\infty\}$. Hier bedeutet allgemein $\mathfrak{S}_p$ ein gewisses *Normideal* von Operatoren in einem gegebenen Hilbert-Raum H. (Überhaupt scheint die Theorie der Interpolationsräume auch in der Theorie der Normideale von Operatoren in Banach-Räumen sehr nützlich zu sein; vgl. etwa Pietsch-Triebel [34]). Es sei schließlich darauf verwiesen, daß die Formel (3.1) auch mit der Theorie der Schurschen oder besser doppelt stochastischen Matrizen zu tun hat (Arbeiten von I. Schur, Hardy-Littlewood-Polya, Ostrowsky usw.; vgl. Beckenbach-Bellman [2], S. 30—33).

Beispiel 3.2. $\{C^0, C^1\}$. (C^0 = beschränkte stetige Funktionen auf R^1, C^1 = Funktionen deren Ableitung in C^0 liegt.) Man kann zeigen (Peetre [29]), daß

$$K(t, a) = \frac{1}{2}\, \omega^*(2\, t, a)\,, \tag{3.3}$$

wobei diesmal $\omega^*(t, a)$ die *kleinste konkave Majorante des Stetigkeitsmoduls* $\omega(t, a)$ von a bezeichnet. Jetzt erhalten wir in Analogie mit (3.2) z. B.

$$(C^0, C^1)_{\theta\infty} = \text{Lip}\,\theta = \text{Funktionen, die einer LIPSCHITZbedingung vom Exponenten } \theta \text{ unterworfen sind (Proportionalität der Normen!)} \tag{3.4}$$

Aus (3.3) folgt speziell die Normäquivalenz

$$K(t, a) \approx \omega(t, a)\,,$$

was auf LIONS [17] zurückgeht. Diese letzte Formel bleibt bestehen, wenn man C^0 durch L_p oder, allgemeiner, durch eine allgemeine translationsinvariante Metrik ersetzt. (Dabei sei natürlich auch der Stetigkeitsmodul in dieser Metrik berechnet werden.) Man kann die ganze Situation auch abstrakter fassen, indem man die Translationsoperatoren durch eine Halbgruppe von Operatoren in einem BANACH-Raum ersetzt, was schon LIONS [17] einsah und was systematisch auch bei BUTZER-BERENS [3] entwickelt ist. Noch allgemeiner tritt der Fall eines Paares $\vec{A} = \{A_0, A_1\}$ auf, wo $A_0 = E$ ein gegebener BANACH-Raum ist und $A_1 = D(\Lambda)$ den Bereich eines (unbeschränkten) Operators Λ in E darstellt. (Geometrisch: Die Einheitskugel von A_1 ist mit der von A_0 affin-äquivalent!) Von speziellem Interesse ist hier die Frage nach den Interpolationsräumen A der Form $A = D(h(\Lambda))$, wobei h eine skalare Funktion ist. (Geometrisch: Auch die Einheitskugel von A ist mit der von A_0 affin-äquivalent!) Solche Funktionen h nennt man *Interpolationsfunktionen* (in Beziehung zu E und Λ). Im Falle, wenn E ein HILBERT-Raum ist und Λ ein selbstadjungierter Operator, ist die allgemeine Form einer Interpolationsfunktion bekannt (FOIAS-LIONS [7], DONOGHUE [6]). Es zeigt sich, daß dies mit der LÖWNERschen Theorie der monotonen Operatorenfunktionen in Beziehung steht (vgl. BECKENBACH-BELLMAN [2], S. 86). Ein etwas allgemeinerer Fall ist $E = L_p$, Λ = Multiplikation durch eine gegebene skalare Funktion (FOIAS-LIONS [7], PEETRE [30]).

4. Anwendungen

Die im Vorangehenden angedeutete Theorie hat Anwendungen auf mehreren Gebieten der klassischen Analysis. Betreffend Anwendungen auf partielle Differentialgleichungen (elliptische oder parabolische) sei vor allem auf die Arbeiten von LIONS und MAGENES verwiesen (vgl. MAGENES [31], LIONS-MAGENES [17a]). In erster Linie nennen wir aber die Anwendungen in der Approximationstheorie (vgl. BUTZER-BERENS [3], PEETRE [31]). Damit verbunden sind Anwendungen in der Richtung der numerischen Mathematik (vgl. PEETRE-THOMÉE [33], LÖFSTRÖM [20]). Wahrscheinlich kann noch vieles hier getan werden. In einer Reihe von Arbeiten (vgl. etwa PEETRE [32]) habe ich mehr oder weniger systematisch die Ideen der Theorie der Interpolationsräume in einem Bereich, der mit (singularen) Integralgleichungen, FOURIERsche Multiplikatoren, SOBOLEV- und BESOV-Räume usw. zu tun hat, angewandt. Ich schließe mit einem einfachen Beispiel davon ab.

Beispiel 4.1 (Ungleichung von O'NEIL [23]). Es sei $k \in L_\varrho^* = L_{\varrho\infty}$ (auf R^n). Dann wird behauptet, daß

$$f \in L_p \Rightarrow k * f \in L_{qp}\,, \quad \frac{1}{q} = \frac{1}{p} - \frac{1}{\varrho'}\,, \quad \frac{1}{\varrho} + \frac{1}{\varrho'} = 1\,, \quad 1 < p < \varrho'\,. \tag{4.1}$$

(Hier bedeutet $*$ die Faltung:

$$k * f(x) = \int_{R^n} k(x-y) f(y)\, dy .$$

Das entsprechende Ergebnis mit L_ϱ statt L_ϱ^*, L_{qp} statt L_{qp} ist die klassische Ungleichung von YOUNG (vgl. ZYGMUND [36], Kap. 1), von welcher also die Ungleichung von O'NEIL eine Verschärfung darstellt. Um (4.1) zu beweisen, halten wir $f \in L_p$ fest und betrachten den Operator

$$\mathrm{T}_1 : k \to k * f .$$

Nach der Ungleichung von YOUNG gilt

$$\mathrm{T}_1 : \{L_{\varrho_0}, L_{\varrho_1}\} \to \{L_{q_0}, L_{q_1}\}, \quad \frac{1}{q_i} = \frac{1}{p} - \frac{1}{\varrho_i'} \quad (i = 1, 2,) .$$

Hieraus ergibt sich durch „Interpolation"

$$\mathrm{T}_1 : (L_{\varrho_0}, L_{\varrho_1})_{\theta\,\infty} \to (L_{q_0}, L_{q_1})_{\theta\,\infty} .$$

Aber nach Beispiel 3.1 und unter Verwendung des Stabilitätssatzes (vgl. Abschnitt 2) ist

$$(L_{\varrho_0}, L_{\varrho_1})_{\theta\,\infty} = L_\varrho^* , \quad (L_{q_0}, L_{q_1})_{\theta\,\infty} = L_q^* , \quad \frac{1}{q} = \frac{1}{p} - \frac{1}{\varrho'} .$$

Mit anderen Worten, es ist bewiesen worden, daß

$$f \in L_p \Rightarrow k * f \in L_q^* , \tag{4.2}$$

wenn $k \in L_\varrho^*$, was zwar schwächer als (4.1) ist. Jetzt betrachten wir aber mit $\varrho \in L_\varrho^*$ fest den Operator

$$\mathrm{T}_2 : f \to k * f$$

und wenden abermals die vorangehende Technik an, jetzt unter Verwendung von (4.2) anstatt der Ungleichung von YOUNG. Aus

$$\mathrm{T}_2 : \{L_{p_0}, L_{p_1}\} \to \{L_{q_0}^*, L_{q_1}^*\} , \quad \frac{1}{q_i} = \frac{1}{p_i} - \frac{1}{\varrho} , \quad (i = 1, 2)$$

folgt bei „Interpolation"

$$\mathrm{T}_2 : (L_{p_0}, L_{p_1})_{\theta p} \to (L_{q_0}^*, L_{q_1}^*)_{\theta p} , \quad \frac{1}{q} = \frac{1}{p} - \frac{1}{\varrho'} .$$

Weil jetzt

$$(L_{p_0}, L_{p_1})_{\theta p} = L_p , \quad (L_{q_0}^*, L_{q_1}^*)_{\theta p} = L_{qp} ,$$

folgt (4.1) sogleich. Schließlich bemerken wir, daß (4.1) auf $k(x) = |x|^{\alpha - n}$ $(0 < \alpha < n)$ angewandt werden kann. Man zeigt nämlich leicht, daß

$$|x|^{\alpha - n} \in L_\varrho^* , \quad \alpha = \frac{n}{\varrho'} .$$

Daraus ergibt sich nun sogleich

$$f \in L_p \Rightarrow |x|^{\alpha - n} * f \in L_{qp} , \quad \frac{1}{q} = \frac{1}{p} - \frac{\alpha}{n} , \tag{4.3}$$

was eine Verschärfung (weil $L_{qp} \subset L_q$!) eines bekannten Ergebnisses (Ungleichung von HARDY-LITTLEWOOD-SOBOLEV-THORIN) darstellt und wofür also ein „einfacher" Beweis gegeben ist. Es sei noch daran erinnert, daß (4.3) die berühmten Einbettungssätze von SOBOLEV mit sich zieht, z. B.

$$\operatorname{grad} f \in L_p \Rightarrow f \in L_q\,, \quad \frac{1}{q} = \frac{1}{p} - \frac{1}{n}\,.$$

Literatur

Bemerkung. Ich habe vor kurzem ein ziemlich ausführliches Literaturverzeichnis anderswo zusammengestellt (PEETRE [31]). Hier wird deshalb nur ein Minimum mitgenommen. Die folgenden Arbeiten übersichtlichen Charakters sind ebenfalls zu empfehlen: MAGENES [21], KREIN-PETUNIN [17], BUTZER-BERENS [3].

[1] ARONSZAJN, N., GAGLIARDO, E., Interpolation spaces and interpolation methods. Ann. Mat. Pura Appl. **68** (1965), 51–118.

[2] BECKENBACH, E. T., BELLMAN, R., Inequalities. Springer, Berlin, 1961.

[3] BUTZER, P. L., BERENS, H., Semi-groups of operators and approximation. Springer, Berlin, 1967.

[4] CALDERÓN, A. P., Intermediate spaces and interpolation, the complex method. Studia Math. **24** (1964), 113–190.

[5] DEUTSCH, N., Interpolation dans les espaces vectoriels topologiques localement convexes. Bull. Soc. Math. France, Suppl. **13** (1963), 3–187.

[6] DONOGHUE, W., The interpolation of quadratic norms. Acta Math. **118** (1967), 251–270.

[7] FOIAS, C., LIONS, J. L., Sur certains espaces d'interpolation. Acta Szeged **22** (1961), 262–282.

[8] GAGLIARDO, E., Caratterizzazione construtiva di tutti gli spazi di interpolazione tra spazi di BANACH. Symposia Matematica **2** (1968), 95–106.

[9] GAGLIARDO, E., Interpolazione di spazi di BANACH e applicazioni. Ricerche Mat. **9** (1960), 58–81.

[10] GAGLIARDO, E., Una struttura unitaria in diverse famiglie di spazi funzionali. Ricerche Mat. **10** (1961), 245–281.

[11] GAGLIARDO, E., A common structure in various families of functional spaces. Quasilinear interpolation spaces. (Part II). Ricerche Mat. **12** (1963), 87–107.

[12] HOLMSTEDT, T., Interpolation of quasi-normed spaces. Math. Scand. **26** (1970), 177–199.

[13] KRÉE, P., Interpolation d'espaces qui ne sont ni normés, ni complets. Applications. Ann. Inst. Fourier **17** (1968), 137–174.

[14] KREIN, S. G., PETUNIN, J. J., Skalen von BANACH-Räumen. Usp. Mat. Nauk **21** (1966), 89–168.

[15] LIONS, J. L., Une construction d'espaces d'interpolation. C. R. Acad. Sci. Paris **251** (1960), 1853–1855.

[16] LIONS, J. L., Sur les espaces d'interpolation; dualité. Math. Scand. **9** (1961), 147–177.

[17] LIONS, J. L., Théorèmes de traces et d'interpolation, I. Ann. Scoula Norm. Sup. Pisa **13** (1959), 389–403.

[17a] LIONS, J. L., MAGENES, E., Problèmes aux limites non homogènes. Dunod, Paris. 1968.

[18] LIONS, J. L., PEETRE, J., Sur une classe d'espaces d'interpolation. Publ. Math. I. H. E. S. **19** (1964), 5–68.

[19] LORENTZ, G. G., Some new functional spaces. Math. Ann. **51** (1950), 37–55.

[20] Löfström, J., Besov spaces in the theory of approximation. Ann. Math. Pura Appl **75** (1970), 93–184.
[21] Magenes, E., Spazi di interpolazione ed equazioni a derivate parziali. Atti dell VII Congresso dell'U. M. I., Genova, 1963.
[22] Oklander, E. T., L_{pq} interpolators and the theorem of Marcinkiewicz. Bull. Amer. Math. Soc. **72** (1966), 49–53.
[23] O'Neil, R., Convolution operators and $L(p\,q)$ spaces. Duke Math. J. **30** (1963), 129–142.
[24] Peetre, J., A theory of interpolation of normed spaces. Vorlesungsausarbeitung, Brasília, 1963 (= Notas de matematica n° 39, 1968).
[25] Peetre, J., On the theory of interpolation spaces. Revista Un. Mat. Argentina **23** (1967), 49–66.
[26] Peetre, J., Espaces d'interpolation, généralisation, applications. Rend. Sem. Mat. Milano **34** (1964), 133–164.
[27] Peetre, J., Sur le nombre de paramètres dans la définition de certains espaces d'interpolation. Ricerche Mat. **12** (1963), 248–261.
[28] Peetre, J., A new approach in interpolation spaces. Studia Math. **34** (1970), 23–42.
[29] Peetre, J., Exact interpolation theorems for Lipschitz continuous functions. Ricerche Mat.
[30] Peetre, J., On interpolation functions, I. Acta Szeged **27** (1966), 167–171.
[31] Peetre, J., On the connection between the theory of interpolation spaces and approximation theory. Budapest – Tagung, Aug. 1969.
[32] Peetre, J., Espaces d'interpolation et théorème de Soboleff. Ann. Inst. Fourier **16** (1966), 279–317.
[33] Peetre, J., Thomée, V., On the rate of convergence for discret initial value problems. Math. Scand. **21** (1967), 159–176.
[34] Pietsch, A., Triebel, H., Interpolationstheorie für Banach-Ideale von beschränkten Operatoren. Studia Math. **31** (1968), 95–109.
[35] Triebel, H., Über die Verteilung der Approximationszahlen kompakter Operatoren. Invent. Math. **4** (1967), 275–293.
[36] Zygmund, A., Trigonometrical series. Cambridge, 1958.

Some classes of operators in BANACH space

by JAAK PEETRE, Lund[1])

(Manuskripteingang: 22. August 1969)

We consider mainly a class of operators in BANACH space which is characterized by the property that the RIESZ means of sufficiently high order of a member of the class are uniformly bounded operators. E.g. elliptic partial differential operators in L^p belong to that class. We indicate applications to approximation theory, FOURIER analysis, BESOV spaces, distribution semigroups etc.

In this talk we give essentially a brief summary of ideas developped in greater detail elsewhere (cf. PEETRE [8], [9], cf. also SPANNE [15]).

Let X be a BANACH space and A an unbounded operator in X with "positive" spectrum. We want to construct a certain *spectral calculus* for A, i.e. define $\Phi(A)$ as a bounded operator in X for all scalar functions $\Phi(\lambda)$ defined on the spectrum, having certain properties. Indeed we shall require also that all the operators $\Phi\left(\frac{A}{t}\right)$ $(t > 0)$ are uniformly bounded, i.e.

$$\sup_{t>0} \left\| \Phi\left(\frac{A}{t}\right) f \right\| < \infty . \tag{1}$$

The interest of condition (1) becomes from the fact that then we can prove using a standard density argument convergence theorems of the type

$$\left\| \Phi\left(\frac{A}{t}\right) f - f \right\| \to 0 , \quad t \to \infty \qquad (\Phi(0) = 1) .$$

Our idea is to start with a particular family $\Phi\left(\frac{A}{t}\right)$, namely the operators corresponding to

$$\Phi(\lambda) = (1-\lambda)_+^{\alpha} = \begin{cases} (1-\lambda)^{\alpha} & \text{if } \lambda \leqq 1 \\ 0 & \text{if } \lambda > 1 \end{cases} \qquad (\alpha \geqq 0) ,$$

i.e.

$$\Phi\left(\frac{A}{t}\right) = \left(1 - \frac{A}{t}\right)_+^{\alpha} \qquad \text{(the RIESZ means)}$$

and use them to build up more general ones. (How the former actually are defined, is immaterial here. In the concrete examples below there is no problem because then X can be imbedded in a larger HILBERT space H and A will be

[1]) Anschrift des Autors:
Professor Dr. Jaak Peetre, Institute of Technology, Department of Mathematics
22007 Lund 7, Sweden

self-adjoint in H so that a spectral calculus (v. NEUMANN) is already available which thus permits us to define the RIESZ means at least as bounded operators from X into H.)

Here is the precise definition

Definition 1. We say that A is of BERNSTEIN *type* in X, of exponent α, if

$$\sup_{t>0} \left\| \left(1 - \frac{A}{t}\right)_+^\alpha \right\| < \infty . \tag{2}$$

Example 1. $X = L_p(\Omega)$ (Ω "measured" d-dimensional manifold; $1 \leqq p \leqq 2$), $A =$ a (formally) self-adjoint (or possibly even quasi-elliptic) partial differential operator of order m. At least if Ω is compact it follows from HÖRMANDER [5], [6] that A is of BERNSTEIN type of exponent

$$\alpha > (d-1)\left(\frac{1}{p} - \frac{1}{2}\right).$$

(Concerning the special case $A = -\Delta$ (LAPLACIAN), $\Omega = R^d$ or T^d corresponding to spherical summability of FOURIER integrals and FOURIER series, see e.g. STEIN [17].)

Example 2. $X = L_p(\Omega)$ ($\Omega =$ interval $\subset R^1$; $1 \leqq p \leqq 2$), A "singular" ordinary differential operator. In many special cases (expansion in LEGENDRE polynomials etc.) it is known that A is of BERNSTEIN type (cf. e.g. ASKEY-HIRSCHMAN [1]).

Which functions can be comprised in the spectral calculus follows from

Theorem 1. *Suppose that A is of* BERNSTEIN *type of exponent α. Then holds*

$$\sup_{t>0} \left\| \Phi\left(\frac{A}{t}\right) \right\| \leqq C \left\| \lambda \frac{d\Phi}{d\lambda} \right\|_{\overset{*}{B}{}_1^{\alpha 1}} \tag{3}$$

Conversely if (3) *holds then A is of* BERNSTEIN *type of exponent $> \alpha$.*

Here generally speaking $\overset{*}{B}{}_\Phi^{\alpha p}$ ($\alpha > 0$, $1 \leqq q \leqq \infty$, $1 \leqq p \leqq \infty$) denote BESOV *spaces* on the multiplicative group $R^* = (0, \infty)$. They can be defined by interpolation:

$$\overset{*}{B}{}_p^{\alpha q} = \left(L_p^*, \overset{*}{W}{}_p^N\right)_{\frac{\alpha}{N}, q}, \qquad (0 < \alpha < N),$$

where L_p^* are the corresponding LEBESGUE *spaces* $\left(\text{multiplicative invariant measure } \frac{d\lambda}{\lambda}!\right)$ and $\overset{*}{W}{}_p^N$ the corresponding SOBOLEV *spaces* $\left(\text{multiplicative invariant differentiation } \lambda\frac{d}{d\lambda}!\right)$. (Concerning interpolation, cf. e.g. PEETRE [10].)

Using th. 1 we can prove the following useful interpolation theorem.

Theorem 2 (essentially STEIN [17]). *Let X_0 and X_1 be two spaces in which acts the same operator A. Suppose that A is of* BERNSTEIN *type of exponent α_i in X_i ($i = 0, 1$). Then A is of* BERNSTEIN *type of exponent $> \alpha = \alpha_0(1-\theta) + \alpha_1\theta$ in $X = F(X_0, X_1)$ where F is any interpolation functor of exponent θ ($0 \leqq \theta \leqq 1$). (E.g. we can take $X = (X_0, X_1)_{\theta q}$ or $X = [X_0, X_1]_\theta$.)*

Remark 1. What is the role of the special function $(1-\lambda)_+^\alpha$. An analysis shows that we can above replace $(1-\lambda)_+^\alpha$ by any function $\Phi(\lambda)$ such that

$$\hat{\Phi}(\xi) = \int_0^\infty \lambda^{-i\xi}\lambda\, \Phi'(\lambda)\frac{d\lambda}{\lambda} \qquad \text{(essentially the MELLIN transform)}$$

satisfies

$$\left|\frac{1}{\hat{\Phi}(\xi)}\right| + \left|\xi\frac{d}{d\xi}\left(\frac{1}{\hat{\Phi}(\xi)}\right)\right| \leqq C\,(1+|\xi|)^\alpha . \tag{4}$$

More generally we can use also functions $\Phi(\lambda)$ such that for some $a > 0$ holds

$$\left|\frac{e^{-a|\xi|}}{\hat{\Phi}(\xi)}\right| + \left|\xi\frac{d}{d\xi}\left(\frac{e^{-a|\xi|}}{\hat{\Phi}(\xi)}\right)\right| \leqq C\,(1+|\xi|)^\alpha . \tag{5}$$

E.g. taking $\Phi(\lambda) = \dfrac{1}{1+\lambda}$ we can characterize operators of BERNSTEIN type by the inequality

$$||\omega\, R(\omega)|| \leqq C\frac{1}{\left(\cos\frac{\Theta}{2}\right)^{1+\alpha}}, \qquad \Theta = \arg\omega\,, \qquad |\Theta| < \pi \tag{6}$$

where $R(\omega) = (A+\omega)^{-1}$ is the *resolvent* of A or taking $\Phi(\lambda) = e^{-\Lambda}$ we obtain a similar characterization in terms of $e^{-\tau A}$; in doing this we get a connection with the theory of distribution *semigroups* (cf. e.g. PEETRE [11]).

Generalized SOBOLEV spaces and generalized BESOV spaces

Let A be an operator of BERNSTEIN type in X. With X we associate the following spaces (if $-\infty < s < \infty$)

$$X^s = D(A^s) \qquad \text{(generalized SOBOLEV space)} \tag{7}$$

and (if $-\infty < s < \infty\,,\ 1 \leqq q \leqq \infty$)

$$X^{sq} = (X^{s_0}, X^{s_1})_{\theta q} \qquad \left(s = (1-\theta)\,s_0 + \theta_{s_1}\,,\quad 0 < \theta < 1\right) \qquad \text{(generalized BESOV space)} \tag{8}$$

(It is possible — under suitable auxiliary assumptions (cf. remark 3) — to obtain also X^s by interpolation, indeed one can show that

$$X^s = [X^{s_0}, X^{s_1}]_\theta\,.) \tag{9}$$

The terminology is motivated by the fact that in the case of ex. 1 X^s reduces to the usual (fractional) SOBOLEV space H_p^σ (or to W_p^σ if σ integer) and X^{sq} reduces to the usual BESOV space $B_p^{\sigma q}$, $\sigma = s\,m$.

The following alternative non-interpolation characterization of X^{sq} is of importance. We choose some sufficiently differentiable function $\psi(\lambda)$ with support in $I = (2^{-1}, 2)$ and set

$$\psi_k(\lambda) = \psi\left(\frac{\lambda}{2^k}\right) \qquad (k = 0, \pm 1, \pm 2, \ldots)\,. \tag{10}$$

Then the support of $\psi_k(\lambda)$ is contained in $I_k = (2^{k-1}, 2^{k+1})$.

Theorem 3. *$f \in X^{sq}$ if and only if $\psi_k(A) f \in X$ for all k and moreover*

$$\left(\sum_{k=-\infty}^{\infty} (2^{ks} \, ||\psi_k(A) f||_X)^q\right)^{1/q} < \infty . \tag{11}$$

Remark 2. If $0 < s < N$, N integer, we can in place of the present functions $\psi_k(\lambda)$ use the functions $(e^{i 2^k \lambda} - 1)^N$. This connects our approach with the usual definition of BESOV spaces (cf. e.g. BESOV [2]). However the use of locally finite "partitions of unity" $\psi_k(\lambda)$ has considerable advantages (cf. e.g. PEETRE [12], [13], LÖFSTRÖM [7], BOMAN-SHAPIRO [3]).

Applications to approximation theory

Let X and A be as before. We introduce

$$E(t, f) = \inf ||f - g|| \quad (\text{"best approximation"})$$

where the inf is extended over all g with sp. $(g) \subset \{\lambda \leqq t\}$ (sp. = spectrum), i.e. we have $\Phi(A)\, g = 0$ if the support of Φ is contained in $\lambda > t$. We have now also the following characterization of X^{sq} which essentially reduces to classical theorems on approximation by entire functions of exponential type or trigonometrical polynomials, originating from JACKSON and BERNSTEIN, if we specialize as in ex. 1 $A = -\Delta$, $X = L_p(R^d)$ or $X = L_p(T^d)$.

Theorem 4. Let $s > 0$. *$f \in X^{sq}$ if and only if*

$$\left(\int_0^{\infty} (t^s \, E(t, f))^q \, \frac{dt}{t}\right)^{1/q} < \infty . \tag{12}$$

Other applications to approximation theory can be made along the lines of STEIN's thesis [17] (using our th. 2).

On multipliers

We introduce spaces M and $\widetilde{M}$ corresponding to the norms

$$||\Phi||_M = ||\Phi(A)||_{X^s} = \sup_{f \neq 0} \frac{||\Phi(A) f||_{X^s}}{||f||_{X^s}}$$

and

$$||\Phi||_{\widetilde{M}} = ||\Phi(A)||_{X^{sq}} = \sup_{f \neq 0} \frac{||\Phi(A)||_{X^{sq}}}{||f||_{X^{sq}}} .$$

It is easy to check independence of the parameters (up to an equivalence of norm!). If $\Phi \in M$ ($\Phi \in \widetilde{M}$) we say that Φ is a *multiplier* on $X^s (X^{sq})$. If A is of BERNSTEIN type in X of exponent α we get a sufficient condition for Φ to be a multiplier on X^s with the aid of th. 1

$$\lambda \frac{d\Phi}{d\lambda} \in \overset{*}{B}{}_1^{\alpha 1} \Rightarrow \Phi \in M . \tag{13}$$

Note also that

$$\Phi \in M \Rightarrow \Phi \in \tilde{M} . \tag{14}$$

The following theorem gives a complete characterization of multipliers on X^{sq}. Let ψ_k be as before.

Theorem 5 (essentially HARDY-LITTLEWOOD [4]; cf. e.g. STEIN-ZYGMUND [18]). *$\Phi \in \tilde{M}$ if and only if*

$$\sup_k \|\psi_k \Phi\|_M < \infty . \tag{15}$$

In combination again with th. 1 this yields

Corollary. *We have*

$$\sup_{t>0} \left\| \Phi\left(\frac{A}{t}\right) \right\|_{X^{sq}} \leq C \sup_k \|\psi_k \Phi\|_{B_1^{\alpha+1,1}}^* \tag{16}$$

and in particular

$$\sup_{t>0} \left\| \Phi\left(\frac{A}{t}\right) \right\|_{X^{sq}} \leq C \sup_{0<M<N} \sup_\lambda \left| \left(\lambda \frac{d}{d\lambda}\right)^M \Phi(\lambda) \right| , \quad N > \alpha + 1 . \tag{17}$$

A new class of operators

If we compare (3) and (16) we are lead to the following definition.

Definition 2. We say that A is of MARCINKIEWICZ *type* in X of exponent α if

$$\sup_{t>0} \left\| \Phi\left(\frac{A}{t}\right) \right\| \leq C \sup_k \|\psi_k \Phi\|_{B_1^{\alpha+1,1}}^* . \tag{18}$$

Clearly if A is of MARCINKIEWICZ type then A is also of BERNSTEIN type but the converse is not true. For the corollary of th. 5 follows that if A is of BERNSTEIN type in X then it is of MARCINKIEWICZ type in X^{sq}. An important instance of operators of MARCINKIEWICZ type if obtained when X and A are as in ex. 1, excluding however the extremal case $p = 1$ (cf. SPANNE [14], [15]).

We have the following analogue of th. 3.

Theorem 6 (essentially HARDY-LITTLEWOOD; cf. SPANNE [14], [15]). *Let A be of* MARCINKIEWICZ *type in $X = L_p(\Omega)$ (Ω = any "measured" space, $1 \leq p \leq 2$). Then $f \in X^s$ if and only if*

$$\left\| \left(\sum_{k=-\infty}^{\infty} \left(2^{ks} |\psi_k(A) f|\right)^2 \right)^{1/2} \right\| < \infty . \tag{19}$$

Remark 3. An intermediate class of operators, which we might call operators of MELLIN *type*, is also of some interest. They are defined by the requirement that

$$\|A^{i\xi}\| \leq C (1 + |\xi|)^\beta \tag{20}$$

or equivalently

$$\|\Phi(A)\| \leq C \int_{-\infty}^{\infty} (1 + |\xi|)^\beta |\hat{\Phi}(\xi)| \, d\xi \tag{21}$$

where $\hat{\Phi}(\xi)$ denotes the Mellin transform of $\Phi(\lambda)$

$$\hat{\Phi}(\xi) = \int_0^\infty \lambda^{i\xi}\Phi(\lambda)\frac{d\lambda}{\lambda}.$$

We have

$$\text{Marcinkiewicz} \underset{\not\Leftarrow}{\Rightarrow} \text{Mellin} \underset{\not\Leftarrow}{\Rightarrow} \text{Bernstein}.$$

Note e.g. that a condition of the type (20) is needed for the proof of (9).

On applications to Fourier integrals and Fourier series

We conclude by observing that if we apply the previous ideas systematically in the case $A = -\Delta$, $X = L_p(R^d)$ or $X = L_p(T^d)$ (cf. ex. 1), we can also get a simplified treatment of certain results for Fourier multipliers due to Stein and others (cf. e.g. Stein [16]). We lastly also point out that our choice of names for our classes of operators is motivated by the connection (obvious) with the classical multiplier theorems due to Bernstein and Marcinkiewicz (cf. e.g. Zygmund [19]).

References

[1] Askey, R., Hirschman Jr., I. I., Mean summability for ultraspherical polynomials. Math. Scand. **12** (1963), 167–177.

[2] Besov, O. V., Investigation of a family of function spaces in connection with theorems of embedding and continuation. Trudy Mat. Inst. Steklov **60** (1961), 42–81.

[3] Boman, J., Shapiro, H. S., Comparison theorems for generalized modulus of continuity. Wird veröffentlicht in Ark. Mat.

[4] Hardy, G. H., Littlewood, J. C., Theorems concerning the mean values of analytic or harmonic functions. Quart. J. Math. **12** (1941), 221–256.

[5] Hörmander, L., On the Riesz means of spectral functions and eigenfunction expansions for elliptic differential operators. Recent Advances in the Basic Siences, Yeshiva University Conference, November 1966, 155–202.

[6] Hörmander, L., The spectral function of an elliptic operators. Acta Math. **121** (1968), 193–218.

[7] Löfström, J., Besov spaces in the theory of approximation. Ann. Mat. Pura Appl. **75** (1970), 93–184.

[8] Peetre, J., Operatorer av ändlig Riesz ordning. Vorlesungsausarbeitung Lund, 1966.

[9] Peetre, J., Some classes of operators in Banach space (in Vorbereitung). (Englischer Auszug aus [8].)

[10] Peetre, J., Interpolationsräume. Dieser Bericht, 93–101.

[11] Peetre, J., Sur la théorie des semi-groupes distributions. Collège de France, Seminaire sur les équations aux dérivées partielles, II, novembre 1963 – mai 1964, 76–99.

[12] Peetre, J., Funderingar om Besov rum. Vorlesungsausarbeitung Lund, 1966.

[13] Peetre, J., On the theory of $\mathcal{L}_{p\lambda}$ spaces. J. Functional Anal. **4** (1969), 71–87.

[14] Spanne, S., Propriétés des développements en fonctions propres des opérateurs elliptiques et des solutions d'un problème de Dirichlet. C. R. Acad. Sci. Paris **264** (1967), 823–825.

[15] Spanne, S., Operational calculi and interpolation (in Vorbereitung).

[16] Stein, E. M., Localization and summability of multiple Fourier series. Acta Math. **100** (1958), 93–147.

[17] Stein, E. M., Interpolation in polynomial classes and Markoff's inequality. Duke Math. J. **24** (1957), 467–476.
[18] Stein, E. M., Zygmund, A., Boundedness of translation invariant operators on Hölder spaces and L^p-spaces. Ann. Math. **85** (1967), 337–349.
[19] Zygmund, A., Trigonometrical series. Cambridge, 1958.

Zur Lösung eines Systems singulärer Integralgleichungen mit entartetem Symbol

von SIEGFRIED PRÖSSDORF, Karl-Marx-Stadt[1])

(Manuskripteingang: 22. August 1969)

Es wird ein System eindimensionaler singulärer Integralgleichungen mit CAUCHYschen Kernen betrachtet, für das die Elliptizitätsbedingung in einer endlichen Anzahl von Punkten verletzt wird. Die Nullstellen des Symbols werden als ganzzahlig angenommen.

Für ein solches System wird der Begriff der Teilindizes eingeführt und die allgemeine Lösung konstruiert. In Abhängigkeit von den Teilindizes und den Ordnungen der Nullstellen des Symbols wird die Zahl der linear unabhängigen Lösungen sowie die Zahl der Lösbarkeitsbedingungen bestimmt. Für den betrachteten singulären Operator kann dann die normale Auflösbarkeit in einem Paar von Funktionsräumen bewiesen und die Indexformel angegeben werden.

1. In diesem Vortrag wird ein System eindimensionaler singulärer Integralgleichungen mit CAUCHYschen Kernen der Gestalt

$$A\,\varphi = a(t)\,\varphi(t) + \frac{b(t)}{\pi i}\int_\Gamma \frac{\varphi(\tau)}{\tau - t}\,d\tau = f(t) \qquad (t \in \Gamma) \tag{1}$$

untersucht, für das die Elliptizitätsbedingung

$$\det\,[a(t) + b(t)] \cdot \det\,[a(t) - b(t)] \neq 0 \qquad (t \in \Gamma) \tag{2}$$

in endlich vielen Punkten verletzt wird; die Vielfachheiten der Nullstellen dieser Determinanten werden als ganzzahlig angenommen. Dabei bedeutet Γ ein Kurvensystem, das aus endlich vielen geschlossenen, hinreichend glatten, orientierten JORDAN-Kurven ohne gemeinsame Punkte besteht, welche von links ein zusammenhängendes endliches Gebiet G_+ beranden; $a(t)$ und $b(t)$ sind quadratische, n-reihige Matrizen mit Elementen aus $H_\lambda(\Gamma)$ $(0 < \lambda < 1)$ (Raum der auf Γ definierten und bezüglich λ HÖLDER-stetigen komplexwertigen Funktionen). Die gegebene Vektorfunktion $f(t)$ gehört dem Raum $H_\lambda^{(n)}(\Gamma)$ (aller n-dimensionalen Vektorfunktionen mit Komponenten aus $H_\lambda(\Gamma)$) an, und die Lösung $\varphi(t)$ wird ebenfalls im Raum $H_\lambda^{(n)}(\Gamma)$ gesucht.

Für ein solches System wird der Begriff der Teilindizes eingeführt und in Abhängigkeit von diesen die Anzahl der linear unabhängigen Lösungen sowie die Anzahl der Lösbarkeitsbedingungen bestimmt. Schließlich wird die allgemeine Lösung des Systems (1) konstruiert.

---

[1]) Anschrift des Autors:
Prof. Dr. Siegfried Prößdorf, Technische Hochschule Karl-Marx-Stadt
Sektion Mathematik
DDR — 90 Karl-Marx-Stadt, Straße der Nationen 62

Für den Fall $n = 1$ wurde dieses Problem von F. D. Gachow (vgl. [1]) vollständig gelöst. Im Falle $n > 1$ konnten bei der Berechnung der Lösungszahl bisher nur qualitative Aussagen über die Unabhängigkeit dieser Zahl von den Nullstellen der Determinante der Matrix $d(t) = a(t) - b(t)$ sowie über eine mögliche Verringerung derselben bei dem Auftreten von Nullstellen in der Determinante der Matrix $c(t) = a(t) + b(t)$ gemacht werden (vgl. [2]).

Das hier angegebene Lösungsverfahren stellt eine Modifikation einer von Gachow in [2] benutzten Methode dar und besteht in der Zerlegung der singulären Matrizen $c(t)$ und $d(t)$ in Produkte zweier Matrizen, von denen die eine regulär ist und die Elemente der anderen Matrix ganze rationale Funktionen sind. — Aus den gewonnenen Ergebnissen ergibt sich leicht die normale Auflösbarkeit des singulären Integraloperators A in einem Paar von Funktionenräumen sowie die Formel für den Index dieses Operators.

2. Der einfacheren Schreibweise sowie einer übersichtlicheren Darstellung wegen nehmen wir an, daß die Determinanten

$$\gamma(t) = \det c(t)\,, \qquad \delta(t) = \det d(t)$$

auf Γ je eine Nullstelle in den Punkten $t = \alpha$ bzw. $t = \beta$ besitzen; die ganzen Zahlen μ bzw. ν seien die Vielfachheiten dieser Nullstellen.

Über die in die Gleichung (1) eingehenden Vorgaben machen wir folgende Voraussetzungen:

a) Die Elemente der Matrizen $a(t)$ und $b(t)$ besitzen in einer gewissen Umgebung der Punkte α und β auf Γ Ableitungen bis zur Ordnung 3μ bzw. 3ν einschließlich, welche Hölder-stetig bezüglich λ sind;

b) die Komponenten von $f(t)$ genügen der Bedingung a) mit μ und ν an Stelle von 3μ bzw. 3ν.

Es seien $(t - \alpha)^{\mu_k}$ (bzw. $(t - \beta)^{\nu_k}$) $(k = 1, \ldots, n)$ die Elementarteiler der Matrix $c(t)$ (bzw. $d(t)$) bezüglich des Punktes α (bzw. β); dann gilt

$$\sum_{k=1}^{n} \mu_k = \mu\,, \qquad \sum_{k=1}^{n} \nu_k = \nu\,.$$

Mit Hilfe elementarer Operationen für Matrizen läßt sich bekanntlich die Matrix $c(t)$ in folgender Form darstellen (man vgl. z. B. [2], §§ 3 und 7):

$$c(t) = c_0(t)\, h(t)\,. \tag{3}$$

Dabei ist $c_0(t)$ für alle $t \in \Gamma$ eine reguläre Matrix, deren Elemente der Bedingung a) mit 2μ an Stelle von 3μ genügen; $h(t) = F(t)\, U(t)$ mit $F(t) = \|(t-\alpha)^{\mu_k}\delta_{kl}\|_{k,l=1}^{n}$ und einer Polynommatrix $U(t)$, deren Determinante identisch Eins ist.

Analog erhält man

$$c_0^{-1}(t)\, d(t) = k(t)\, \Delta(t)\,, \tag{4}$$

wobei $\Delta(t)$ eine für alle $t \in \Gamma$ reguläre Matrix ist, deren Elemente zur Klasse $H_\lambda(\Gamma)$ gehören und die Bedingung a) mit μ und ν an Stelle von 3μ bzw. 3ν erfüllen; $k(t) = V(t)\, G(t)$ mit $G(t) = \|(t - \beta)^{\nu_k}\delta_{kl}\|_{k,l=1}^{n}$ und einer Polynommatrix $V(t)$, deren Determinante ebenfalls identisch Eins ist.

Bemerkung 1. Die Matrix $c_0(t)$ (entsprechend $\Delta(t)$) ist offenbar nur bis auf Multiplikation von rechts (entsprechend von links) mit einer Polynommatrix $R(t)$, $\det R(t) \equiv 1$, eindeutig bestimmt. Folglich ist $R(t)\,\Delta(t)$ die allgemeine Form des zweiten Faktors in (4) bei beliebigen Darstellungen (3) und (4), wenn $\Delta(t)$ irgendeinen dieser Faktoren bedeutet.

Im weiteren nehmen wir an, daß das Gebiet G_+ den Ursprung der komplexen Ebene enthält. Mit G_- bezeichnen wir die Punktmenge, die $G_+ \cup \Gamma$ zur Vollebene ergänzt.

Die Matrix $\Delta(t)$ gestattet bekanntlich [3] eine linke Standardfaktorisierung (vgl. auch [8]):

$$\Delta(t) = \Delta_+(t)\, D(t)\, \Delta_-(t) \qquad (t \in \Gamma)\,, \tag{5}$$

wobei $D(t)$ eine Diagonalmatrix der Gestalt $D(t) = \|t^{\varkappa_i}\delta_{ij}\|_1^n$ und $\varkappa_1 \geqq \varkappa_2 \geqq \cdots \geqq \varkappa_n$ ganze Zahlen (die sogenannten (linken) Teilindizes der Matrix $\Delta(t)$) bedeuten; $\Delta_\pm(t)$ sind Matrizen mit Elementen der Klasse $H_\lambda(\Gamma)$ [1]), welche in das Gebiet $G_\pm$ hinein analytisch fortsetzbar sind, und dabei gilt

$$\det \Delta_+(z) \neq 0 \; (z \in G_+)\,, \qquad \det \Delta_-(z) \neq 0 \; (z \in G_-)\,.$$

Die Zahlen $\varkappa_i$ nennen wir die *Teilindizes* und die Zahl

$$\varkappa = \sum_{i=1}^{n} \varkappa_i = \frac{1}{2\pi} \int_\Gamma d_t \arg\left[\frac{(t-\alpha)^\mu}{(t-\beta)^\nu} \cdot \frac{\delta(t)}{\gamma(t)}\right]$$

den *Gesamtindex* des Systems (1) (oder des Operators A). Die Korrektheit dieser Definition ergibt sich aus der Bemerkung 1 und dem folgenden Hilfssatz:

Hilfssatz. *Die (linken) Teilindizes der Matrizen $\Delta(t)$ und $R(t)\,\Delta(t)$ stimmen für eine beliebige Polynommatrix $R(t)$, mit* $\det R(t) \equiv 1$, *überein.*

Der Beweis dieser Behauptung verläuft analog zum Beweis des Satzes 7.1 der Arbeit von Gochberg und Krein [4].

Bemerkung 2. In der Theorie von Systemen singulärer Integralgleichungen, für welche die Bedingung (2) erfüllt ist, bezeichnet man gewöhnlich als Teilindizes des Systems (1) die (linken) Teilindizes der Matrix $c^{-1}(t)\, d(t)$ (vgl. [3]). Berücksichtigt man außerdem, daß sich in dem oben betrachteten Fall die Matrix $d(t)$, analog zur Matrix $c(t)$, in der Form (3): $d(t) = d_0(t)\, l(t)$ mit $\det d_0(t) \neq 0$, darstellen läßt, so erscheint es zunächst natürlich, hier die Teilindizes des Systems (1) als die (linken) Teilindizes der regulären Matrix $c_0^{-1}\, d_0$ enzuführen. Wie jedoch schon das folgende einfache Beispiel zeigt, ändern sich im allgemeinen die linken Teilindizes der Matrix $c_0^{-1}\, d_0$, wenn man $d_0(t)$ durch eine Matrix der Gestalt $d_0(t)\, R(t)$ ersetzt ($R(t)$ bedeutet dasselbe wie im vorangegangenen Hilfssatz).

Beispiel 1. Es sei Γ der Einheitskreis $|t| = 1$, $n = 2$ und

$$c_0(t) = \begin{pmatrix} 1 & 0 \\ 0 & 1 \end{pmatrix}, \quad d_0(t) = \begin{pmatrix} t^2 & 0 \\ 0 & t^{-1} \end{pmatrix}, \quad R(t) = \begin{pmatrix} 1 & 0 \\ t & 1 \end{pmatrix}.$$

---

[1]) Mit Hilfe der Ergebnisse von [8] kann man zeigen, daß die Elemente dieser Matrizen außerdem der Bedingung b) genügen.

Dann sind die Teilindizes der Matrix $c_0^{-1} d_0$ gleich 2 und -1. Dagegen sind die Teilindizes der Matrix

$$d_0(t)\, R(t) = \begin{pmatrix} 1 & t^2 \\ 0 & 1 \end{pmatrix} \begin{pmatrix} t & 0 \\ 0 & 1 \end{pmatrix} \begin{pmatrix} 0 & -1 \\ 1 & t^{-1} \end{pmatrix}$$

gleich 1 und 0.

3. Es mögen jetzt $\varkappa_i$ die soeben definierten Teilindizes des Systems (1) bezeichnen, und es sei

$$\varkappa_1 \geqq \varkappa_2 \geqq \cdots \geqq \varkappa_p > 0 \geqq \varkappa_{p+1} \geqq \cdots \geqq \varkappa_n$$

(wenn alle $\varkappa_i$ positiv sind, so ist $p = n$; sind sie alle nichtpositiv, so wollen wir $p = 0$ annehmen). Des weiteren setzen wir

$$\varkappa_+ = \sum_{i=1}^{p} \varkappa_i\,, \qquad \varkappa_- = \sum_{i=p+1}^{n} \varkappa_i\,.$$

Dann gilt offenbar

$$\varkappa_+ + \varkappa_- = \varkappa\,.$$

Mit $a_{ij}(t)$ $(i, j = 1, \ldots, n)$ bezeichnen wir die Elemente der Matrix $k(t) \cdot \Delta_+(t)$ und mit K die folgende Dreiecksmatrix:

$$K = \begin{pmatrix} K_{11} & 0 & 0 & & 0 \\ K_{21} & K_{22} & 0 & & 0 \\ \cdot & \cdot & \cdot & \cdots & \cdot \\ K_{m1} & K_{m2} & & \cdot & K_{mm} \end{pmatrix}.$$

Dabei ist $m = \max \mu_k$ $(k = 1, \ldots, n)$, und K_{ij} $(i = 1, \ldots, m;\ j \leqq i)$ bedeutet eine Zahlenmatrix, die aus folgenden Elementen besteht: $\binom{i-1}{j-1}\, a_{kl}^{(i-j)}(\alpha)$ für alle $k = 1, \ldots, n$ mit $\mu_k \geqq i$ und alle $l = 1, \ldots, p$ mit $\varkappa_l \geqq j$.[1]) Sei ϱ_i die Anzahl der Zeilen und σ_j die Anzahl der Spalten der Matrix K_{ij}. Offenbar ist K eine Matrix mit

$$\sum_{i=1}^{m} \varrho_i = \sum_{k=1}^{n} \mu_k = \mu$$

Zeilen und

$$\sum_{l=1}^{m} \sigma_i = \sum_{l=1}^{p} \min(\varkappa_l, m)$$

Spalten.[2])

Satz 1. *Sei $r = $ Rang K und $\alpha(A)$ die Anzahl der linear unabhängigen Lösungen der Gleichung $A\varphi = 0$. Dann gilt*

$$\alpha(A) = \begin{cases} \varkappa_+ - r & \text{falls} \quad \varkappa_+ > r \\ 0 & \text{falls} \quad \varkappa_+ \leqq r\,. \end{cases}$$

---

[1]) Im Falle $m = 0$ bzw. $p = 0$ sei K die Nullmatrix.

[2]) Die letzten beiden Beziehungen lassen sich mit Hilfe elementarer Überlegungen leicht nachprüfen.

Beweis. Wir führen zunächst folgende Bezeichnungen ein:

$$(S\varphi)(t) = \frac{1}{\pi i}\int\limits_{\Gamma}\frac{\varphi(\tau)}{\tau - t}\,d\tau\,, \qquad P = 1/2\,(I + S)\,, \qquad Q = 1/2\,(I - S)\,.$$

Dann gilt bekanntlich [3]

$$P^2 = P\,, \quad Q^2 = Q\,, \quad P\,Q = Q\,P = 0\,, \tag{6}$$

und P (entsprechend Q) ist der Projektionsoperator des Raumes $H_\lambda^{(n)}(\Gamma)$ auf den Teilraum von $H_\lambda^{(n)}(\Gamma)$, dessen Elemente Randwerte einer in G_+ holomorphen (bzw. einer in G_- holomorphen und im Unendlichen verschwindenden) Vektorfunktion sind.

Sei jetzt $\varphi(t) \in H_\lambda^{(n)}(\Gamma)$ Lösung der Gleichung

$$A\,\varphi = c(t)\,P\,\varphi + d(t)\,Q\,\varphi = 0\,. \tag{7}$$

Unter Berücksichtigung der Darstellungen (3) bis (5) erhalten wir aus (7) durch elementare Umformungen die Beziehung

$$\varDelta_+^{-1}(t)\,\tilde{k}(t)\,h(t)\,P\,\varphi = -\,(t - \beta)^\nu\,D(t)\,\varDelta_-(t)\,Q\,\varphi\,.$$

Dabei ist $\tilde{k}$ die Matrix $||B_{ji}||_1^n$, wenn B_{ij} die Adjunkte zum Element b_{ij} in der Determinante von $k(t)$ bezeichnet.

Die linke Seite der letzten Gleichung stellt ein Element des Teilraumes $P\,H_\lambda^{(n)}(\Gamma)$ dar. Subtrahiert man von der rechten Seite einen geeignet gewählten Polynomvektor $q(t)$, wobei der Grad der i-ten Komponente von $q(t)$ nicht größer als $\varkappa_i + \nu - 1$ sein darf, so erhält man ein Element des Teilraumes $Q\,H_\lambda^{(n)}(\Gamma)$. Durch Anwendung der Operatoren P und Q auf beide Seiten der letzten Gleichung ergibt sich somit unter Berücksichtigung der Beziehungen (6):

$$\varDelta_+^{-1}(t)\,\tilde{k}(t)\,h(t)\,P\,\varphi = q(t)\,, \tag{8}$$

$$(t - \beta)^\nu\,D(t)\,\varDelta_-(t)\,Q\,\varphi = -\,q(t)\,. \tag{9}$$

Da aber $Q\,\varphi \in H_\lambda^{(n)}(\Gamma)$ ist, so folgt aus der Formel (9), daß $q(t)$ im Punkt $t = \beta$ eine Nullstelle der Ordnung ν besitzt. Es gilt also

$$q(t) = (t - \beta)^\nu\,s(t)\,.$$

Dabei bedeutet $s(t)$ einen Vektor der Gestalt $s(t) = \big(s_1(t), \ldots, s_p(t), 0, \ldots, 0\big)$ und $s_l(t)$ $(l = 1, \ldots, p)$ ist ein Polynom von höchstens $(\varkappa_l - 1)$-tem Grade.

Aus der Gleichung (8) erhalten wir nun

$$h(t)\,P\,\varphi = k(t)\,\varDelta_+(t)\,s(t)\,.$$

Wegen $P\,\varphi \in H_\lambda^{(n)}(\Gamma)$ muß dann der Polynomvektor $s(t)$ folgender Bedingung B_1 genügen: Die Vektorfunktion $h^{-1}(t)\,k(t)\,\varDelta_+(t)\,s(t)$ ist auf Γ beschränkt.

Bei beliebiger, der Bedingung B_1 entsprechender Wahl des Polynomvektors $s(t)$ stellt die Funktion

$$\varphi = P\,\varphi + Q\,\varphi = [h^{-1}\,k\,\varDelta_+ - \varDelta_-^{-1}\,D^{-1}]\,s(t) \in H_\lambda^{(n)}(\Gamma)\,, \tag{10}$$

wie man leicht unmittelbar nachprüft, eine Lösung der Gleichung (7) dar.

Unter Berücksichtigung der Darstellungen für die Matrizen $h(t)$ und $k(t)$ (siehe oben) erkennt man leicht, daß die Bedingung B_1 dem folgenden System von Kongruenzen äquivalent ist:

$$\sum_{l=1}^{p} a_{kl}(t)\, s_l(t) \equiv 0 \quad \left(\operatorname{mod} (t-\alpha)^{\mu_k}\right) \quad (k = 1, \ldots, n). \tag{11}$$

Schreibt man nun jede Bedingung der Gestalt $u(t) \equiv 0 \ \left(\operatorname{mod} (t-\alpha)^{\sigma}\right)$ als Gleichungssystem

$$u(\alpha) = 0\,, \quad u^{(1)}(\alpha) = 0\,, \ldots, u^{(\sigma-1)}(\alpha) = 0\,,$$

so erhält man für (11) ein homogenes lineares Gleichungssystem mit den Unbekannten $s_1(\alpha), \ldots, s_p(\alpha), \ldots, s_1^{(m-1)}(\alpha), \ldots, s_{\sigma_m}^{(m-1)}(\alpha)$ und der Koeffizientenmatrix K. Folglich ist $r = \operatorname{Rang} K$ gleich der Anzahl der linear unabhängigen Bedingungen, denen der Vektor $s(t)$ auf Grund der Bedingung B_1 genügen muß. Berücksichtigt man schließlich, daß die Anzahl der Koeffizienten im Polynomvektor $s(t)$ insgesamt gleich $\varkappa_+$ ist, so ergibt sich daraus die Behauptung des Satzes 1.

Gleichzeitig wurde der folgende Satz bewiesen.

Satz 2. *Die allgemeine Lösung des homogenen Systems* (7) *wird durch die Formel* (10) *dargestellt, wobei $s(t)$ einen beliebigen Polynomvektor von oben beschriebener Gestalt bedeutet, der die Bedingung B_1 oder, was dasselbe ist, das System* (11) *erfüllt.*

Bemerkung 3. Besitzen die Determinanten $\gamma(t)$ und $\delta(t)$ auf Γ mehrere Nullstellen, so hat man die Matrizen der Form K für sämtliche Nullstellen der Funktion $\gamma(t)$ einzuführen. Der Satz 1 behält in diesem Fall seine Gültigkeit, wenn man mit r die Summe der Ränge dieser Matrizen bezeichnet.

Wir erwähnen jetzt einige Spezialfälle des Satzes 1, in denen sich der Rang r der Matrix K unmittelbar angeben läßt.

Folgerung 1. Besitzt die Determinante $\gamma(t)$ keine Nullstellen auf Γ, dann ist $\alpha(A) = \varkappa_+$.

Folgerung 2. Sind alle Teilindizes $\varkappa_i$ nichtpositiv, so ist $\alpha(A) = 0$; gilt $\varkappa_i \geqq m$ $(i = 1, \ldots, n)$ und $\alpha \neq \beta$, so ist $r = \mu$.
Im letzteren Falle ergibt sich nämlich $\sigma_i = p = n$, $\operatorname{Rang} K_{ii} = \varrho_i$.

Folgerung 3. Gilt $\mu_k = \mu_0$ $(k = 1, \ldots, n)$ und $\alpha \neq \beta$, so ist $r = \sum_{l=1}^{p} \min(\varkappa_l, \mu_0)$.
In diesem Fall ist nämlich $m = \mu_0$, $\varrho_i = n$, $\operatorname{Rang} K_{ii} = \sigma_i$.

Folgerung 4. Gilt $\mu_k = \mu_0$, $\varkappa_i > 0$ $(i, k = 1, \ldots, n)$ und $\alpha = \beta$, dann ist $r = \sum_{\nu_k < \mu_0} (\mu_0 - \nu_k)$ ($r = 0$, falls $\nu_k \geqq \mu_0$ für alle k).

Wir betrachten nun ein Beispiel, das keinem der in den vorstehenden Folgerungen betrachteten Spezialfälle entspricht.

Beispiel 2. Es sei Γ der Einheitskreis $|t| = 1$, $n = 2$ und

$$c(t) = \begin{pmatrix} (t-1)^2 & 0 \\ 0 & t-1 \end{pmatrix}, \quad d(t) = \begin{pmatrix} t^2 & 0 \\ 0 & t^{-1} \end{pmatrix}.$$

Dann gilt: $\nu = 0$, $\mu = 3$, $m = \mu_1 = 2$, $\mu_2 = 1$; $p = 1$; $\varkappa_1 = 2$, $\varkappa_2 = -1$; $k(t)\,\Delta_+(t) = E$,

$$K_{11} = \begin{pmatrix} 1 \\ 0 \end{pmatrix}, \quad K_{21} = 0, \quad K_{22} = 1; \quad r = 2, \alpha(A) = 2 - 2 = 0.$$

4. Wir betrachten jetzt die inhomogene Gleichung (1). Wenn $\varphi \in H_\lambda^{(n)}(\Gamma)$ eine beliebige Lösung dieser Gleichung ist (falls eine solche überhaupt existiert), so erhalten wir, ähnlich wie im homogenen Fall, durch Anwendung der Operatoren P und Q auf die Gleichung (1) nach einigen vorausgegangenen elementaren Umformungen die Beziehungen

$$\Delta_+^{-1}(t)\,\tilde{k}(t)\,h(t)\,P\varphi = P g + q(t), \tag{12}$$

$$(t-\beta)^\nu D(t)\,D_-(t)\,Q\varphi = Q g - q(t) \tag{13}$$

mit $g = \Delta_+^{-1}(t)\,\tilde{k}\,c_0^{-1} f$ und der beim Beweis des Satzes 1 eingeführten Vektorfunktion $q(t)$.

Wegen $Q\varphi \in H_\lambda^{(n)}(\Gamma)$ ergibt sich aus der letzten Beziehung, daß die Vektoren $g(t)$ und $q(t)$ folgende Bedingung erfüllen müssen:

$$(Q g)(t) - q(t) \equiv 0 \quad \left(\mathrm{mod}\,(t-\beta)^\nu\right). \tag{14}$$

Aus (12) folgt, analog zum homogenen Fall, die Bedingung B_2: Die Vektorfunktion

$$h^{-1}(t)\,[c_0^{-1} f - k\,\Delta_+\,(t-\beta)^{-\nu}\,(Q g - q)]$$

muß auf Γ beschränkt sein.

Gilt schließlich noch $\varkappa_k < -\nu$ für ein gewisses $k = p+1, \ldots, n$, so ist die k-te Komponente des Vektors q gleich Null; die k-te Komponente des Vektors $(t-\beta)^{-\nu} D^{-1} Q g$ besitzt im Unendlichen einen Pol der Ordnung $-(\varkappa_k + \nu)$. Wie aber aus der Beziehung (13) unmittelbar folgt, muß dieser Vektor im Unendlichen verschwinden. Wenn also $g = (g_1, g_2, \ldots, g_n)$ ist, dann müssen in der LAURENT-Entwicklung

$$-\int_\Gamma \frac{g_k(\tau)}{\tau - z}\,d\tau = \sum_{m=0}^{\infty} z^{-(m+1)} \int_\Gamma \tau^m g_k(\tau)\,d\tau$$

die ersten $-(\varkappa_k + \nu)$ Koeffizienten verschwinden. Daraus ergeben sich folgende Lösbarkeitsbedingungen für die rechte Seite f der Gleichung (1):

$$\int_\Gamma \tau^m g_k(\tau)\,d\tau = 0, \quad m = 0, \ldots, -(\varkappa_k + \nu + 1), \tag{15}$$

für alle $k = p+1, \ldots, n$, für welche $\varkappa_k < -\nu$ gilt.

Wir bestimmen nun die Anzahl der Lösbarkeitsbedingungen, die sich aus (14) sowie aus der Bedingung B_2 für die rechte Seite f ergeben. Für die Komponenten $k = 1, \ldots, p$ lassen sich die Bedingungen (14) durch geeignete Wahl der $\varkappa_k + \nu$ willkürlichen Koeffizienten der k-ten Komponente des Polynomvektors $q(t)$ erfüllen. Für die Komponenten $k = p+1, \ldots, n$ dagegen ergeben sich

$$\gamma_k = \begin{cases} -\varkappa_k & \text{falls} \quad \varkappa_k \geqq -\nu \\ \nu & \text{falls} \quad \varkappa_k < -\nu \end{cases}$$

Bedingungen an $Q g$ und somit an f. Folglich ist die Anzahl der Lösbarkeitsbedingungen (14) und (15) für die rechte Seite f gleich $-\varkappa_-$.

Einfache Überlegungen, die im wesentlichen den am Schluß des Beweises von Satz 1 angestellten Betrachtungen analog sind, zeigen, daß die Anzahl der aus der Bedingung B_2 sich ergebenden unabhängigen Lösbarkeitsbedingungen für f gleich $\mu - r$ im Fall $\varkappa_+ > r$ bzw. gleich $\mu - \varkappa_+$ im Fall $\varkappa_+ \leqq r$ ist.

Damit gelangen wir zu folgender Aussage.

Satz 3. *Unter den Voraussetzungen a) und b) ist für die Lösbarkeit der Gleichung* (1) *im Raum* $H_\lambda^{(n)}(\Gamma)$ *notwendig und hinreichend, daß die rechte Seite* f *den Bedingungen* (14), (15) *sowie der Bedingung* B_2 *genügt. Die Anzahl dieser Lösbarkeitsbedingungen ist* $\beta(A) = \alpha(A) + \mu - \varkappa$. *Sind die genannten Bedingungen erfüllt, so ist*

$$\varphi = h^{-1} c_0^{-1} f - [h^{-1} k \Delta_+ - \Delta_-^{-1} D^{-1}] (t - \beta)^{-\nu} (Q g - q)$$

die allgemeine Lösung der Gleichung (1).

Die letzte Behauptung läßt sich leicht unmittelbar nachprüfen.

Bemerkung 3. Es sei $m = \max(\mu, \nu)$ und $C_\lambda^{m,(n)}(\Gamma)$ der Raum der auf Γ m-mal stetig differenzierbaren Vektorfunktionen $\varphi(t)$, wobei $\varphi^{(m)}(t) \in H_\lambda^{(n)}(\Gamma)$ ist. Wenn die Elemente der Matrizen $a(t)$ und $b(t)$ Funktionen der Klasse $C_\lambda^{3m,(1)}(\Gamma)$ sind, dann definiert die Formel

$$\bar{A}\varphi = A\varphi, \quad D(\bar{A}) = \{\varphi \in H_\lambda^{(n)}(\Gamma) : A\varphi \in C_\lambda^{m,(n)}(\Gamma)\}$$

einen abgeschlossenen Operator von $H_\lambda^{(n)}$ in $C_\lambda^{m,(n)}$. Mit Hilfe des Satzes 3 beweist man leicht, daß $\bar{A}$ normal auflösbar ist und den Index

$$\operatorname{Ind} \bar{A} = \alpha(A) - \beta(A) = \varkappa - \mu$$

besitzt. Auf anderem Wege wurden diese Ergebnisse für verschiedene Funktionenräume in den Arbeiten des Verfassers [5—7] bewiesen.

Literatur

[1] Gachow, F. D., Randwertaufgaben. Moskau 1963 (russ.).

[2] Gachow, F. D., Die Riemannsche Randwertaufgabe für ein System von n Funktionenpaaren. Uspechi mathem. nauk VII, **4**, 3—54 (1952) (russ.).

[3] Muschelischwili, N. I., Singuläre Integralgleichungen. Berlin: Akademie-Verlag 1965.

[4] Gochberg, I. Z., Krein, M. G., Systeme von Integralgleichungen auf der Halbgeraden mit Kernen, die von der Differenz der Argumente abhängen. Uspechi mathem. nauk XIII, **2**, 3—72 (1958) (russ.).

[5] Prössdorf, S., Über lineare Gleichungen in Grund- und Distributionsräumen. Doklady Akad. nauk SSSR, **166**, 802—805 (1966) (russ.).

[6] Prössdorf, S., Die Indexformel für ein System eindimensionaler singulärer Integralgleichungen nicht normalen Typs. Math. Z., **106**, 73—80 (1968).

[7] Prössdorf, S., Über eine Klasse singulärer Integralgleichungen nicht normalen Typs. Math. Ann. **183**, 130—150 (1969).

[8] Budjanu M. S., Gochberg I. Z., Allgemeine Sätze über Faktorisierung von Matrix-Funktionen. II. Einige Kriterien und ihre Folgerungen. Mathem. issledowanija, III, № 3, Kischinjow, 1968 (russ.).

Dualität und Martinrand

von FRIEDRICH SCHNEIDER, Erlangen[1])

(Manuskripteingang: 22. August 1969)

Sei H der von den nicht-negativen Lösungen der LAPLACE-Gleichung auf dem offenen Einheitskreis $\subset R^2$ bzw. der Wärmeleitungsgleichung auf der oberen Halbebene erzeugte Vektorverband bezüglich der spezifischen Ordnung O; sei k die kanonische Ordnung im Ordnungsdual H^b.

Ein Teilraum $L_b \subset H^b$ wird topologisch (in bezug auf die Ordnungstopologien τ_k, τ_O) auf einen Teilraum $\overline{H} \subset H$ abgebildet, die Räume $H, \overline{H}$ sind zueinander dual.

Zur Konstruktion obiger Homöomorphie:

Zu $l \in H^b$ betrachte man die numerische Funktion $\hat{l}$ auf dem jeweiligen Martinrand. $\hat{l}$ ist wie folgt definiert:

$$\hat{l}(y) = l\, K(., y)\,, \text{ wobei } K(x, y)$$

den POISSON- bzw. parabolischen Kern bezeichne.

Man versuche, das DIRICHLET- bzw. CAUCHY-Problem in bezug auf die Randfunktion $\hat{l}$ zu lösen.

Einführung

Eine topologische Kennzeichnung von stetigen Linearformen auf Vektorräumen analytischer Funktionen einer komplexen Variablen durch analytische Funktionen gibt KÖTHE [3] an.

TILLMANN [6] hat für die klassischen harmonischen Funktionen im R^m, $m \leqq 3$ eine entsprechende Charakterisierung bewiesen — von ihm verwendete Hilfsmittel sind sehr eng mit der speziellen Struktur der Lösungen der LAPLACE-Gleichung verbunden.

Die Ergebnisse von SIEVEKING [5] gestatten eine entsprechende Betrachtung auch im nicht-elliptischen Fall, genauer:

Sei H der von den nicht-negativen Lösungen der LAPLACE-Gleichung auf dem offenen Einheitskreis $\subset R^2$ bzw. der Wärmeleitungsgleichung auf der oberen Halbebene erzeugte Vektorverband, $\mathcal{T}_c$ bezeichne die Topologie der lokal gleichmäßigen Konvergenz auf H. Sei S^* der euklidische Rand des Einheitskreises bzw. der oberen Halbebene. Jeder Linearform $\nu \in (H, \mathcal{T}_c)'$ wird vermöge einer Abbildung τ eineindeutig eine beschränkte, stetige Funk-

[1]) Anschrift des Autors:
Dr. Friedrich Schneider, Mathematisches Institut der
Friedrich-Alexander-Universität Erlangen-Nürnberg
D — 852 Erlangen, Bismarckstraße 1 1/2

tion $\hat{\nu}$ auf S^* zugeordnet. $H\hat{\nu}$ kann nach [2] zu einer harmonischen Funktion $H_{\hat{\nu}} \in H$ fortgesetzt werden — $H_{\hat{\nu}}$ schließt auf S^* stetig an $\hat{\nu}$ an. Sei $H^1 = \{H_{\hat{\nu}} \mid \nu \in (H, \mathcal{T}_c)'\} \subset H$; $\mathcal{T}_0$ bezeichne die Ordnungstopologie auf H, $\mathcal{T}_k$ die Ordnungstopologie in bezug auf die kanonische Ordnung im Ordnungsdual H^b von H. Es existiert eine Homöomorphie t (III, 1.1, 1.2):

$$\{(H, \mathcal{T}_c)', \mathcal{T}_k\} \underset{t}{\rightarrow} \{H^1, \mathcal{T}_0\}, \tag{1}$$

H und H^1 sind duale Vektorräume, die definierende Bilinearform lautet:

$$\langle h, h^1 \rangle = t^{-1}(h^1)\{h\} \mid h \in H, \quad h^1 \in H^1. \tag{2}$$

Die Vermittlung zwischen Linearformen und zugeordneten harmonischen Funktionen geschieht „über den Martinrand $S^{*\prime}$ — in den durch die punktweise Ordnung geordneten Vektorräumen $C_0(S^*)$ bzw. $C_b(S^*)$ stimmt die Ordnungstopologie $\mathcal{T}_p$ mit der Topologie $\mathcal{T}_g$ der gleichmäßigen Konvergenz überein.

Ziel der Arbeit ist es, die Topologien $\mathcal{T}_k$ und $\mathcal{T}_0$ in diesem Sinne zu interpretieren — der Weg ist durch die oben skizzierte Konstruktion von t vorgezeichnet.

Gesucht sind Räume $L_b(L_0)$ von Linearformen auf H so, daß τ, auf $L_b(L_0)$ foztgesetzt, $L_b(L_0)$ eineindeutig auf $C_b(S^*)$ $\big(C_0(S^*)\big)$ abbildet.

Alle Funktionen $\in C_a(S^*)$ sind im Sinne von [2] resolutiv — eine Motivation für die Bezeichnung: „maximale Paarung".

In den Vorbereitungen werden Bezeichnungen eingeführt und die Hilfsmittel aus der Theorie der harmonischen Funktionen im Sinne von [1] und aus der Theorie der topologischen Vektorräume nach [4] genannt, die zum inhaltlichen Verständnis der Arbeit nötig sind. Die für die Konstruktionen im Abschnitt III notwendigen verbandstheoretischen und topologischen Aussagen enthält Kapitel II. Die Einführung der spezifischen Topologie $\mathcal{T}_s$ (II, 2.10), feiner als $\mathcal{T}_c$, ist bei der angegebenen Zielsetzung nötig, da nicht alle Funktionen aus $\mathscr{C}_0(S^*)$ τ-Bilder von Linearformen aus $(H, \mathcal{T}_c)'$ sind (II, 1.9).

Den Übergang zu den maximalen Paarungen gestatten der 2. Dichtesatz (III, 2.6) und die in III, 3.1 bewiesene Beschränktheit der zu „$\tilde{K}$ gehörigen Martinmaße".

III, 3 wird mit den beiden Hauptsätzen der Arbeit — den Homöomorphiesatz (3.11) und der Dualitätsaussage (3.12) — abgeschlossen. Weiterführende Gedanken finden sich in Abschnitt IV — auf eine Einführung der hier neu auftretenden Begriffe ist verzichtet worden.

Die verwendeten Hilfsmittel zeigen, daß sich die erzielten Ergebnisse sofort auf weitere Beispiele im Rahmen der BAUER-Axiomatik ([1]) übertragen lassen, insbesondere auf die Standardbeispiele auf entsprechend höher-dimensionalen Definitionsbereichen im R^m, $m > 2$.

Die Klarstellung der Gedankenführung bedingte aber eine Darstellung streng im Rahmen der angegebenen Beispiele in der Ebene.

Ich danke den Herren Professoren CORNEA und CONSTANTINESCU sowie den Herren FÖLLMER, SIEVEKING und besonders Herrn KÖHN vom Mathematischen Institut in Erlangen. — Die Gespräche mit ihnen haben entscheidend den Fortgang der Arbeit und die Entwicklung des Ansatzes „am Martinrand" beeinflußt.

Herrn Prof. Bauer danke ich für seine langjährige Förderung — seine Geduld gegenüber meinen unsteten mathematischen Vorstellungen hat die Fertigstellung dieser Arbeit allererst ermöglicht.

I. Vorbereitungen

Eine gemeinsame Behandlung der beiden Standardbeispiele in der Ebene für die Bauer-Axiomatik (siehe [1]) setzt eine übersichtliche Notation voraus — eine solche werde zunächst eingeführt.

Erzeugende Kegel für die behandelten Vektorräume harmonischer Funktionen sind die

(1) nicht-negativen Lösungen der Laplace-Gleichung auf dem offenen Einheitskreis

(2) nicht-negativen Lösungen der Wärmeleitungsgleichung auf der oberen Halbebene.

Vereinbarung

Zahlenindices rechts neben dem eingeführten Symbol beziehen sich im allgemeinen auf die Beispiele (1) und (2): eine klassische harmonische Funktion heiße h_1, h_2 bezeichne dagegen eine Lösung der Wärmeleitungsgleichung.

Fehlen die Indices, so handelt es sich um beide Beispiele umfassende Begriffe — eine in diesem Sinne „allgemeine" harmonische Funktion werde mit h bezeichnet.

Zahlenindices beziehen sich dann nicht auf die Grundbeispiele, wenn der umfassende Begriff aus dem Kontext unmißverständlich hervorgeht. Eine nicht-negative harmonische Funktion h sei Summe zweier solcher Funktionen — geschrieben wird: $h = h_1 + h_2$.

Restriktionen eingeführter Topologien und Abbildungen werden nicht neu bezeichnet.

1. Der Grundraum S

Seien $x = (\zeta, t)$, $y = (\eta, \tau)$ Punkte des R^2:

$$S_{1-} \mathrel{\overset{}{\underset{\cdot}{=}}} \{||x|| < 1\} \quad \Big| \quad S_{2-} \mathrel{\underset{\cdot}{=}} \{4|\, t > 0\}\,,$$

$$S_{1-} \mathrel{\underset{\cdot}{=}} \{y|\ ||y|| = 1\} \quad \Big| \quad S^*_{2-} \mathrel{\underset{\cdot}{=}} \{y|\, \tau = 0\}\,.$$

S, S^* seien als *topologische Räume* verstanden in bezug auf die von der euklidischen Topologie im R^2 induzierten Topologie.

2. Harmonische Funktionen auf S

$\mathcal{H}$ bezeichne den Vektorraum aller, $\mathcal{H}_+$ den Kegel der nicht-negativen harmonischen Funktionen auf S, $H \mathrel{\underset{\cdot}{=}} \mathcal{H}_+ - \mathcal{H}_+$.

$\mathcal{T}_c$ sei die Topologie der lokal gleichmäßigen Konvergenz auf $\mathcal{H}$ bzw. H, $(H, \mathcal{T}_c)'$ bezeichne den Vektorraum der $\mathcal{T}_c$-stetigen Linearformen auf H, ν ein Element von $(H, \mathcal{T}_c)'$.

H ist regulär geordneter Vektorverband in bezug auf die (spezifische) Ordnung $\leqq : h_1 \leqq h_2 \Leftrightarrow \exists\, h \in \mathcal{H}_+ : h_1 + h = h_2$.

$h^+, h^-, \{h\}$ bezeichnen den Positiv-, Negativteil und den (spezifischen) Betrag einer Funktion h im Vektorverband H — im Unterschied zu

$$h_+(x) = \sup\{h(x), 0\}\,, \quad h_-(x) = \sup\{-h(x), 0\}\,, \quad |h| = h_+ \dotplus h_-\,.$$

Für $h, h_1, h_2 \in H$ gelten:

$$\{h\} \geqq |h|\,, \quad \{h_1 - h_2\} \geqq |\{h_1\} - \{h_2\}|\,.$$

$\mathcal{T}_0$ bezeichne die Ordnungstopologie auf H, $(H, \mathcal{T}_0)'$ den Vektorraum der $\mathcal{T}_0$-stetigen Linearformen auf H.

3. Die reguläre Menge V

$V_{1-} \doteq \left\{x \mid \|x\| < \frac{1}{2}\right\}$	$V_{2-} \doteq \left\{x \mid \|(\zeta, t) - (0, 1)\| < \frac{1}{2}\right\}$
$V^*_{1-} \doteq \left\{x \mid \|x\| = \frac{1}{2}\right\}$	$V^*_{1-} \doteq \left\{x \mid \|(\zeta, t) - (0, 1)\| = \frac{1}{2}\right\}$.

x_0 bezeichne den Mittelpunkt von V, also:

$$x_{0,1} = (0, 0) \quad \mid \quad x_{0,2} = (0, 1)\,.$$

4. Radonmaße auf S, S^*, V^*

Mit $M(S)$, $M(S')$, $M(V^*)$ seien die Vektorräume der reellen Radonmaße in bezug auf die betreffenden Räume bezeichnet. $M_k(S)$, $M_k(S_2^*)$, $M_b(S_2^*)$ seien die Teilräume der Radonmaße mit kompaktem Träger bzw. der beschränkten Radonmaße, $M^+_{(.)}$ bezeichne den jeweiligen Kegel positiver Radonmaße.

Auf $M(S^*)$ sei $\mathcal{T}_{-v-}$ die vage Topologie.

5. Stetige Funktionen auf S^*

$\mathcal{C}_0(S^*)$ bzw. $\mathcal{C}_b(S^*)$ seien die in bezug auf die punktweise Ordnung $-P-$ geordneten Vektorräume der stetigen, im ∞ verschwindenden bzw. der stetigen beschränkten Funktionen auf S^*. Auf $\mathcal{C}_0(S^*)$ bzw. $\mathcal{C}_b(S^*)$ bezeichne $\mathcal{T}_g$ die Topologie der gleichmäßigen Konvergenz, $\mathcal{T}_p$ die Ordnungstopologie.

Vereinbarung: $\mathcal{C}_t(S_1^*) = \mathcal{C}_0(S_1^*) = \mathcal{C}(S_1^*)$ (S_1^* kompakt).

6. Die CAUCHY-DIRICHLET-Abbildung c auf $\mathcal{C}_b(S^*)$

Nach [2] gilt: Zu jedem $f \in \mathcal{C}_b(S^*)$ existiert genau eine auf S harmonische, auf $\overline{S} = S \cup S^*$ stetige Funktion H_f, die auf S^* mit f übereinstimmt, die potentialbeschränkt ist.

Bezeichne c diese eineindeutige, lineare Abbildung: $c(f) \doteq H_f$. Wegen $f \geqq 0$ auf $S^* \Leftrightarrow H_f \geqq 0$ auf S sind c und c^{-1} positive Abbildungen. (p)

7. Die Kerne $K, \tilde{K}$

Poissonkern	parab. Kern
$K_1(x, y) \mathrel{\dot=} \frac{1 - \|x\|^2}{\|x - y\|^2}$	$K_2(x, y) \mathrel{\dot=} \frac{1}{2\sqrt{\pi t}} e^{-\frac{\|\zeta - \eta\|^2}{4t}}$
$x \in S_1$, $y \in S_1^*$	$x = (\zeta, t) \in S_2$, $y = (\eta, 0) \in S_2^*$
$\tilde{K}_1(x, y) \mathrel{\dot=} K_1(x, y)$	$\tilde{K}_2(x, y) \mathrel{\dot=} \frac{K_2(x, y)}{K_2(x_2, y)}$, $x_2 = (0, 2)$.

8. Integraldarstellung nach Martin

Nach [5] existiert zu jedem $h \in H$ in bezug auf die Kerne $K(\tilde{K})$ genau ein von S^* getragenes Radonmaß $\mu_h(\tilde{\mu}_h)$ mit:

$$h = \int_{S^*} K(., y)\, \mu_h(dy) \quad \text{bzw.} \quad h = \int_{S^*} \tilde{K}(., y)\, \tilde{\mu}_h(dy)\,.$$

Abkürzung: $\mu_i = \mu_{h_i}$, $\tilde{\mu}_i = \tilde{\mu}_{h_i}$, $i = 1, 2$.

$m(\tilde{m})$ sei die $1-1$ deutige Abbildung von H in $M(S^*)$:

$$m(h) \mathrel{\dot=} \mu_h \quad \text{bzw.} \quad \tilde{m}(h) \mathrel{\dot=} \tilde{\mu}_h\,.$$

Das Bild von H bei der Abbildung $m(\tilde{m})$ in $M(S^*)$ sei mit $\hat{M}(S^*)$ $\{\tilde{M}(S^*)\}$ bezeichnet — die zugehörigen positiven Kegel heißen $\hat{M}_+(S^*)$ $\{\tilde{M}_+(S^*)\}$.

Vereinbarung: Statt $\int_{S^*} K(., y)\, \mu(dy)$ wird $\int K(., y)\, \mu(dy)$ geschrieben.

9. Der Ordnungsdual H^b

H^b (Elemente heißen l) ist in bezug auf die kanonische Ordnung k ein Vektorverband, k ist definiert durch den Kegel H_+^b:

$$H_+^b = \{1 \in H^b |\, l(h) \geqq 0\ \forall\, h \in \mathcal{H}_+\}\,.$$

$\mathcal{T}_k$ sei die zugehörige Ordnungstopologie auf H^b.

H^+ sei der von den positiven Linearformen auf H erzeugte Vektorraum. Man beachte, daß gilt: $H^b = H^+ = (H, \mathcal{T}_0)'$ (siehe etwa [4]).

Folgende Untervektorräume von H^b werden betrachtet:

$${}^1H' = \mathrm{Res}\,_H M_k(S)\,, \quad {}^2H' = \mathrm{Res}_H\, M(V')\,.$$

L sei der von ${}^2H'$ in H^b erzeugte Untervektorverband.

10. Die Abbildungen $\tau(\tilde{\tau})$ auf H^b

Jedem $l \in H^b$ wird eine reellwertige Funktion $\hat{l}(\tilde{l})$ auf S^* zugeordnet:

$$\tau(1) \mathrel{\dot=} \hat{l} \quad \text{mit} \quad \hat{l}(y) \mathrel{\dot=} l\,\{K(., y)\}\ \forall\, y \in S^*\,,$$

$$\tilde{\tau}(1) \mathrel{\dot=} \tilde{l} \quad \text{mit} \quad \tilde{l}(y) \mathrel{\dot=} l\,\{K(., y)\}\ \forall\, y \in S^*\,.$$

Nach Definition sind τ, $\tilde{\tau}$ ***positiv und linear.***

Es treten weiter auf:

$$W^1 \mathrel{\overset{}{=}} \tau({}^1H'), \qquad \tilde{L} \mathrel{\overset{}{=}} \tilde{\tau}(L),$$
$$W^2 \mathrel{\overset{}{=}} \tau({}^2H'), \qquad \tilde{W}^2 \mathrel{\overset{}{=}} \tilde{\tau}({}^2H').$$

II. Verbandsstruktur in H und zwei Topologien auf H

1. Randverhalten $\mathcal{T}_c$-stetiger Linearformen

Untersucht werden Eigenschaften der Funktionen aus W^1 (siehe I, 10). Zum Zusammenhang $\mathcal{T}_c$-stetiger Linearformen auf H mit den Radonmaßen auf S:

(1.1) Lemma: ${}^1H' = (H, \mathcal{T}_c)'$.

Beweis: Zu jedem $\nu \in (H, \mathcal{T}_c)'$ existiert eine kompakte Menge $K \subset S$ und ein $\delta > 0$ mit:

$$|h| \leqq \delta \quad \text{auf} \quad K \leqq |\nu(h)| \leqq 1, \qquad \text{also:}$$

$$|\nu(h)| \leqq \frac{1}{\delta} \sup_K |h| \;\forall\, h \in H.$$

Nach Hahn-Banach existiert nun ein Radonmaß $\bar{\nu}$ mit Träger in K.

$$\bar{\nu}(h) = \nu(h) \;\forall\, h \in H.$$

Der zweite Teil der Behauptung folgt aus der Definition von $\mathcal{T}_c$ (I, 2).

Wie stark abweichend voneinander Radonmaße sein können, die einer festen Linearform $\nu \in (H, \mathcal{T}_c)'$ nach (1.1) zugeordnet werden können, erhellt:

(1.2) Bemerkung:

Es gibt orthogonale Radonmaße $\bar{\nu}_1$, $\bar{\nu}_2$ auf S mit

$$\bar{\nu}_1(h) = \bar{\nu}_2(h) \;\forall\, h \in H.$$

Beispiel: Sei $\varepsilon_{x_0}^V$ die auf $\complement V$ gefegte Einheitsmasse in x_0 im Sinne von ([1], 3.4.1). Es gilt $\varepsilon_{x_0} \perp \varepsilon_{x_0}^V$ und nach ([1], 3.4.2):

$$\varepsilon_{x_0}(h) = \varepsilon_{x_0}^V(h) \;\forall\, h \in H.$$

Wähle $\bar{\nu}_1 \mathrel{\overset{}{=}} \varepsilon_{x_0}$, $\bar{\nu}_2 \mathrel{\overset{}{=}} \varepsilon_{x_0}^V$.

(1.3) Vereinbarung: Der Vektorraum ${}^2H'$ wird im weiteren als Teilraum von $(H, \mathcal{T}_c)'$ aufgefaßt.

Eine erste Strukturaussage:

(1.4) Satz

(1.5) *τ ist eine 1—1 deutige, lineare, positive Abbildung von ${}^1H'$ in $\mathscr{C}_0(S^*)$.*

(1.5) *W^1 ist ein punktetrennender, eine strikt positive Funktion enthaltender Untervektorraum von $\mathscr{C}_0(S^*)$.*

Beweis von (1.5):

1. $\hat{\nu} \in \mathscr{C}_0(S^*)$: $\lim\limits_{n\to\infty} y_n = y$ für eine Punktfolge $(y_n)_{n=1,2,\ldots} \subset S$ impliziert: $\lim\limits_{n\to\infty} (\mathcal{T}_c)\, K(., y_n) = K(., y_n)$ — also ist $\hat{\nu}$ stetig auf S^* für alle $\nu \in {}^1H'$. Da S_1

kompakt, bleibt nur noch zu zeigen: $\hat{\nu} \in \mathscr{C}_0(S_2^*)\ \forall\, \nu \in {}^1H_2'$. Sei o. B. d. A. $\nu \in M_K^+(S_2)$, T_ν bezeichne den Träger, $||\nu||$ die Gesamtmasse von ν, dann gilt:

$$|\nu\, K_2(.,y)| \leqq ||\nu|| \max_{x \in T_\nu} K_2(x,y)\ \forall\, y \in S_2^*\,.$$

Seien $t_1, t_0, \zeta_1, \zeta_0$ wie folgt definiert:

$$t_1 \doteq \max\{t|(\zeta,t) \in T_\nu\}\,, \quad t_0 \doteq \min\{t|(\zeta,t) \in T_\nu\}$$

$$\zeta_1 \doteq \max\{\zeta|(\zeta,t) \in T_\nu\}\,, \quad \zeta_0 \doteq \min\{\zeta|(\zeta,t) \in T_\nu\}\,.$$

Da T kompakt, gilt: $t_1 \geqq t_0 > 0$ und:

$$|\nu\, K_2(.,(\eta,0))| \leqq \frac{1}{2\sqrt{\pi t_0}} f_0(\eta) \text{ mit}$$

$$f_0(\eta) = \begin{cases} e^{-\frac{|\zeta_1-\eta|^2}{4t_1}} & \eta > \zeta_1 \\ 1 & \zeta_0 \leqq \eta \leqq \zeta_1 \\ e^{-\frac{|\zeta_0-\eta|^2}{4t_1}} & \eta < \zeta_0\,. \end{cases}$$

Da $f_0 \in C_0(S_2^*)$, $f_0 \geqq 0$ ist Teilbehauptung (1) bewiesen.

2. τ ist 1—1 deutig: Seien ν_1, ν_2 verschiedene Elemente aus ${}^1H'$ und es gelte $\hat{\nu}_1 = \hat{\nu}_2$ auf S^*. Nach Fubini und (1.1) folgt:

$$\nu_1(h) = \int \hat{\nu}_1(y)\,\mu_h(dy) = \int \hat{\nu}_2(y)\,\mu_h(dy) = \nu_2(h)\ \forall\, h \in H\,. \tag{1.7}$$

Da nach Definition (I, 10) τ positiv und linear, ist (1.5) gezeigt.

Beweis von (1.6):

1. Punktetrennung: Die verschiedenen Punkten $y_1, y_2 \in S^*$ zugeordneten extremalen harmonischen Funktionen $K(.,y_1)$, $K(.,y_2)$ auf S sind verschieden — also existiert ein $\bar{x} \in S$: $K(\bar{x},y_1) \neq K(\bar{x},y_2)$, wähle $\nu \doteq \varepsilon_{\bar{x}}$ und beachte, daß $\varepsilon_{\bar{x}}(y) = K(\bar{x},y)$ (siehe I, 10).

2. Angabe von strikt positiven Funktionen: Wähle $\nu = \varepsilon_{x_0}$, dann:

$$\hat{\nu}_1(y) \equiv 1\ \forall\, y \in S_1^*\,, \quad \hat{\nu}_2(y) = \frac{1}{2\sqrt{\pi}} e^{-\frac{\eta^2}{4}}\ \forall\, y = (\eta,0) \in S_2^*\,. \tag{1.8}$$

Die Aussage (1.5) kann verschärft werden:

(1.9) Zusatz: *Jede Funktion aus W^1 ist differenzierbar auf S^*.*

Beweis: Man stelle die Funktion $f_x = K(x,.)$ auf S^* als Potenzreihe „in y" dar und wende die elementaren Konvergenzsätze der Integrationstheorie an.

Die Konstruktionen im Abschnitt III ermöglichen die Resultate (1.10) und (1.13):

(1.10) Korollar: *W^2 ist ein punktetrennender, eine strikt-positive Funktion enthaltender Untervektorraum von $\mathscr{C}_0(S^*)$, τ ist auf ${}^2H'$ eineindeutig.*

Beweis: Da $W^2 \subset W^1$ (wegen ${}^2H' \subset {}^1H'$), bleibt nur die Eigenschaft „punktetrennend" zu beweisen. Es gilt sogar:

$$\text{Zu } y_1, y_2 \in S^*, y_1 \neq y_2 \quad \text{existiert} \quad \bar{x} \in V^* : \hat{\varepsilon}_{\bar{x}}(y_1) \neq \hat{\varepsilon}_{\bar{x}}(y_2) . \tag{1.11}$$

Angenommen, es gälte $h' = K(., y_1) - K(., y_2) = 0$ auf V^*. Eine einfache Rechnung zeigt, daß die Nullstellenmenge von h' auf einer Geraden liegt, V^* kann höchstens zweimal geschnitten werden, Widerspruch.

(1.12) Eine Norm auf W_2^2: Sei $f_1 \in \mathscr{C}_0(S_2^*)$ wie folgt definiert:

$$f_1(\eta) = \begin{cases} e^{-\frac{|1-\eta|^2}{4}} & \eta > 1 \\ 1 & -1 \leqq \eta \leqq +1 \\ e^{-\frac{|-1-\eta|^2}{4}} & \eta < -1 . \end{cases}$$

Dann ist $||\hat{\nu}||_1 = \inf\{c|\ |\hat{\nu}| \leqq c f_1 \text{ auf } S_2\}$ eine Norm auf W_2^2.

Man beachte die Konstruktion von f_0 im 1. Teil des Beweises von 1.5.

(1.13) Korollar: *$\tilde{W}^2$ ist ein punktetrennender, eine strikt positive Funktion enthaltender Untervektorraum von $\mathscr{C}_0(S^*)$ — $\tilde{\tau}$ ist auf ${}^2H'$ 1—1 deutig.*

Beweis: Nach dem Vorhergehenden und auf Grund der Definition von $\tilde{K}_2$ (I, 6) bleibt nur zu zeigen, daß die Funktionen aus $\tilde{W}_2^2$ im ∞ verschwinden: Einfache Rechnung ergibt für $x \in S_2$, $y \in S_2^*$:

$$\tilde{K}_2(x, y) = \alpha(t)\, e^{-\frac{2|\zeta-\eta|^2+\eta^2 t}{8t}}, \quad \alpha(t) \text{ reell und } > 0 . \tag{1.14}$$

Also gilt für jedes $x' = (\zeta', t')$ mit $0 < t' < 2$:

$$\lim_{y\to\infty} \tilde{K}_2(x', y) = 0 .$$

Satz von LEBESGUE und (1.12) ergeben für alle $\nu \in {}^2H_2'$:

$$\lim_{y\to\infty} \tilde{\nu}(y) = \lim_{y\to\infty} \int_{S_2} \nu(dx)\, \tilde{K}_2(., y) = \int_{S_2} \nu(dx) \lim_{y\to\infty} \tilde{K}_2(., y) = 0$$

also $\tilde{\nu} \in \mathscr{C}_0(S_2^*)$.

(1.15) Bemerkung: *Die Abbildung τ kann im klassischen Fall durch die* MARTIN-*Abbildung m gekennzeichnet werden:*

m_1', definiert durch $m_1'(\nu_1) = \nu_1 \circ (m_1^{-1})$ ist eine Abbildung von $(H_1, \mathscr{T}_c)'$ auf $(M(S^*), \mathscr{T}_v)'$, nach FUBINI gilt weiter:

$$\nu_1 \circ (m_1^{-1})\{\mu_1\} = \nu_1 \{\int K_1(., y) \cdot \mu_1(dy)\} = \int \hat{\nu}_1(y)\, \mu_1(dy)\ \forall\, \mu_1 \in \hat{M}(S_1^*) .$$

Da wegen $\hat{M}(S_1^*) = M(S_1^*)$ gilt: $(M_1^*(S), \mathscr{T}_v)' \cong \mathscr{C}(S_1^*)$ folgt:

$$\tau(\nu_1) = \nu_1 \circ (m_1^{-1}) \circ j ,$$

wobei j die kanonische Injektion von S_1^* in $M(S_1^*)$, also $j(x) = \varepsilon_x$.

Sofort aus der Konstruktion folgt, daß m_1' eine Homöomorphie der Räume $(H_1, \mathscr{T}_c)'$ und $(M(S^*), \mathscr{T}_v)'$ in bezug auf die entsprechenden schwachen Topologien ist.

2. Ordnungsdual H^b und spezifische Topologie $\mathcal{T}'_s$

Einleitend eine Angabe über

(2.1) *Supremum zweier ordnungsbeschränkter Linearformen.*

Nach ([4], th. 1.5, p. 212) gilt für zwei ordnungsbeschränkte Linearformen l_1, l_2 auf einem Vektorverbad E für jedes $x \in E$:

$$\sup(l_1, l_2)(|x|) = \sup\{l_1(y) + l_2(z) \mid y \geqq 0, z \geqq 0, y + z = |x|\}\,. \tag{2.2}$$

Anwendung: Seien $l_1, l_2 \in H^b$ und $l = \sup(l_1, l_2)$, dann gilt speziell für alle $y \in S^*$ (da $K(., y) \in \mathcal{H}_+$ extremal ist)

$$\begin{aligned}\tau(l)\{y\} &= l\,K(., y) = \sup_{0<\lambda<1}\{\lambda\, l_1\, K(., y) + (1-\lambda)\, l_2\, K(., y)\}\\ &= \sup_{1,2}\{l_1\, K(., y), l_2\, K(., y)\}\,, \qquad \text{also:}\end{aligned}$$

$$\hat{l}(y) = \sup_{1,2}\left(\hat{l}_1(y), \hat{l}_2(y)\right) \;\forall\, y \in S^*\,. \tag{2.3}$$

Entsprechend gilt für $\tilde{\tau}$:

$$\tilde{l}(y) = \sup\left(\tilde{l}_1(y), \tilde{l}_2(y)\right) \;\forall\, y \in S^*\,. \tag{2.4}$$

Jetzt kann die verbandstheoretische Konsequenz aus (1.9) gezogen werden:

(2.5) **Satz**: *$(H, \mathcal{T}_c)'$ kann kein Unterverband von H^b sein.*

Beweis: Seien x_1, x_2 verschiedene Punkte aus S. Läge das in H^b gebildete $\sup(\varepsilon_{x_1}, \varepsilon_{x_2}) = l$ in ${}^1H'$, dann wäre nach (2.3):

$$\hat{l}(y) = \sup_{1,2}\left(K(x_1, y), K(x_2, y)\right) \;\forall\, y \in S^*\,. \tag{2.6}$$

Widerspruch zu (1.10), da $\hat{l}(y)$ ersichtlich auf S^* nicht differenzierbar ist.

Konstruktion einer metrisierbaren und vollständigen Top $\mathcal{T}_s$ auf H. Vorangestellt werden zwei Hilfssätze über harmonische Funktionen:

(2.7) **Lemma**: *Sei $(h_n)_{n=1,2,\dots}$ eine Folge nicht-negativer harmonischer Funktionen mit $\lim\limits_{n\to\infty} h_n(x_m) < +\infty \;\forall\, x_m \in D$, D abzählbar, dicht in S. Dann existiert $h \in \mathcal{H}_+$: $\lim\limits_{n\to\infty}(\mathcal{T}_c)h_n = h$.*

Beweis: Sei $\alpha_m \doteq \sup\limits_n h_n(x_m)$, mit $\mu_0 \doteq \sum\limits_{m=1}^{\infty}(\alpha'_m 2^m)^{-1}\varepsilon_{x_m}$, $\alpha'_m \doteq \max(\alpha_m, 1)$ folgt

$$\text{für alle } n \in N: \int\limits_S h_n\,\mu_0(dx) = \sum_{m=1}^{\infty}\frac{h_n(x_m)}{\alpha'_m\,2^m} \leqq \sum_{m=1}^{\infty}\frac{1}{2^m} \leqq 1\,.$$

Die Harnacksche Ungleichung ([1], 1.4.4.) ergibt die lokalgleichmäßige Beschränktheit der $(h_n)_{n=1,2,\dots}$. Der Satz von Ascoli impliziert jetzt die gleichgradige Stetigkeit der $(h_n)_{n=1,2,\dots}$, also existiert Teilfolge $\{h_{n_K}\}_{K=1,2\dots}$ von $\{h_n\}_{n=1,2\dots}$ und $h \in \mathcal{H}_+$: $\lim\limits_{K\to\infty}(\mathcal{T}_c)\,h_{n_K} = h$. Die punktweise Konvergenz auf D impliziert:

$$\lim_{n\to\infty}(\mathcal{T}_c)\,h_n = h\,.$$

(2.8) Lemma: *Sei $h \in H$, U_n eine gegen S aufsteigende Folge relativ kompakter, offener Teilmengen von S, $\mu_x^{U_n}$ das zu $x \in U_n$ gehörige harmonische Maß (siehe* [1], S. 120), *dann gilt:*

$$\{h\}(x) = \sup_n \int |h| \, \mu_x^{U_n}(dx) .$$

Beweis: 1) Zu $h \in \mathcal{H}$ definiere die subharmonische Funktion h_n auf S wie folgt: Sei $n_0(x)$ die kleinste natürliche Zahl n mit $x \in U_n$, dann

$$h = \begin{cases} |h| & 1 \leqq n < n_0(x) \\ \left.\begin{array}{ll} |h| \quad \text{auf} & \complement\, \overline{U}_n \\ \int |h| \, d\mu_x^{U_n} \quad \text{auf} & \overline{U}_n \end{array}\right\} & n \geqq n_0(x) . \end{cases}$$

Aus der Definition folgt: $0 \leqq |h| \leqq \cdots \leqq h_n \leqq h_{n+1} \leqq \ldots$, $h_0 = \sup_n h_n$ besitzt die Mittelwerteigenschaft, also:

$$h_0 \text{ endlich auf } S \Leftrightarrow h \text{ besitzt harm. Majorante } h_0 \in \mathcal{H}^+ \Leftrightarrow h \in H . \quad (2.9)$$

2) Sei $h \in H$, da $h \leqq |h| \leqq h_0$, ist h_0 positive harm. Majorante von h. Sei weiter h' eine andere positive harmonische Majorante von h, dann folgt wegen $|h| \leqq h' : h_n \leqq h' \; \forall \, n \in N$, also $h_0 \leqq h'$. h_0 ist somit die kleinste positive harmonische Majorante von h, d. h.

$$h_0 = \{h\} .$$

(2.10) Definition von $\mathcal{T}_s$: $\mathcal{T}_s$ sei die durch die Familie F von Halbnormen auf H definierte lokal-konvexe Topologie,

$$F \mathrel{\dot=} \{p_x \mid p_x(h) \mathrel{\dot=} \{h\}(x), x \in S\} .$$

(2.11) Satz: $\mathcal{T}_s$ ist metrisierbar.

Beweis: Sei $D = \{x_m | m \in N\}$ wieder eine abzählbare, in S dichte Teilmenge, sei $\mathcal{T}_s'$ die durch die Familie $F' = \{p_{x_m} | x_m \in D\} \subset F$ definierte metrisierbare Topologie auf H. $\mathcal{T}_s'$ stimmt mit $\mathcal{T}_s$ überein, wenn gezeigt werden kann:

zu jeder $\mathcal{T}_s$-Umgebung $U_{(\varepsilon, x_1, \ldots, x_n)} = \{h | \{h\}(x_i) < \varepsilon , \quad 1 \leqq i \leqq n\}$ existiert $\mathcal{T}_s'$-Umgebung $U_{(\varepsilon', x')}$ mit $U_{(\varepsilon', x')} \subset U_{(\varepsilon, x_1, \ldots, x_n)}$.
Hierbei seien: $\varepsilon > 0$, $\varepsilon' > 0$, $x_i \in S$, $1 \leqq i \leqq n$, $x' \in D$.

Konstruktion mit Hilfe der HARNACK*schen Ungleichung.*

1) Im LAPLACE-Fall gilt noch ([1], 1.5.5): Zu der kompakten Menge $\mathcal{K}_1 \mathrel{\dot=} \{x_1, \ldots, x_n\} \subset S_1$ und jedem $x' \in D_1$ existiert reelles $\alpha_1 > 0$:

$$\sup_{\mathcal{K}_1} h_1 \leqq \alpha_1 \, h_1(x') \; \forall \, h_1 \in \mathcal{H}_+^1 .$$

Die Umgebung $U_{(\varepsilon/\alpha_1, x')} = \{h_1 | \{h_1\}(x') \leqq \varepsilon/\alpha_1\}$ leistet das Verlangte.

2) Für den Fall der Wärmeleitungsgleichung wähle ein $x_2' = (0, t')$ mit $t' > t_i$, $1 \leqq i \leqq n$, wobei $x_i = (\zeta_i, t_i)$, $1 \leqq i \leqq n$ die vorgegebene Punktmenge aus S_2 sei. Auf $\mu \mathrel{\dot=} \varepsilon_{x_2'}$ wende ([1], 1.4.4) an: Es existiert $\alpha_2 > 0$, so daß für

$\mathcal{K}_2 = \{x_1, \ldots, x_n\}$:

$$\sup_{\mathcal{K}_2} h_2 \leqq \alpha_2 \int h_2 \, d\mu = \alpha_2 \, h_2(x_2') \ \forall \ h_2 \in \mathcal{H}_+^2$$

$U_{(\varepsilon_0/\alpha_2, x_2')}$ ist eine gesuchte $\mathcal{T}_s'$ Umgebung der 0.

(2.12) Satz: $\mathcal{T}_s$ ist vollständig.

Beweis: 1) $\mathcal{T}_s$ ist feiner als $\mathcal{T}_c$. Sei h_n eine gegen h $\mathcal{T}_s$ konvergente Folge in H. Zu vorgegebenem Kompaktum $K \subset S$ existiert ein $\alpha > 0$ und ein $\bar{x} \in S$: $\sup_K h \leqq \alpha \, h(\bar{x}) \ \forall \ h \in \mathcal{H}_+$ ([1], 1.4.4 u. 1.5.5).

Behauptung folgt wegen $0 \leqq \sup_K |h - h_n| \leqq \sup_K \{h - h_n\} \leqq \alpha \, \{h - h_n\} \, (\bar{x})$.

Sei im folgenden $(h_n)_{n=1,2,\ldots}$ eine $\mathcal{T}_s$-Cauchy-Folge in H.

2) Existiert $h_0 \in H$: $\lim_{n\to\infty} (\mathcal{T}_c) \, h_n = h_0$. Wegen $\{h\} \geqq |h| \geqq 0$ für $h \in H$ ist $(h_n)_{n=1,2,\ldots}$ auch eine $\mathcal{T}_c$-Cauchy-Folge, also existiert auch ([1], 1.1.5) eine harmonische Funktion h_0:

$$\lim_{n\to\infty} (\mathcal{T}_c) \, h_n = h_0 \, . \tag{2.13}$$

3) $h_0 \in H$, denn wegen $\{h_n - h_m\} \geqq |\{h_n\} - \{h_m\}|$ für alle natürlichen n, m, existiert endliche Funktion g:

$g \mathrel{\dot{=}} \lim_{n\to\infty} \{h_n\}$. (2.7) impliziert, daß g harmonisch ist, da $g \geqq h_0$, folgt Teilbehauptung nach (2.9).

4) $\lim_{n\to\infty} (\mathcal{T}_s) \, h_n = h_0$: (2.8), (2.13) und die Voraussetzung über $(h_n)_{n=1,2,\ldots}$ implizieren:

$$\{h_0 - h_n\} \, (x) = \sup_m \int |h_0 - h_n'| \, d\mu_x^{U_m} = \sup_m \int \lim_{n'\to\infty} |h_{n'} - h_n| \, \mu_x^{U_m}(dx)$$
$$= \sup_m \lim_{n'\to\infty} \int |h_{n'} - h_n| \, \mu_x^{U_m}(dx)$$

$$\leqq \sup_m \overline{\lim_{n'\to\infty}} \int \{h_{n'} - h_n\} \, \mu_x^{U_m}(dx) = \lim_{n'\to\infty} \{h_{n'} - h_n\} \, (x) \, , \quad \text{Rest. n. Voraus.}$$

Leicht kann jetzt eine Kennzeichnung $\mathcal{T}_s$-stetiger Linearformen auf H bzw. der Topologie $\mathcal{T}_s$ gefolgert werden — $(H, \mathcal{T}_s)'$ bezeichne den Vektorraum der $\mathcal{T}_s$-stetigen Linearformen auf H.

Satz: $(H, \mathcal{T}_s)' = H^b$. (2.14)

Beweis: Die Normalität von $\mathcal{H}_+$ im top. Vektorraum $(H, \mathcal{T}_s)$ — klar nach [4], th. 3.1., p. 215) wegen der expliziten Gestalt der Familie F (2.10) — impliziert, daß $(H, \mathcal{T}_s)'$ im Vektorraum der Differenzen positiver, $\mathcal{T}_s$-stetiger Linearformen auf H enthalten ist ([4], Cor. 3, p. 220), also: $(H, \mathcal{T}_s)' \subset H^b$.

Die Umkehrung: Ein allgemeiner Satz ([4], th. 5.5., p. 228) ist wegen (2.11) und (2.12) anwendbar: $H^+ \subset (H, \mathcal{T}_s)'$. Somit ist wegen $H^+ = H^b$ (nach [4], p. 210—211) die Behauptung bewiesen.

Da $H^b = (H, \mathcal{T}_0)'$ ([4], th. 6.1, p. 230) kann $\mathcal{T}_0 = \mathcal{T}_s$ vermutet werden, dies ist richtig.

(2.15) Satz: $\mathcal{T}_0 = \mathcal{T}_s$.

Beweis: Folgender Kennzeichnungssatz gilt: ([4], th. 6.4, p. 233): In einem regulär geordneten Vektorverband E mit einer lokalkonvexen Topologie $\mathcal{T}$ sind äquivalent:

($\mathcal{T}'_0$ bezeichne die Ordnungstopologie auf E):

(1) $\mathcal{T} = \mathcal{T}'_0$,

(2) $\mathcal{T}$ ist die MACKEY-Topologie, in bezug auf die Dualität $\langle E, E^+\rangle$.

H ist regulär geordnet — gezeigt wird (2) für $\mathcal{T}_s$:

$\mathcal{T}_s$ ist metrisierbar (2.11), also $(H, \mathcal{T}_s)$ ein MACKEY-Raum, d. h. $\mathcal{T}_s$ ist die MACKEY-Topologie in bezug auf die Dualität $\langle H, (H, \mathcal{T}_s)'\rangle$. Wegen $H^+ = H^b = (H, \mathcal{T}_s)'$ nichts mehr zu zeigen.

Abschließend eine Bemerkung über den

(2.16) *Zusammenhang von $\mathcal{T}_c$ und $\mathcal{T}_s$.*

1) $(H_1, \mathcal{T}_c)$ ist nicht vollständig: $\operatorname{Im} \dfrac{1}{1-Z} \in \mathcal{H}_1 \setminus H_1$, $Z \in \mathbb{C}$ Rest $|_{S_1}$ $\operatorname{Im} \dfrac{1}{1+\frac{1}{n}-Z} \in H_1$, und es gilt:

$$\lim_{n\to\infty} (\mathcal{T}_c) \operatorname{Rest}|_{S_1} \operatorname{Im} \frac{1}{\left(1+\frac{1}{n}\right)-Z} = \operatorname{Im} \frac{1}{1-Z}.$$

Bewiesen wird $\operatorname{Im} \dfrac{1}{1-Z} \in \mathcal{H}_1 \setminus H_1$ mit (2.9). Es liegt also nahe, eine Topologie $\overline{\mathcal{T}}_s$ aus $\mathcal{T}_c$ „durch Hinzunahme der Halbnormen der Familie F (2.10)" zu konstruieren. Ersichtlich sind $\overline{\mathcal{T}}_s$ und $\mathcal{T}_s$ äquivalent.

2) $(H_1, \mathcal{T}_s)$ ist topol. Vektorverband, $(H_1, \mathcal{T}_c)$ ist es nicht — letzteres wegen ([4], 7.1, p. 234), da für jedes $\varepsilon > 0$ und alle $y_1, y_2 \in S_1$:

$$|K_1(0, y_1) - K_2(0, y_2)| = |1 - 1| = 0 \leqq \varepsilon$$

und

$$\{K_1(0, y_1) - K_2(0, y_2)\} = K_1(0, y_1) + K_1(0, y_2) = 1 + 1 = 2\,.$$

III. Duale Paarungen

1. Duale Ausgangsstrukturen

Bezeichne H^i das Bild der Räume $W^i \subset \mathcal{C}_0(S^*)$ bei der CAUCHY-DIRICHLET-Abbildung c (I, 6), h^i seien die Elemente von H^i.

1.1 Homöomorphiesatz

$$({}^iH', \mathcal{T}_K) \underset{c\circ\tau}{\to} (H^i, \mathcal{T}_0)\,, \quad i = 1, 2\,.$$

Beweis: Zu bemerken nur: c, c^{-1} und τ, τ^{-1} sind positive, lineare Abbildungen (siehe I, 6 und 10 bzw. II, 1.5).

1.2 Dualität: *H und H^i sind duale Räume, die definierende Bilinearform lautet:*

$$\langle h, h^i \rangle = [(c \circ \tau)^{-1} (h^i)] (h) , \qquad i = 1, 2 .$$

Beweis:

(1.3) $i = 1$: ${}^1H'$ trennt die Punkte von H, da $(H, \mathcal{T}_c)$ lokal konvexer Vektorraum, der HAUSDORFFsch ist.

(1.4) $i = 2$: Es gilt sogar $\{\varepsilon_x | x \in V^*\} \subset {}^2H'$ trennt die Punkte von H. Angenommen, $h_1, h_2 \in H$, $h_1 \neq h_2$ und $h_1 = h_2$ auf V^*, seien μ_i die h_i 1—1 deutig zugeordneten MARTIN-Maße. Nach [7] und wegen der Regularität von V gilt:

$$\{\int K(., y) \{\mu_1 - \mu_2\} (dy) = 0 \quad \text{auf} \quad V\} \Rightarrow \{\int K(., y) \{\mu_1 - \mu_2\} (dy) = 0 \text{ auf } S\}..$$

Also $\mu_1 = \mu_2$, also $h_1 = h_2$, Widerspruch.

2. Zwei Dichteaussagen in bezug auf die Kerne $K, \tilde{K}$

Eine vorbereitende Aussage für den nicht-kompakten Fall:

(2.1) Lemma: $M_b(S_2^*) \subsetneqq \widehat{M}(S_2^*)$.

Beweis: Sei $\mu \in M_b(S_2^*)$ und $f = \int K_2(., y)\, \mu(dy)$. Die reellwertige Funktion f auf S_2 $\{K_2(x, .)$ liegt per def. in $\mathcal{C}_0(S_2^*)\}$ liegt in H_2 genau dann, wenn f auf jedem Streifen $S_{2,m} = \{x | 0 < t < m\}_{m=1,2,\ldots}$ harmonisch ist. Nach [5] gilt aber auf $S_{2,m}$:

$$f = \int K_m(., y)\, \mu_m(dy) , \qquad \text{wobei} \qquad x_m \doteq (0, m), K_m(., y) \doteq \frac{K_2(., y)}{K_2(x_m, y)}$$

und $\mu_m \doteq K_2(x_m, .)\, \mu$. Auf $S_{2,m}$ ist f aber genau dann harmonisch, wenn $\|\mu_m\| < +\infty$ — wegen $\mu \in M_b(S_2^*)$ und $K_2(x_m, .) \in \mathcal{C}_0(S_2^*)$ ist Bedingung erfüllt. Die strikte Inklusionsbeziehung gilt, da nach [5] $m(1) = \lambda$ (LEBESGUE-Maß).

(2.2) (1. Dichtesatz): *Die Räume W^i liegen $\mathcal{T}_g$-dicht in $\mathcal{C}_0(S^*)$.*

Beweis: Die $\mathcal{T}_g$-stetigen Linearformen auf $\mathcal{C}_0(S^*)$ können durch Maße $\mu \in M_b(S^*)$ dargestellt werden, also nach (2.1):

$$\int K(., y)\, \mu(dy) \in H .$$

Angenommen, W^i liege nicht $\mathcal{T}_g$-dicht in $\mathcal{C}_0(S^*)$, d. h. es existieren Maße $\mu_1, \mu_2 \in M_b(S^*)$ mit

(1) $\mu_1 = \mu_2$ auf W^i, (2) Existiert $f_0 \in \mathcal{C}_0(S^*)$: $\mu_1(f_0) \neq \mu_2(f_0)$.

(1.3), (1.4), Satz von FUBINI und (I, 7) implizieren: $(i = 1, 2)$ $\mu_1 = \mu_2$ auf W^i $\Leftrightarrow \nu \int K(., y)\, \mu_1(dy) = \nu \int K(., y)\, \mu_2(dy)\ \forall \nu \in {}^iH' \Leftrightarrow \int K(., y)\, \mu_1(dy) = \int K(., y) \times \mu_2(dy) \Leftrightarrow \mu_1 = \mu_2$, Widerspruch zu (2).

Den 2. Dichtesatz bereitet vor:

(2.3) Lemma: *$\tilde{L}$ ist Untervektorverband in $\mathcal{C}_0(S^*)$ und $\tilde{\tau}$ ist auf L 1—1 deutig.*

Beweis: Nach (II, 1.13) noch zu zeigen: $\tilde{\tau}$ ist 1—1 deutig, letzteres gilt entsprechend (II, 1.7), wenn ich nachweise:

Gilt für

$$l_1, l_2 \in L\colon l_i \int \tilde{K}(.,y)\,\tilde{\mu}(dy) = \int l_i \tilde{K}(.,y)\,\tilde{\mu}(dy)\,, \quad i = 1, 2 \tag{2.4}$$

für alle $\tilde{\mu} \in \tilde{M}_+(S^*)$, dann folgt für $l \mathrel{\underset{\cdot}{=}} \sup(l_1, l_2)$

$$l \int \tilde{K}(.,y)\,\tilde{\mu}(dy) = \int l\,\tilde{K}(.,y)\,\tilde{\mu}(dy)\ \forall\,\tilde{\mu} \in \tilde{M}_+(S^*)\,.$$

Nachweis von (2.4):

1) *Eine Partition von S*: Sei $A_1 = \{y | \tilde{l}_1(y) \geqq \tilde{l}_2(y)\}$, $A_2 = \complement A_1$, nach (II, 1.13) ist A_1 abgeschlossene, A_2 offene Teilmenge von S^*, also:

$$\tilde{\mu}_{A_i} = \chi_{A_i} \tilde{\mu} \in \tilde{M}_+(S^*)$$

Mit

$$\tilde{h}_i \mathrel{\underset{\cdot}{=}} \int \tilde{K}(.,y)\,\tilde{\mu}_{A_i}(dy) \in H_+$$

gilt zunächst

$$l \int \tilde{K}(.,y)\,\tilde{\mu}(dy) = l(\tilde{h}_1) + l(\tilde{h}_2)\,.$$

2) *Berechnung von* $l(\tilde{h}_i)$, $i = 1, 2$: o. B. d. A. $i = 1$, zu $h_1, h_2 \in \mathcal{H}_+$ mit $h_1 + h_2 = \tilde{h}_1$ existieren Maße $\mu_1, \mu_2 \in \tilde{M}_+(S^*)$ mit

$$\tilde{\mu}_{A_1} = \tilde{\mu}_1 + \tilde{\mu}_2 \quad \text{und} \quad h_i = \int \tilde{K}(.,y)\,\tilde{\mu}_i(dy)\,, \quad i = 1, 2\,.$$

Nach (II, 2.2) gilt nun: $l(\tilde{h}_1) = \sup\{l_1(h_1) + l_2(h_2) | h_1 + h_2 = \tilde{h}_1\}$

$$l(\tilde{h}_1) = \sup_{\tilde{\mu}_i,\, i=1,2} \left\{\int \tilde{l}_1(y)\,\tilde{\mu}_1(dy) + \int \tilde{l}_2(y)\,\tilde{\mu}_2(dy)\right\}.$$

$$\tilde{\mu}_1 + \tilde{\mu}_2 = \tilde{\mu}_{A_1}\,.$$

Auf A_1 ist nach Definition: $\tilde{l}_1 = \tilde{l}$, also:

$$l(\tilde{h}_1) = \int \tilde{l}(y)\,\tilde{\mu}_{A_1}(dy) = \int l\,\tilde{K}(.,y)\,\tilde{\mu}_{A_1}(dy)\,.$$

Sofort folgt:

(2.5) Korollar: *Für alle $l \in L$ gilt:*

$$l \int \tilde{K}(.,y)\,\tilde{\mu}(dy) = \int l\,\tilde{K}(.,y)\,\tilde{\mu}(dy)\ \forall\,\tilde{\mu} \in \tilde{M}(S^*)\,.$$

Unmittelbare Konsequenz:

(2.6) (2. Dichtesatz): *$\tilde{L}$ liegt $\mathcal{T}_g$-dicht kin $\mathcal{C}_0(S^*)$.*

Beweis: (2.3) und (II, 1.13) gestatten die Anwendung des Satzes von STONE-WEIERSTRASS in seiner verbandstheoretischen Form, siehe etwa ([4], th. 8.1, p. 243).

3. Maximale Paarungen

Entscheidend für die Konstruktionen in diesem Abschnitt ist:

(3.1) Lemma: $M_K(S_2^*) \subsetneqq \tilde{M}(S_2^*) \subsetneqq M(S_2^*)$.

Beweis: 1) $\tilde{M}(S_2^*) \subset M_b(S_2^*)$. Zu $\tilde{\mu} \in \tilde{M}(S_2^*)$ $\exists$ ein $\mu \in \widehat{M}(S_2^*)$ — klar aufgrund der Definition von K_2 und (I, 7) — mit:

$$\mu = \{K_2(x_2, .)\}^{-1} \tilde{\mu}\,, \quad \text{o. B. d. A.} \quad \tilde{\mu} \in \tilde{M}_+(S_2^*)\,,$$

also: $\|\tilde{\mu}\| = \tilde{\mu}(1) = \int K_2(x_2, y)\, \mu(dy) = h_2(x_2)$ wobei wegen $\mu \in \widehat{M}_+(S_2^*) = h_2 = \int K_2(., y)\, \mu(dy) \in \mathcal{H}_+$. Behauptung folgt wegen $h_2(x_2) < +\infty$.

2) $M_K(S_2^*) \subset \tilde{M}(S_2^*)$: Mit μ ist auch $\mu' = \{K_2(x_2, .)\}^{-1} \mu \in M_k(S_2^*)$. Wegen $\int \tilde{K}_2(., y)\, \mu(dy) \in H_2 \Leftrightarrow \int K_2(., y)\, \mu'(dy) \in H_2$ folgt Behauptung nach (2.1).

3) $M_b^+(S_2^*) \supsetneqq M_*(S_2^*)$: Wähle $\mu_0 = \sum_1^\infty \frac{1}{n^2} \varepsilon_n$, die Maße $\mu_{0,m}$: $\mu_{0,m} = \sum_{n=1}^m \frac{1}{n^2} \varepsilon_n$ liegen nach (2) in $\tilde{M}_+(S_2^*)$ und streben monoton wachsend gegen μ_0, also

$$h_{0,m} = \int K_2(., y)\, \mu_{0,m}(dy) \in \mathcal{H}_+ \quad \text{und} \quad h_0 = \sup_m h_{0,m} \in \mathcal{H}_+^* .$$

h_0 kann nicht hamonisch sein, nach (II, 1.14) gilt:

$$h_0(x) = \sum_{n>1} \frac{1}{n^2} K_2(\{\zeta, t\}\,,\ \{n, 0\}) = \sum_{n>1} \frac{1}{n^2} \alpha(t)\, e^{-\frac{2|\zeta - n|^2 + n^2 t}{8t}}$$

Für alle x mit $t > 2 \Rightarrow h_0(x) = +\infty$.

4) $M_K^+(S_2^*) \supsetneqq \tilde{M}_+(S_2^*)$: $\tilde{\mu}_0 = \sum_1^\infty (e^{n^2})^{-2} \varepsilon_n$ liegt in $\tilde{M}_+(S_2^*)$: Nach (II, 1.14) ersichtlich: $\tilde{h}_0(x) = \int \tilde{K}_2(x, y)\, \tilde{\mu}_0(dy) < +\infty\ \forall x \in S_2$. Für $\tilde{\mu}_{0,m} = \sum_1^m (e^{n^2})^{-2} \varepsilon_n$ und $\tilde{h}_{0,m} = \int \tilde{K}_2(., y)\, \tilde{\mu}_{0,m}(dy)$ gilt $\tilde{h}_{0,m} \uparrow \tilde{h}_0$ — wende Konvergenzaxiom an ([1], S. 11).

(3.2) Bemerkung: *Man beachte, daß* (2.1) *im Beweis von* (2.2) *entscheidend ausgenutzt wurde — für die Räume* $\tilde{M}(S_2^*)$ *gilt eine andere Inklusionsbeziehung* (3.1) — *also kann der Beweis von* (2.2) *nicht auf* $({}^iH')$, $i = 1, 2$ *übertragen werden.*

Die '$\mathscr{C}_0(S^*)$' bzw. '$\mathscr{C}_b(S^*)$' Erweiterungen L_0, L_b von L in H^b können jetzt konstruiert werden:

(3.3) Satz: *Sei* $f \in \mathscr{C}_0(S^*)$ *und* $\sigma = \{\sigma H, \mathscr{T}_s)', H\}$ *die schwache Topologie auf* $(H, \mathscr{T}_s)'$ *(Definition von* $\mathscr{T}_s$ II, 2.10), *sei weiter* $l_n \in L$ *mit* $\lim_{n\to\infty} (\mathscr{T}_g)\, \tilde{l}_n = f$. *Dann existiert Teilfilter* $\mathscr{F}$ *der Folge* $l_n \in (H, \mathscr{T}_s)'$ *und* $l_0 \in (H, \mathscr{T}_s)'$ *mit:*

$$\lim\nolimits_{\mathscr{F}} (\sigma)\, l_n = l_0 \quad \text{und} \quad l_0\, \tilde{K}(., y) = f(y)\ \forall\, y \in S^* . \tag{3.4}$$

$$l_0 \int \tilde{K}(., y)\, \tilde{\mu}(dy) = \int l_0\, \tilde{K}(., y)\, \tilde{\mu}(dy)\ \forall\, \tilde{\mu} \in \tilde{M}(S^*) . \tag{3.5}$$

Beweis: (3.4): Wenn $\{l_n\}_{n=1,2,\ldots}$ gleichgratig stetig in $(H, \mathscr{T}_s)'$, dann impliziert der Satz von Alaoglu-Bourbaki ([4], p. 84) die schwach-relative Kompaktheit der Folge $(l_n)_{n=1,2,\ldots}$ in $(H, \mathscr{T}_s)'$. Die gleichgradige Stetigkeit der Folge $(l_n)_{n=1,2,\ldots}$ in $(H, \mathscr{T}_s)'$ ist nach ([4], th. 4.2, p. 83) bewiesen, wenn die Folge $(l_n)_{n=1,2,\ldots}$ einfach beschränkt ist.[1]) Gezeigt wird:

$$\sup_n |l_n(h)| < +\infty\ \forall\, h \in \mathcal{H}_+ .$$

Sei $h = \int \tilde{K}(., y)\, \tilde{\mu}(dy)$, n_0 die zu $\varepsilon > 0$ nach Voraussetzung existierende nat. Zahl: $|\tilde{l}_n(y) - f(y)| < \varepsilon$ auf $S^*\ \forall\, n \geqq n_0$.

---

[1]) Wesentlich wird ausgenutzt, daß τ_s metrisierbar und vollständig ist.

(2.5) impliziert: $|l_n(h)| \leqq \int |\tilde{l}_n(y) - 'f(y)|\, \tilde{\mu}(dy) + \int |f(y)|\, \tilde{\mu}(dy) \leqq \varepsilon\, ||\tilde{\mu}|| + \text{const}\, ||\mu||\ \forall\, n \leqq n_0$, mit (3.1) folgt Behauptung.

Zu (3.5): Beachtet man (3.1), (2.5), den Satz von LEBESGUE und die Relation (nach 3.4):

$$\{\lim_{\mathfrak{F}}(\sigma)\, l_n\}\, (\tilde{K}(.,y)) = \{\lim_{n\to\infty} (\mathcal{T}_g)\, \tilde{l}_n\}\, (y) \text{ für alle } y \in S^*\,,$$

so gilt für alle $\tilde{\mu} \in \tilde{M}(S^*)$:

$$\int \tilde{l}_0(y)\, \tilde{\mu}(dy) = \int \{\lim_{\mathfrak{F}}(\sigma)\, l_n\}\, \tilde{K}(.,y)\, \tilde{\mu}(dy) = \int (\lim_{n\to\infty} \mathcal{T}_g\, \tilde{l}_n)\, \tilde{\mu}(dy)$$

$$= \lim_{n\to\infty} (\mathcal{T}_g) \int \tilde{l}_n(y)\, \tilde{\mu}(dy) = \lim_{\mathfrak{F}}(\sigma)\, l_n\, \{\int \tilde{K}(.,y)\, \tilde{\mu}(dy)\}$$

$$= l_0 \int \tilde{K}(.,y)\, \tilde{\mu}(dy)\,.$$

(3.6) Bezeichne L_0 die Teilmenge von H^b, die man aus L durch Hinzunehmen der in (3.3) konstruierten Linearformen l_0 erhält. (I, 1.8) und (3.5) ergeben

(3.7) $\tilde{\tau}$ ist 1—1 deutige Abbildung von L_0 auf $\mathscr{C}_0(S^*)$.

Für den Fall der Wärmeleitungsglechung schließt sich an:

(3.8) Satz: *Zu jeder Funktion $f \in \mathscr{C}_b(S_2^*)$ kann eine Linearform $l \in H^b$ so bestimmt werden, daß gilt:*

$$l\, \tilde{K}_2(.,y) = f(y)\ \forall\, y \in S_2^*,\ l \int \tilde{K}_2(.,y)\, \tilde{\mu}(dy) = \int l\, \tilde{K}_2(.,y)\, \tilde{\mu}(dy)\ \forall\, \tilde{\mu} \in \tilde{M}(S_2^*)\,. \quad (3.9)$$

(3.10) *Sei L_b aus L_0 durch Hinzunahme der so konstruierten Linearformen entstanden, dann ist $\tilde{\tau}$ 1—1 deutige Abbildung von L_b auf $\mathscr{C}_b(S_2^*)$.*

Beweis: Sei $f \in \mathscr{C}_b^+(S_2^*)$ und sei $g_n = \begin{cases} 1 & \text{auf} \quad (-n, +n) \\ 0 & \text{auf} \quad \complement\, \{-(n+1), (n+1)\}^{n \geqq 1}\,. \end{cases}$
Mit $f_n = g_n f \Rightarrow f_n \uparrow f$. Sei nun l_0^n die zu f_n nach (3.4) $\exists$ Linearform mit $l_0^n\, \tilde{K}_2(.,y) = f_n(y)$ auf S_2^*, (3.9) ist nach dem Beweisgang von (3.4) und wegen der 1-deutigen Zerlegbarkeit in Positiv- und Negativteil der Funktionen aus $\mathscr{C}_b(S_2^*)$ bewiesen, wenn die einfache Beschränktheit der Folge $(l_0^n)_{n=1,2,\ldots}$ gezeigt ist. Sei o. B. d. A. $h_2 = \int \tilde{K}_2(.,y)\, \tilde{\mu}_2(dy) \in \mathscr{H}_+$. Die Endlichkeit von $\tilde{\mu}_2$ (3.1), $f_n \uparrow f$ und $l_0^n(h_2) = \int_{S_2^*} f_n(y)\, \tilde{\mu}_2(dy)$ implizieren:

$$l_0^n(h_2) \leqq \int_{S_2^*} f(y)\, \tilde{\mu}_2(dy) < +\infty\ \forall\, n \geqq 1\,.$$

(3.10) folgt aus (3.9) — analoge Schlüsse wie im Beweis von (3.5). Es folgen die beiden Hauptsätze der Arbeit: ($L_b = L_0$ im komp. Fall).

(3.11) Homöomorphiesatz:

Bezeichne $\overline{H}$ das Bild von $\mathscr{C}_b(S^*)$ unter c. $\mathcal{T}_0$, $\mathcal{T}_K$ seien die in (I. 2,9) *eingeführten Ordnungstopologien auf H bzw. H^b, dann gilt: c $\circ\, \tilde{\tau}$ ist Homöomorphie:*

$$(L_b, \mathcal{T}_K) \underset{c \circ \tilde{\tau}}{\rightarrow} (\overline{H}, \mathcal{T}_0)\,.$$

Beweis: Nach (3.11) ist $\tilde{\tau}$ eine positive, lineare Abbildung von L_b auf $\mathscr{C}_b(S^*)$ $\tilde{\tau}^{-1}$ eine positive, lineare Abbildung von $\mathscr{C}_b(S^*)$ auf L_b. Wegen (I, 6) und auf-, grund der zugehörigen Ordnungstopologien $\mathscr{T}_0$ und $\mathscr{T}_b$ nichts mehr zu zeigen.

(3.12) Dualität:

Die Räume H, $\overline{H}$ sind dual vermöge der Bilinearform

$$\langle h, \overline{h}\rangle = [(c \circ \tilde{\tau})^{-1}(\overline{h})](h); \quad h \in H, \overline{h} \in \overline{H}.$$

Beweis: Aufgrund der Konstruktion von $\overline{H}$ und wegen (1.4) nichts mehr zu zeigen.

IV. Anmerkungen

1. Wahrscheinlichkeitstheoretische Interpretation

$\hat{\varepsilon}_x$ (Definition in I, 10) kann interpretiert werden als Verteilung der 1. Treffer des BROWN- bzw. Raum-Zeit-Prozesses auf dem „zugehörigen" MARTIN-Rand S^*. Für $x_1 \neq x_2$ kann jetzt $\sup(\hat{\varepsilon}_{x_1}, \hat{\varepsilon}_{x_2}) \in \mathscr{C}_0(S^*)$ gedeutet werden als Verteilung der 1. Treffer des betreffenden Prozesses, der startet „gemäß der ordnungsbeschränkten Linearform $l_0 = \sup(\hat{\varepsilon}_{x_1}, \hat{\varepsilon}_{x_2})$".

2. Dualität harmonischer Räume

Bezeichne $\tilde{H}_2$ den Vektorraum der coharmonischen Funktionen in der unteren Halbebene, dessen Elemente nach [2] 1—1 deutig den Funktionen aus $\mathscr{C}_b(S_2^*)$ zugeordnet sind, so gelten (3.11) und (3.12) entsprechend, wenn $\overline{H}_2$ durch $\tilde{H}_2$ ersetzt wird: SIEVEKING hat in [5] gezeigt, daß für die Wärmeleitungsgleichung in der Ebene ein zu R homöomorpher MARTIN-Rand angegeben werden kann. Bedenkt man weiter, daß für die nicht-negativen Lösungen der LAPLACE-Gleichung im R^2 kein MARTIN-Rand existiert, im R^m, $m > 3$ der MARTIN-Rand 1-punktig ist, so erlauben die Resultate eine *spezifische parabolische Anwendung*: Man betrachte zwei verschiedene, den Axiomen von BAUER (siehe [1]) genügende parabolische Differentialgleichungen A, B mit zu R-homöomorphen MARTIN-Rändern im Sinne von [5]. Mit $H_A = \mathscr{H}_+^A - \mathscr{H}_+^A$; $H_B = \mathscr{H}_+^B - \mathscr{H}_+^B$ ist eine *maximale* Dualität von H_A (bzw. H_B) mit einem Teilraum von H_B (bzw. H_A) konstruierbar.

3. Fegen über den MARTIN-Rand

Sei C definiert durch $C_1 = \{x \mid \|x\| < 3/4\}$, $C_2 = \{x \mid \|(\zeta, t) - (0, 1)\| < 3/4\}$, $C \supset V$, C^* die entsprechenden Kreisränder:

Nach ([1], 3.4.1 und S. 115) kann jedes $\nu \in M(V^*)$ 1—1 deutig auf ein $\mu \in M(C^*)$ so abgebildet werden, daß $\nu(h) = \mu(h)\ \forall\, h \in H$/(3.7) gestattet im folgenden Sinne die Umkehrung:

Jedem $\mu \in M(C^*)$ entspricht 1—1 deutig $\hat{\mu} \in \mathscr{C}_0(S^*)$, $\hat{\mu}$ ist wiederum Bild genau einer Linearform $l_0 \in L_0$ also $\hat{\mu} = \hat{l}_0$ {über den Zusammenhang mit $M(V^*)$ siehe (I, 9) und (3.6)} und es gilt ebenfalls:

$$\mu(h) = \mu \int K(.,y)\, \mu_h(dy) = \int \hat{\mu}(y)\, \mu_h(dy) = \int \hat{l}_0(y)\, \mu_h(dy) = l_0 \int K(.,y)\, \mu_h(dy)$$
$$= l_0(h)\ \forall\, h \in H.$$

4. Zusammenhang mit dem „allgemeinen" DIRICHLET-Problem

Die Dualität (3.12) konnte konstruiert werden, weil die Ergebnisse von [2] die Existenz der hier verwendeten CAUCHY-DIRICHLET-Lösung in bezug auf Funktionen auf $\mathscr{C}_b(S_2^*)$ gewährleisten. Fordert man dagegen den „fein" stetigen Anschluß an die Randfunktion in λ-fast allen Punkten $\in S_2^*$, so sind in diesem Sinne alle die beschränkten, BOREL-meßbaren Funktionen auf S_2^* resolutiv, die μ_1^n integrabel sind, wobei $\mu_1^n = K_2(x_n, .)\,\lambda$, $x_n = (0, n) \in S_2 = 1, 2, \ldots$ Bezeichne $\mathscr{B}_b^{u_1}(S_2^*)$ die Klasse dieser Funktionen, $\mathscr{B}_b(S_2^*)$ die Menge der beschränkten, BOREL-meßbaren Funktionen auf S_2^*. Den Zusammenhang des hier vorgetragenen Ansatzes „am MARTIN-Rand" mit der „fein-stetigen" Lösung des Randwertproblems und dem „allgemeinen" DIRICHLET-Problem klärt die Bemerkung:

Zu jedem $b \in \mathscr{B}_b(S_2^*)$ existiert ein $l \in H^b$, so daß gilt:

$$\tilde{l} = b \quad \text{und} \quad l \int \tilde{K}_2(., y)\, \tilde{\mu}(dy) = \int \tilde{l}(y)\, \tilde{\mu}(dy) \;\forall\, \tilde{\mu} \in \tilde{M}(S_2^*)\,. \tag{x}$$

Denn: Sei $\mathscr{F}$ *die* Teilmenge von $\mathscr{B}\,|\,\mathrm{x}(S_2^*)$, für deren Elemente ein $l \in H^b$ mit (x) existiert. Ersichtlich ist $\mathscr{F}$ ein Vektorraum über R und enthält nach (3.8) $\mathscr{C}_b(S_2^*)$.

Der Beweis von (3.8) zeigt aber, daß auch zu jeder Funktion $f \in \mathscr{B}_b(S_2^*)$ (wobei $f = \sup f_n, f_n \in \mathscr{F}\}$ ein $l \in H^b$ mit den Eigenschaften (x) existiert, also $f \in \mathscr{F}$. $\mathscr{F}$ stimmt aber mit $\mathscr{B}_b(S_2^*)$ überein.

Literatur

[1] BAUER, H., Harmonische Räume und ihre Potentialtheorie. Lectures Notes in Mathematics **22**, Berlin–Heidelberg–New York, Springer (1966).

[2] KÖHN, J., SIEVEKING, M., Zum CAUCHYschen und DIRICHLETschen Problem. Math. Annalen **177** (1968).

[3] KÖTHE, G., Dualität in der Funktionentheorie. Journal für die reine und angew. Mathematik **191** (1953).

[4] SCHAEFER, H. H., Topological Vector Spaces. New York, Macmillan (1966).

[5] SIEVEKING, M., Integraldarstellung superharmonischer Funktionen mit Anwendung auf parabolische Differentialgleichungen, in: Lecture Notes in Mathematics **69**, Berlin–Heidelberg–New York, Springer (1968).

[6] TILLMANN, H. G., Dualität in der Potentialtheorie. Portugaliae Mathematica **13** (1954).

[7] WIDDER, D., Positive temperatures on an infinite rod. Trans. Am. Math. Soc. **55** (1944).

Potentiale bei der Wellengleichung im R^2 und Charakterisierung der Mengen der Kapazität Null

Von Bert-Wolfgang Schulze, Berlin[1])

(Manuskripteingang: 24. August 1969)

Die von G. Anger eingeführte $C(\Phi)$-Kapazität wird für die Grundlösung Φ_H der Wellengleichung $\partial^2 u/\partial x\, \partial y = 0$ untersucht.

Charakterisiert wird die Menge aller positiven Radon-Maße, die ein stetiges Φ_H-Potential besitzen. Es sind genau diejenigen Maße, für die jede achsenparallele Gerade eine Nullmenge ist. Das Verhalten der Unstetigkeiten der Φ_H-Potentiale wird näher untersucht. Die Menge der Unstetigkeitsstellen ist höchstens eine Menge mit innerer $C(\Phi_H)$-Kapazität Null. Dieser Satz (ausgesprochen für den R^n) ist eine Verschärfung eines anlogen Satzes von B. Fuglede und L. Schwartz.

Die Mengen der inneren $C(\Phi_H)$-Kapazität Null widerspiegeln das Vorhandensein charakteristischer Richtungen. Es gilt der Satz, daß eine universell meßbare Menge B genau dann die innere $C(\Phi_H)$-Kapazität Null besitzt, wenn sich jede kompakte Teilmenge durch abzählbar viele Charakteristiken überdecken läßt. Der Beweis wird mit Hilfe einer Transformation auf den von G. Wildenhain im R^1 betrachteten Fall zurückgeführt. Dabei spielen gewisse durch Quadratschachtelungen definierte diskontinuierliche kompakte Mengen eine wesentliche Rolle. Die vorliegenden Untersuchungen gelten analog für den Fall $\partial^n u/\partial x_1\, \partial x_2 \ldots \partial x_n = 0$.

Besonderheiten der $C(\Phi_H)$-Kapazität gegenüber dem Kapazitätsbegriff bei elliptischen Gleichungen veranlassen zu neuen Normierungen, wobei sich ein rechtsseitiges Stetigkeitsverhalten auf den Restklassen nach dem Nullmengensystem einstellt.

Inhalt

[1]) Anschrift des Autors:

Dr. Bert-Wolfgang Schulze, Deutsche Akademie der Wissenschaften
Institut für Reine Mathematik
DDR — 1199 Berlin, Rudower Chaussee 5

1. Vorbereitende Betrachtungen[1])

Von G. Anger [1], [2] wurde ein Kapizitätsbegriff eingeführt und studiert, in dessen Definition der zugrundegelegte Kern nicht notwendig Grundlösung einer elliptischen Differentialgleichung sein muß. Es ist seit jeher interessant, die für elliptische Differentialgleichungen (insbesondere für die Laplace-Gleichung) eingeführten Begriffsbildungen auf andere partielle Differentialgleichungen zu übertragen und zu untersuchen, ob sie auch dort eine Bedeutung besitzen (man vergleiche hierzu auch G. Wildenhain [10]). Als Modellfall betrachten wir im R^2 die Wellengleichung $u_{xy} = 0$ und geben eine Charakterisierung der Mengen der Kapazität Null an. Es zeigt sich, daß die (zur physikalischen Kapazität bei der Laplace-Gleichung analog gebildete) Kapazität die charakteristischen Richtungen reproduziert, was wegen der besonderen Gestalt der Grundlösung $\Theta(x)\ \Theta(y)$ allerdings auch zu erwarten ist. Wir setzen $\Theta(x) = 1$ für $x > 0$, $\Theta(x) = 0$ für $x \leqq 0$.

$\mathfrak{M}^+$ sei die Menge aller positiven Radon-Maße im R^2 und $\mathfrak{M}$ die lineare Hülle von $\mathfrak{M}^+$. $\mathfrak{B}$ sei die σ-Algebra aller universell meßbaren Mengen im R^2 (d. h. $B \in \mathfrak{B} \Leftrightarrow B$ meßbar für alle $\mu \in \mathfrak{M}^+$). S_μ bezeichne den Träger von μ. Ein universell meßbarer Kern $\Phi(P, P')$ $(P, P' \in R^2)$ heißt S-Kern, wenn es ein nichtverschwindendes $\lambda \in \mathfrak{M}^+$ mit kompaktem Träger gibt, so daß die Potentiale $\Phi^+ \lambda(P) = \int \Phi^+(P, P')\, d\lambda(P')$ und $\Phi^- \lambda(P) = \int \Phi^-(P, P')\, d\lambda(P')$ stetig sind. Hierbei ist

$$\Phi^+(P, P') = \sup\{\Phi(P, P'), 0\}, \qquad \Phi^-(P, P') = -\inf\{\Phi(P, P'), 0\}.$$

Die Gesamtheit dieser λ wird mit $F^+(\Phi)$ bezeichnet. Ein S-Kern $\Phi(P, P')$ heißt C-Kern, falls es zu jedem $B \in \mathfrak{B}$ mit $\lambda(B) \neq 0$ ein $\lambda_0 \in F^+(\Phi)$ gibt, so daß $\lambda_0(B) \neq 0$ und $S_{\lambda_0} \subseteq B$ erfüllt ist (G. Anger, [1]). Ist K eine kompakte Menge, so heißt die Zahl

$$C(\Phi; K) = \sup\{||\lambda|| : \lambda \in F^+(\Phi), S_\lambda \subseteq K, |\Phi \lambda(P)| \leqq 1 \quad \text{für alle} \quad P \in R^n\}$$

die $C(\Phi)$-Kapazität von K. Für beliebiges $B \in \mathfrak{B}$ heißt

$$C_i(\Phi; B) = \sup\{C(\Phi; K) : K \subseteq B, K \text{ kompakt}\}$$

innere, und

$$C_e(\Phi; B) = \inf\{C_i(\Phi; U) : U \supseteq B, U \text{ offen}\}$$

äußere $C(\Phi)$-Kapazität von B (G. Anger, [1]). Diese Zahlen können auch unendlich sein.

Die hier gewählte Normierung wie sie bei der Laplace-Gleichung üblich ist $(|\Phi \lambda(P)| \leqq 1$ für alle $P \in R^n)$ unterscheidet sich von der Normierung, die in [1] verwendet wird $(|\Phi|\ \lambda(P) \leqq 1$ für alle $P \in K)$. Das Mengensystem $I_\Phi = \{B : B \in \mathfrak{B}, C_i(\Phi; B) = 0\}$ wird dadurch jedoch nicht beeinflußt. Auf die Normierungsfrage gehen wir später noch ausführlich ein. Das Mengensystem I_Φ ist ein σ-Ideal in $\mathfrak{B}$ (d. h. mit abzählbar vielen Elementen gehört auch die Vereinigung zu I_Φ, und mit jedem Element B gehört auch jedes $A \in \mathfrak{B}$ mit $A \subseteq B$ dazu).

[1]) Die Themenstellung zu dieser Arbeit sowie zahlreiche Anregungen und Hinweise verdanke ich Herrn Dr. Anger aus Berlin.

Eine Gerade wird achsenparallel genannt, wenn sie zur x-Achse oder zur y-Achse parallel ist. Ein Quadrat heißt achsenparallel, wenn seine Seiten achsenparallel sind. Zu einer Menge $N \in \mathfrak{B}$ gebe es abzählbar viele achsenparallele Geraden, welche N überdecken. Die Gesamtheit dieser N bildet ein σ-Ideal in $\mathfrak{B}$. Wir bezeichnen es mit I_θ. Jede abzählbare Menge, sowie jede aus einem achsenparallelen Geradenstück bestehende Menge gehört zu I_θ. Alle Elemente von I_θ sind LEBESGUEsche Nullmengen. Für eine Menge $B \in \mathfrak{B}$ bezeichnen wir mit B_x bzw. B_y die orthogonale Projektion von B auf die x- bzw. y-Achse.

Hilfssatz 1: *Eine Menge $N \in \mathfrak{B}$ liegt genau dann in I_θ, wenn es disjunkte Mengen $A, B \in \mathfrak{B}$ gibt mit $A \cup B = N$, so daß die Projektionen A_x und B_y abzählbar sind.*

Beweis: Es sei $N \in I_\theta$. Dann gibt es abzählbare Scharen von zur x- bzw. y-Achse parallelen Geraden A' bzw. B' mit $N \subseteq A' \cup B'$. Mit $A = N \setminus A' \subseteq B'$, $B = N \setminus A \subseteq A'$ gilt dann $A \cap B = \emptyset$, $A \cup B = N$, und A_x und B_y sind abzählbar. Sind umgekehrt A und B Mengen der genannten Eigenschaft und A_x bzw. B_y ihre abzählbaren Projektionen, so bestehe A' aus allen zur x-Achse parallelen Geraden durch die Punkte von B_y, B' aus allen zur y-Achse parallelen Geraden durch die Punkte von A_x. Dann gilt $A \subseteq B'$, $B \subseteq A'$, also $A \cup B = N \subseteq A' \cup B'$. Folglich ist $N \in I_\theta$.

2. Eigenschaften der Potentiale bei der Wellengleichung

Ist $P(D)$ ein Differentialoperator mit konstanten Koeffizienten und $P^*(D)$ der adjungierte, so heißt bekanntlich jede Distribution E mit

$$\int_{R^n} E(x - x')\, P^*(D)\, \varphi(x')\, dx' = \varphi(x) \qquad \text{für alle} \qquad \varphi \in \mathfrak{D}$$

Grundlösung des Operators $P(D)$. $\mathfrak{D}$ ist der Raum aller unendlich oft differenzierbaren Funktionen mit kompaktem Träger (x, x' sind hierbei Punkte des R^n, das Integral ist nur die symbolische Schreibweise für die Anwendung des Funktionals auf die dahinter stehende Funktion).

Für $P(D) = \partial^2/\partial x\, \partial y$ ist $\Theta(x)\, \Theta(y)$ eine Grundlösung. Mit dem Maß $\mu \in \mathfrak{M}^+$ und dem C-Kern $\Phi_H(x, y; x', y') = \Theta(x - x')\, \Theta(y - y')$ (G. ANGER, [3]) bilden wir das Potential

$$\begin{aligned} \Phi_H\, \mu(x, y) &= \int \Phi_H(x, y; x', y')\, d\mu(x', y') \\ &= \mu\left(\{(x', y'): -\infty \leqq x' < x, -\infty \leqq y' < y\}\right). \end{aligned}$$

Es ist nach unten halbstetig (G. ANGER, [1]), nicht negativ und für S_μ kompakt gleichmäßig beschränkt im R^2. Positive Maße mit unendlicher Gesamtmasse erzeugen ein nicht beschränktes Potential.

Für $\Phi_H(x, y)$ schreiben wir im vorliegenden Fall $\chi_\mu(x, y)$ und statt (x, y) häufig P. *Für* $\mu \in \mathfrak{M}$ erklären wir $\chi_\mu = \chi_{\mu_1} - \chi_{\mu_2}$, wenn $\mu = \mu_1 - \mu_2$ ($\mu_1, \mu_2 \in \mathfrak{M}^+$) gilt.

Außerhalb S_μ ist χ_μ schwache Lösung von $u_{xy} = 0$, d. h. $\int \chi_\mu(x, y)\, \partial^2/\partial x\, \partial y \times \varphi(x, y)\, dx\, dy = 0$ für alle $\varphi \in \mathfrak{D}$, die auf S_μ verschwinden. Aus der Definition der Grundlösung folgt, daß die Zuordnung zwischen $\mu \in \mathfrak{M}$ und $\Phi_H\, \mu = \chi_\mu$

eineindeutig ist (Vergl. G. Anger, [1], S. 36). Von $\mu \in \mathfrak{M}$ wird im folgenden stets vorausgesetzt, daß das Potential $\chi_\mu(x, y)$ auf kompakten Mengen beschränkt ist. Das Lebesgue-Maß im R^2 kommt also z. B. nicht in Betracht, dagegen jedes Maß mit kompaktem Träger.

Die folgenden Betrachtungen ändern sich nur unwesentlich, wenn man anstelle von Φ_H den Kern $\Phi_H^* = \Theta\,(x' - x)\,\Theta\,(y' - y)$ verwendet.

Wir betrachten die offenen Quadranten

$$Q_1 = \{(x, y) : -\infty \leqq x < x_0, -\infty \leqq y < y_0\},$$

$$Q_2 = \{(x, y) : x_0 < x \leqq +\infty, y_0 < y \leqq +\infty\}$$

und nennen eine Funktion $\chi(x, y)$ linksseitig bzw. rechtsseitig stetig im Punkt $P_0 = (x_0, y_0)$, wenn gilt

$$(x^n, y^n) \in Q_1, x^n \to x_0, y^n \to y_0 \Rightarrow \chi(x^n, y^n) \to \chi(x_0, y_0)$$

bzw.

$$(x^n, y^n) \in Q_2, x^n \to x_0, y^n \to y_0 \Rightarrow \chi(x^n, y^n) \to \chi(x_0, y_0)\,.$$

Die im folgenden Hilfssatz formulierte Monotonie wird später fallengelassen.

Hilfssatz 2: $\chi_\mu(x, y)$ $(\mu \in \mathfrak{M}^+)$ *hat folgende Eigenschaften:*

$$x_1 \leqq x_2, y_1 \leqq y_2 \Rightarrow \chi_\mu(x_1, y_1) \leqq \chi_\mu(x_2, y_2) \quad (\textit{Monotonie})\,,$$

$$(x^n, y^n) \in Q_1, x^n \nearrow x_0, y^n \nearrow y_0 \Rightarrow \chi_\mu(x^n, y^n) \nearrow \chi_\mu(x_0, y_0)\,.$$

Beweis: Positive Maße sind monoton. Die erste Behauptung folgt dann aus

$$x_1 \leqq x_2, y_1 \leqq y_2 \Rightarrow \{(x', y') : -\infty \leqq x' < x_1, -\infty \leqq y' < y_1\}$$
$$\subseteqq \{(x', y') : -\infty \leqq x' < x_2, -\infty \leqq y' < y_2\}\,.$$

Zum Beweis der linksseitigen Stetigkeit setzen wir für $(x_0, y_0) \in R^2$

$$M_{x_0 y_0} = \{(x, y) : x = x_0, y \leqq y_0\} \cup \{(x, y) : x \leqq x_0, y = y_0\}$$

und

$$B^n_{x_0 y_0} = \bigcup_{\substack{x^n \leqq x < x_0 \\ y^n \leqq y < y_0}} M_{xy}\,.$$

Es gilt dann

$$B^n_{x_0 y_0} \supseteqq B^{n+1}_{x_0 y_0}\,, \quad \bigcap_{n=1}^{\infty} B^n_{x_0 y_0} = \emptyset$$

und

$$\mu(B^n_{x_0 y_0}) = \chi_\mu(x_0, y_0) - \chi_\mu(x^n, y^n) < \infty\,.$$

Aus

$$\lim_{n\to\infty} \left(\chi_\mu(x_0, y_0) - \chi_\mu(x^n, y^n)\right) = \lim_{n\to\infty} \mu(B^n_{x_0 y_0}) = \mu\left(\bigcap_{n=1}^{\infty} B^n_{x_0 y_0}\right) = 0$$

folgt die Behauptung.

Hilfssatz 3: $\chi_\mu(x, y)$ $(\mu \in \mathfrak{M}^+)$ *ist im Punkt* (x_0, y_0) *stetig genau dann, wenn* $\mu\,(M_{x_0 y_0}) = 0$ *gilt.*

Beweis: Die Folge (x^n, y^n) konvergiere gegen (x_0, y_0) (mit „Folge (x^n, y^n)" ist immer $((x^n, y^n))_{n=1,2,\dots}$ gemeint). Betrachtet man die Glieder der Folge, die ganz in einem der Quadranten Q_1, Q_2, $Q_3 = \{(x, y) : x_0 \leqq x \leqq +\infty, -\infty \leqq y \leqq y_0\}$ oder $Q_4 = \{(x, y) : -\infty \leqq x \leqq x_0, y_0 \leqq y \leqq +\infty\}$ liegen, so erhält man 4 Teilfolgen, die alle gegen (x_0, y_0) konvergieren, falls sie nicht abbrechen. Wenn eine Folge von Zahlen in endlich viele Teilfolgen zerlegt ist (d. h. jedes Glied kommt in genau einer Teilfolge vor), wobei die Teilfolgen entweder abbrechen oder, falls sie unendlich sind, gegen denselben Limes konvergieren, so konvergiert auch die Folge selbst gegen diesen Limes. Folglich genügt es, diejenigen Glieder von (x^n, y^n) zu betrachten, die ganz in einem der Quadranten liegen und zu zeigen, daß $\chi_\mu(x^n, y^n) \to \chi_\mu(x_0, y_0)$ gilt, falls die Teilfolge unendlich ist.

Der Quadrant Q_1 ist bereits betrachtet (Hilfssatz 2). Wir zeigen jetzt die rechtsseitige Stetigkeit, d. h. aus $\mu(M_{x_0 y_0}) = 0$ und $x^n \searrow x_0$, $y^n \searrow y_0$ in Q_2 folgt $\chi_\mu(x^n, y^n) \searrow \chi_\mu(x_0, y_0)$. Zuvor wird bemerkt, daß die für den maßtheoretischen Beweis erforderliche Monotonie $x^n \nearrow x_0$, $y^n \nearrow y_0$ in Q bzw. $x^n \searrow x_0$, $y^n \searrow y_0$ in Q_2 ohne Beschränkung der Allgemeinheit angenommen werden kann. Andernfalls projiziert man die Glieder der Folge längs achsenparalleler Geraden auf die Gerade $y - y_0 = x - x_0$ (nach unten oder links in Q_1, nach oben oder rechts in Q_2), wobei für die projizierten Punkte, die wir $(\hat{x}^n, \hat{y}^n)$ nennen, die Folge $\chi_\mu(\hat{x}^n, \hat{y}^n)$ eine Majorante ist für $\chi_\mu(x^n, y^n)$ (genauer gesagt, $\chi_\mu(x_0, y_0) - \chi_\mu(\hat{x}^n, \hat{y}^n) \geqq \chi_\mu(x_0, y_0) - \chi_\mu(x^n, y^n) \geqq 0$ in Q_1, $\chi_\mu(\hat{x}^n, \hat{y}^n) - \chi_\mu(x_0, y_0) \geqq \chi(x^n, y^n) - \chi_\mu(x_0, y_0) \geqq 0$ in Q_2, s. Hilfssatz 2). Die Monotonie der Folge $(\hat{x}^n, \hat{y}^n)$ erreicht man dadurch, daß man eine monotone Teilfolge $(\hat{x}^{n_j}; \hat{y}^{n_j})$ auswählt (die es ja geben muß) und dann die endlich vielen Punkte $(\hat{x}^k, \hat{y}^k)$ mit

$$\hat{x}^{n_j} \leqq \hat{x}^k \leqq \hat{x}^{n_{j+1}}, \qquad \hat{y}^{n_j} \leqq \hat{y}^k \leqq \hat{y}^{n_{j+1}}$$

durch $(\hat{x}^{n_j}, \hat{y}^{n_j})$ in Q_1 bzw. in Q_2 ersetzt. Dies entspricht dem nochmaligen Übergang zu einer majorisierenden Folge der dazugehörigen Funktionswerte (Monotonie von χ_μ, Hilfssatz 2). Die abgeänderte projizierte Folge ist jetzt monoton.

Die Folge (x^n, y^n) liege also in Q_2. Wir setzen

$$A^n_{x_0 y_0} = \bigcup_{\substack{x_0 \leqq x < x^n \\ y_0 \leqq y < y^n}} M_{xy},$$

und es gilt

$$A^n_{x_0 y_0} \supseteq A^{n+1}_{x_0 y_0}, \qquad \bigcap_{n=1}^{\infty} A^n_{x_0 y_0} = M_{x_0 y_0}$$

und

$$\mu(A^n_{x_0 y_0}) = \chi_\mu(x^n, y^n) - \chi_\mu(x_0, y_0) < \infty$$

(Man muß immer beachten, daß das Potential im Punkt (x_0, y_0) gleich der in Q_1 liegenden Masse von μ ist). Mit Hilfe eines bekannten Konvergenzsatzes der Maßtheorie für monoton fallende Mengenfolgen ergibt sich aus

$$\lim_{n\to\infty} \left(\chi_\mu(x^n, y^n) - \chi_\mu(x_0, y_0)\right) = \lim_{n\to\infty} \mu(A^n_{x_0 y_0}) = \mu(M_{x_0 y_0}) = 0$$

die Konvergenz der Folge der Funktionswerte, also die rechtsseitige Stetigkeit.

Es sei nun eine Folge (x^n, y^n) gegeben, deren Glieder in $Q_3 \cup Q_4$ liegen. Jeder Punkt (x^n, y^n) der Folge definiert eindeutig ein achsenparalleles Quadrat $\mathfrak{Q}^n$ mit dem Mittelpunkt (x_0, y_0), so daß (x^n, y^n) auf dem Rand liegt. (x_1^n, y_1^n) bzw. (x_2^n, y_2^n) seien die in Q_1 bzw. Q_2 liegenden Ecken von $\mathfrak{Q}^n$. Nach Hilfssatz 2 gilt

$$0 \leqq \chi_\mu(x_1^n, y_1^n) \leqq \chi_\mu(x^n, y^n) \leqq \chi_\mu(x_2^n, y_2^n) .$$

In der Mitte der Ungleichung könnte man auch ein beliebiges anderes $(x, y) \in \mathfrak{Q}^n$ einsetzen, z. B. (x_0, y_0). Genau eine der folgenden Ungleichungen trifft stets zu:

$$\chi_\mu(x_0, y_0) - \chi_\mu(x^n, y^n) > 0 \quad \text{oder} \quad \chi_\mu(x^n, y^n) - \chi_\mu(x_0, y_0) \geqq 0 ,$$

d. h. für festes n gilt entweder

$$0 < \chi_\mu(x_0, y_0) - \chi_\mu(x^n, y^n) \leqq \chi_\mu(x_0, y_0) - \chi_\mu(x_1^n, y_1^n)$$

oder

$$0 \leqq \chi_\mu(x^n, y^n) - \chi_\mu(x_0, y_0) \leqq \chi_\mu(x_2^n, y_2^n) - \chi_\mu(x_0, y_0) .$$

Im ersten Fall setzen wir $(x_{j_n}^n, y_{j_n}^n) = (x_1^n, y_1^n) \in Q_1$, im zweiten Fall $(x_{j_n}^n, y_{j_n}^n) = (x_2^n, y_2^n) \in Q_2$. Bei dieser Ersetzung verschlechtert sich die Konvergenz der Folge der Funktionswerte. Die Folge $(x_{j_n}^n, y_{j_n}^n)$ liegt aber in $Q_1 \cup Q_2$ und strebt gegen (x_0, y_0), d. h. nach dem oben gezeigten $\chi_\mu(x_{j_n}^n, y_{j_n}^n) \to \chi_\mu(x_0, y_0)$. Somit konvergiert erst recht $\chi_\mu(x^n, y^n)$ gegen $\chi_\mu(x_0, y_0)$. Damit ist gezeigt, daß aus $\mu(M_{x_0 y_0}) = 0$ die Stetigkeit des Potentials im Punkt (x_0, y_0) folgt.

Umgekehrt sei $\chi_\mu(x, y)$ in (x_0, y_0) stetig, dann folgt wegen der rechtsseitigen Stetigkeit $\mu(M_{x_0 y_0}) = 0$. Damit ist der Hilfssatz gezeigt.

Im Falle $\mu \in \mathfrak{M} \setminus \mathfrak{M}^+$ ist die Bedingung $\mu(M_{x_0 y_0}) = 0$ nicht hinreichend für die Stetigkeit des Potentials in (x_0, y_0). Als Gegenbeispiel diene das Potential des Maßes $\mu = \delta_{(0,1)} + \delta_{(1,0)} - \delta_{(2,0)}$ im Punkt $(x_0, y_0) = (2,1)$ ($\delta_{(x,y)}$ bezeichnet das DIRAC-Maß im Punkt (x, y)). Auf $M_{x_0 y_0}$ liegen nämlich die Maße $\delta_{(0,1)}$ und $-\delta_{(2,0)}$, und deren Gesamtmasse $\mu(M_{x_0 y_0})$ ist Null. Es gilt aber

Hilfssatz 3': *Für nichtpositives $\mu \in \mathfrak{M}$ ist $\chi_\mu(x, y)$ im R^2 linksseitig stetig. Die Bedingung $\mu(M_{x_0 y_0}) = 0$ ist notwendig und hinreichend für die rechtsseitige Stetigkeit des Potentials.*

Beweis: $\mu = \mu^+ - \mu^-$ sei die Zerlegung von μ in die ausgezeichneten positiven Maße. Dann gilt $\chi_\mu = \chi_{\mu^+} - \chi_{\mu^-}$, wobei χ_{μ^+} und χ_{μ^-} linksseitig stetig sind. $(x^n, y^n) \in Q_1$ darf sich nach den obigen Bemerkungen beliebig dem Punkt (x_0, y_0) nähern. Daraus folgt die linksseitige Stetigkeit von χ_μ. Für $(x^n, y^n) \in Q_2$ hat man wie im vorigen Beweis (bei beliebiger Annäherung an (x_0, y_0))

$$\begin{aligned}\lim_{n\to\infty} \left(\chi_\mu(x^n, y^n) - \chi_\mu(x_0, y_0)\right) &= \lim_{n\to\infty} \left(\chi_{\mu^+}(x^n, y^n) - \chi_{\mu^+}(x_0, y_0)\right) \\ &\quad - \lim_{n\to\infty} \left(\chi_{\mu^-}(x^n, y^n) - \chi_{\mu^-}(x_0, y_0)\right) \\ &= \mu^+(M_{x_0 y_0}) - \mu^-(M_{x_0 y_0}) = \mu(M_{x_0 y_0}) .\end{aligned}$$

Folglich ist $\mu(M_{x_0 y_0}) = 0$ äquivalent mit der rechtsseitigen Stetigkeit.

Satz 1: *Das Φ_H-Potential eines Maßes $\mu \in \mathfrak{M}^+$ ist genau dann stetig im R^2, wenn jede achsenparallele Gerade das μ-Maß Null besitzt.* (Dieser Satz gilt nicht für beliebige $\mu \in \mathfrak{M}$. Wir benötigen ihn auch nur für positive Maße. Der Satz ist eine Charakterisierung der Maße mit stetigem Potential.)

Beweis: Wenn jede achsenparallele Gerade das μ-Maß Null besitzt, gilt für alle $(x, y) \in R^2$ die Beziehung $\mu(M_{xy}) = 0$, also ist nach Hilfssatz 3 $\chi_\mu(x, y)$ stetig im R^2. Besitzt andererseits eine achsenparallele Gerade ein positives μ-Maß, so kann nicht für alle Punkte (x_0, y_0) der Geraden $\mu(M_{x_0 y_0}) = 0$ gelten, sonst wäre das Maß darauf selbst Null. Das bedeutet nach Hilfssatz 3 die Unstetigkeit des Potentials.

Die Menge B_μ aller Unstetigkeitsstellen des Potentials χ_μ ($\mu \in \mathfrak{M}$) kann man auch insgesamt charakterisieren. Es gilt folgender Satz von B. FUGLEDE und L. SCHWARTZ ([6]):

Es sei χ eine Funktion im R^n (Träger kompakt), und die Ableitung $\partial^n \chi / \partial x_1 \, \partial x_2 \ldots \partial x_n$ — genommen im distributiven Sinne — sei ein Maß μ. Die ersten Ableitungen $\partial \chi / \partial x_i$ ($i = 1, 2, \ldots, n$) seien integrierbare Funktionen. Dann ist χ bis auf eine LEBESGUEsche Nullmenge gleich einer stetigen Funktion.

Der folgende Satz (er gilt auch im R^n, s. u.) ist eine Verschärfung dieser Aussage.

Satz 2: *Die Menge B_μ der Unstetigkeitsstellen von $\chi_\mu(x, y)$ ($\mu \in \mathfrak{M}$) ist ein Element von I_θ.*

Beweis: Es sei zunächst S_μ kompakt und $\mu \in \mathfrak{M}^+$. Wir zeigen, daß es nur abzählbar viele achsenparallele Geraden geben kann mit positivem μ-Maß. Diese überdecken nach Satz 1 dann alle Unstetigkeiten von χ_μ. Angenommen, y_0 liegt oberhalb von S_μ (d. h. $y < y_0$ für alle y mit $(x, y) \in S_\mu$). Dann sind alle Unstetigkeiten von χ_μ Unstetigkeiten in x-Richtung, denn oberhalb von S_μ ist χ_μ eine Funktion von x allein, und zwar monoton wachsend und beschränkt. Es kann folglich nur abzählbar viele solche Unstetigkeiten x_k geben. Sie treten genau dann auf, wenn die Halbgeraden $\{(x, y): x = x_k, y \leqq y_0\}$ von positivem μ-Maß sind. Folglich gibt es nur abzählbar viele zur y-Achse parallele Geraden mit positivem μ-Maß. Entsprechend schließt man für die zur x-Achse parallelen Geraden. Falls $S_\mu(\mu \in \mathfrak{M}^+)$ nicht kompakt ist, überdecken wir die Ebene mit abzählbar vielen disjunkten halboffenen Rechtecken $\mathfrak{R}_j$. Die Einschränkung von μ auf $\mathfrak{R}_j$ bezeichnen wir mit μ_j. Es gilt $\mu = \sum \mu_j$. Zu jedem j gibt es nur abzählbar viele Geraden mit positivem μ_j-Maß, also kann es auch zu $\mu = \sum \mu_j$ nur abzählbar viele Geraden mit positivem μ-Maß geben.

Aus $\mu = \mu_1 - \mu_2 \in \mathfrak{M}$ mit $\mu_1, \mu_2 \in \mathfrak{M}^+$ und $B_\mu \subseteq B_{\mu_1} \cup B_{\mu_2} \in I_\theta$ folgt dann die Behauptung für beliebige $\mu \in \mathfrak{M}$.

Folgender Satz kann als Konsequenz rein maßtheoretischer Sachverhalte bewiesen werden:

In jedem Gebiet Ω außerhalb des Trägers von $\mu \in \mathfrak{M}$ bilden die Unstetigkeiten des Potentials $\chi_\mu(x, y)$ ein Netz höchstens abzählbar vieler achsenparalleler Geraden, die im Innern von Ω nicht enden können (d. h. einmal aufgetretene Unstetigkeiten können im Innern von Ω nicht wieder verschwinden). *In Ω kann man von χ_μ eine Sprungfunktion abspalten, die ein Analogon darstellt zum unstetigen Anteil einer Funktion beschränkter Variation im R^1.* Die Restfunktion ist dann stetig. Man kann Maße μ konstruieren, deren Potential $\chi_\mu(P)$ auf einer in der Ebene dichten Menge B_μ unstetig ist.

Die Unstetigkeiten der Φ_H-Potentiale lassen sich genauer als in Satz 2 beschreiben, wenn man $\mu \in \mathfrak{M}^+$ voraussetzt. *Nicht jedes $B \in I_\theta$ kann Unstetigkeitenmenge B_μ eines Potentials χ_μ ($\mu \in \mathfrak{M}^+$) sein.* Die Menge derjenigen $B \in I_\theta$, zu denen ein $\mu \in \mathfrak{M}^+$ mit $B = B_\mu$ existiert, bezeichnen wir mit I_θ^+. Es wird jetzt folgendes gezeigt:

Jedes $B_\mu \in I_\theta^+$ ist abzählbare Vereinigung von Mengen der folgenden drei Typen:

(1) *achsenparallele Geraden* $G_{x_0} = \{(x, y) : x = x_0\}$ *oder* $G_{y_0} = \{(x, y) : y = y_0\}$,

(2) *achsenparallele offene Halbgeraden* $H_{x_0} = \{(x, y) : x = x_0, y > y_0\}$ *oder* $H_{y_0} = \{(x, y) : x > x_0, y = y_0\}$,

(3) *achsenparallele abgeschlossene Geradenwinkel*

$$D_{x_0 y_0} = \{(x, y) : x = x_0, y \geqq y_0\} \cup \{(x, y) : x \geqq x_0, y = y_0\} .$$

Zum Beweis stellen wir zunächst fest, daß aus $\mu_i \in \mathfrak{M}^+$ ($i = 1, 2, \ldots$) und $\mu = \sum_{i=1}^{\infty} \mu_i \in \mathfrak{M}^+$ folgt

$$B_\mu = \bigcup_{i=1}^{\infty} B_{\mu_i} ,$$

denn $\mu(M_{xy}) > 0$ ist äquivalent mit $\mu_i(M_{xy}) > 0$ für wenigstens einen Index i. Vorausgesetzt wurde, daß das Potential auf kompakten Mengen beschränkt ist.

Die Potentiale der Maße aus $\mathfrak{M}^+$ kann man eindeutig in eine „Sprungfunktion" und einen stetigen Anteil zerlegen:

$$\chi_\mu = \chi_\sigma + \chi_{\mu_1} , \qquad \mu = \sigma + \mu_1 .$$

Es genügt, für $\sigma \in \mathfrak{M}^+$ die Einschränkung von μ auf B_μ zu nehmen. Dann erzeugt $\mu_1 = \mu - \sigma \in \mathfrak{M}^+$ ein stetiges Potential.

Das Maß σ wird nun weiter zerlegt durch Abspaltung seines atomischen Anteils σ_3. Es gibt höchstens abzählbar viele Punkte der Ebene, auf denen eine positive Masse von σ_3 liegt. Das Maß $\sigma' = \sigma - \sigma_3$ verschwindet auf einpunktigen Mengen und induziert auf jeder achsenparallelen Geraden ein Maß, dessen Träger in negativer x- bzw. y-Richtung beschränkt oder nicht beschränkt ist. Die Einschränkung von σ' auf die Menge der Geraden, wo der zweite Fall eintritt, nennen wir σ_1. Das Maß $\sigma' - \sigma_1 = \sigma_2$ induziert dann auf allen achsenparallelen Geraden ein Maß mit nach links bzw. unten beschränktem Träger. Es gilt

$$\sigma = \sigma_1 + \sigma_2 + \sigma_3 , \qquad B_\mu = B_\sigma = B_{\sigma_1} \cup B_{\sigma_2} \cup B_{\sigma_3} .$$

B_{σ_1} besteht aus abzählbar vielen Mengen vom Typ (1), B_{σ_3} besteht aus abzählbar vielen Mengen vom Typ (3), wobei in den Ecken die Punktmassen von σ_3 liegen. Es bleibt σ_2 zu diskutieren. Dieses Maß kann man weiter zerlegen in eine Summe $\sum_{i=1}^{\infty} (\sigma_{2,i}^x + \sigma_{2,i}^y)$, wobei die Indizes andeuten, daß die betreffenden Maße auf zur x- bzw. y-Richtung parallelen Geraden G_i liegen. Die Summation erstreckt sich über die abzählbar vielen Geraden, auf denen σ_2 nicht verschwindet. Das Potential $\psi = \chi_{\sigma_{2,i}^x}$ ist in x-Richtung stetig, aber nicht in y-Richtung.

Der linke Randpunkt des Trägers von $\sigma_{2,i}^x$ auf G_i sei (x_0, y_0). Dann gilt $\sigma_{2,i}^x(M_{x_0 y_0}) = 0$, also ist ψ in (x_0, y_0) stetig. Andererseits ist aber ψ in allen Punkten (x, y_0) mit $x > x_0$ unstetig, da stets $\sigma_{2,i}^x(M_{x y_0}) > 0$ gilt. Daraus folgt, daß die Menge der Unstetigkeiten von ψ die offene Halbgerade $H_{y_0(i)} \subset G_i$ ist. Entsprechend verfährt man mit $\sigma_{2,i}^y$. Auf diese Weise folgt

$$B_{\sigma_2} = \bigcup_{i=1}^{\infty} (H_{y_0(i)} \cup H_{x_0(i)}) ,$$

also ist diese Menge eine abzählbare Vereinigung von Mengen des Typs (2).

Umgekehrt läßt sich aber auch jede abzählbare Vereinigung von Mengen der Typen (1) bis (3) durch ein $\mu \in \mathfrak{M}^+$ repräsentieren. Es bezeichne γ_{x_0} bzw. γ_{y_0} das eindimensionale LEBESGUE-Maß auf G_{x_0} bzw. G_{y_0}, multipliziert mit einer so stark fallenden strikt positiven Funktion, daß das Potential auf kompakten Mengen beschränkt ist, η_{x_0} bzw. η_{y_0} die Einschränkung von γ_{x_0} bzw. γ_{y_0} auf H_{x_0} bzw. H_{y_0}, $\delta_{(x_0, y_0)}$ die in (x_0, y_0) konzentrierte Einheitsmasse. Die Potentiale dieser Maße besitzen genau auf den Mengen G_{x_0}, G_{y_0}, H_{x_0}, H_{y_0}, $D_{x_0 y_0}$ ihre Unstetigkeiten. Eine unendliche konvergente Linearkombination μ solcher Maße (mit nichtnegativen Koeffizienten) kann man stets so einrichten, daß B_μ gleich der vorgegebenen abzählbaren Vereinigung ist. Damit ist gleichzeitig gezeigt:

I_θ^+ ist abgeschlossen bezüglich abzählbarer Vereinigungsbildung.

Die endliche Durchschnittsbildung führt im allgemeinen aus I_θ^+ heraus.

Aus dem Potential $\chi_\mu(x, y)$ $(\mu \in \mathfrak{M})$ läßt sich das Maß μ zurückgewinnen. Auf dem Ring der halboffenen nichtentarteten Rechtecke gilt

$$\mu(\{(x, y) : x_1 \leqq x < x_2, y_1 \leqq y \leqq y_2\}) \\ = \chi_\mu(x_1, y_1) + \chi_\mu(x_2, y_2) - \chi_\mu(x_1, y_2) - \chi_\mu(x_2, y_1) .$$

Für $\mu \in \mathfrak{M}^+$ ist dieser Ausdruck nicht negativ, und falls das Rechteck außerhalb des Trägers S_μ liegt, gleich Null. Dies ist der maßtheoretisch interpretierte ASGEIRSONsche Mittelwertsatz, ausgesprochen für schwache durch ein Maß erzeugte Lösungen von $u_{xy} = 0$. Er gilt in analoger Fassung auch für achsenparallele nichtentartete Quader im R^n (außerhalb S_μ) bei der Gleichung $u_{x_1 x_2 \ldots x_n} = 0$. (Summe über die Funktionswerte in den Ecken, multipliziert mit entsprechendendem Vorzeichen, ist Null.)

Der Kern Φ_H ist ein C_r-Kern (G. ANGER, [1]), *d. h. es gilt*

$$\lambda \in F^+(\Phi_H) \Rightarrow \lambda_K \in F^+(\Phi_H)$$

für jede kompakte Menge K (λ_K bezeichnet die Einschränkung von λ auf K). Besitzt nämlich jede achsenparallele Gerade das λ-Maß Null, so besitzt sie auch das λ_K-Maß Null.

Wir betrachten jetzt ein Beispiel, und zwar ein Potential, welches durch ein nichtpositives Maß erzeugt wird. P sei ein beliebiger Punkt im R^2, $h > 0$ eine reelle Zahl. $\mathfrak{Q}$ sei das achsenparallele abgeschlossene Quadrat mit dem Mittelpunkt P und der Seitenlänge $2\,h$. Die achsenparallelen Geraden durch P zerlegen $\mathfrak{Q}$ in vier Teilquadrate. Auf das rechte obere und linke untere Teilquadrat schränken wir das LEBESGUE-Maß λ des R^2 ein. Auf die beiden anderen Teilquadrate schränken wir $-\lambda$ ein und addieren beide Einschränkungen. Dadurch entsteht ein nichtpositives Maß $\mu_{P,h}$ mit dem Träger $\mathfrak{Q}$.

Das von $\mu_{P,h}$ erzeugte Φ_H-Potential ist stetig, nicht negativ und nur im Innern von $\mathfrak{Q}$ von Null verschieden. Die Stetigkeit folgt daraus, daß jede achsenparallele Gerade das $\mu_{P,h}$-Maß Null besitzt. Daß der Träger mit $\mathfrak{Q}$ übereinstimmt folgt daraus, daß die Einschränkung von $\mu_{P,h}$ auf jede Halbebene mit achsenparalleler Begrenzung die Gesamtmasse Null besitzt. Die Positivität innerhalb von $\mathfrak{Q}$ macht man sich ebenfalls geometrisch klar (Φ_H ist die charakteristische Funktion des Quadranten Q_1). Das bedeutet, daß aus $\Phi_H \mu \geqq 0$ nicht $\mu \geqq 0$ folgt.

$\mathfrak{C}$ sei die Menge aller Maße, die sich durch Bildung endlicher Linearkombinationen mit positiven Koeffizienten von Maßen aus $\{\mu_{P,h} : P \in R^2, h > 0\}$ ergeben. Anhand der Kriterien 1 bis 3 in [1], S. 35/36 zeigt man, daß $\{\Phi_H \mu : \mu \in \mathfrak{C}\}$ eine positiv ergiebige Menge von Potentialen ist. Beschränkt man sich auf rationale Koordinaten von P, h und rationale Koeffizienten, so ist diese positiv ergiebige Menge abzählbar.

3. Charakterisierung der $C(\Phi_H)$-Nullmengen

Satz 3: *Eine Menge $B \in \mathfrak{B}$ besitzt genau dann die innere $C(\Phi_H)$-Kapazität Null, wenn jede kompakte Teilmenge von B in I_0 liegt.*

Zum Beweis dieses Satzes werden einige Hilfssätze benötigt. Zuvor vergleichen wir die bisherigen Aussagen mit den Verhältnissen bei der Differentialgleichung $u' = 0$. In diesem Fall ist $\Theta(x)$ eine Grundlösung, und die universell meßbare Menge B im R^1 ist genau dann von innerer $C(\Theta)$-Kapazität Null, wenn jede kompakte Teilmenge $K \subseteqq B$ abzählbar ist (G. WILDENHAIN, [9]). Entsprechend Satz 2 liegt auch die Menge der Unstetigkeitsstellen von

$$\chi_\mu(x) = \mu\,(\{x' : -\infty \leqq x' < x\})$$

im σ-Ideal I_0^1 der abzählbaren Mengen des R^1.

$(M, \mathfrak{A})$, $(M', \mathfrak{A}')$ seien meßbare Räume und $t : (M, \mathfrak{A}) \to (M', \mathfrak{A}')$ sei eine meßbare Abbildung. Dann wird für jedes Maß μ auf $\mathfrak{B}$ durch $A' \to \mu\,(t^{-1} A')$ ein Maß μ' auf $\mathfrak{A}'$ definiert (H. BAUER, [5]). Wir setzen $\mu' = t\,\mu$.

Zu jeder kompakten überabzählbaren Menge K im R^1 gibt es ein auf K gelegenes Maß $\mu' > 0$, so daß jede einpunktige Menge das Maß Null besitzt (G. WILDENHAIN, [9]).

Hilfssatz 4: *Die Menge $B \in \mathfrak{B}$ enthalte eine kompakte überabzählbare Menge K^*, welche mit jeder achsenparallelen Geraden höchstens einen Punkt gemeinsam hat. Dann gibt es ein $\mu \in \mathfrak{M}^+$, $\mu \neq 0$ mit $S_\mu \subseteqq B$ und stetigem Potential $\Phi_H \mu = \chi_\mu$.*

Beweis: Die Abbildung $t : K^* \to K_y^*$ von K^* auf seine Projektion K_y^* ist eineindeutig. Dabei ist K_y^* überabzählbar und kompakt. Auf K_y^* konstruieren wir ein Maß $\mu' > 0$, welches auf jeder einpunktigen Menge verschwindet. Dann ist $\mu = t^{-1} \mu'$ auf K^* konzentriert und verschwindet ebenfalls auf einpunktigen Mengen. Das μ-Maß jeder achsenparallelen Geraden ist Null, da $S_\mu \subseteqq K^*$ in höchstens einem Punkt geschnitten wird. Das bedeutet nach Satz 1 die Stetigkeit des Potentials $\Phi_H \mu$.

Hilfssatz 5: *Zu jeder kompakten Menge $K \notin I_\theta$ gibt es eine kompakte Menge $\tilde{K} \subseteq K$, so daß für jede offene Menge $\Omega \subseteq R^2$, die mit $\tilde{K}$ Punkte gemeinsam hat, $\Omega \cap \tilde{K} \notin I_\theta$ gilt.*

Beweis: Die offenen Kreisscheiben mit rationalem Radius und rationalen Mittelpunktskoordinaten bilden eine abzählbare Umgebungsbasis $\mathfrak{U}$ im R^2. Wir betrachten alle $U \in \mathfrak{U}$ mit $U \cap K \in I_\theta$ und ziehen die Vereinigung dieser U, welche eine offene Menge darstellt, von K ab. Dadurch entsteht eine kompakte Menge $\tilde{K} \subseteq K$, wobei sich $\tilde{K}$ nur um ein Element aus I_θ von K unterscheidet. Es sei $P \in \tilde{K}$ und Ω eine offene Umgebung von P. Wir nehmen entgegen der Behauptung an $\Omega \cap \tilde{K} \in I_\theta$ und stellen Ω als abzählbare Vereinigung aller Elemente aus $\mathfrak{U}$ mit $U \subseteq \Omega$ dar. Dann gilt für ein U dieser Überdeckung $P \in U$, und aus $U \subseteq \Omega$ folgt $U \cap \tilde{K} \subseteq \Omega \cap \tilde{K}$, wobei die rechte Seite dieser Inklusion und folglich auch die linke zu I_θ gehört. Dies widerspricht aber der Bildung von $\tilde{K}$.

Bemerkung: Beim Beweis dieses Hilfssatzes wurde nur verwendet, daß I_θ ein σ-Ideal ist. Bezeichnet also I_Φ das Nullmengensystem eines beliebigen C-Kerns Φ, so kann man in der angegebenen Weise jede kompakte Menge K von „überflüssigen" Bestandteilen aus I_Φ befreien. *Jedes $\lambda \in F^+(\Phi)$ mit $S_\lambda \subseteq K$ ist bereits auf $\tilde{K}$ konzentriert* (wobei $\tilde{K}$ natürlich abhängig ist von Φ). Auch zu nichtkompaktem $B \in \mathfrak{B}$ kann man eindeutig ein $\tilde{B} \in \mathfrak{B}$ bilden durch Wegnahme von Bestandteilen aus I_θ. Diese Konstruktion hängt eng mit dem Begriff der Faktoralgebra $\mathfrak{B}/I_\Phi$ zusammen (R. Sikorski, [8]), ist aber nicht ganz identisch damit.

Hilfssatz 6: *Jede kompakte Menge $K \notin I_\theta$ enthält eine kompakte überabzählbare Menge K^*, welche mit jeder achsenparallelen Geraden höchstens einen Punkt gemeinsam hat.*

Beweis: Wir nennen zwei Mengen M und N verträglich, wenn ihre Projektionen die Bedingung $M_x \cap N_x = M_y \cap N_y = \emptyset$ erfüllen. Ohne Beschränkung der Allgemeinheit setzen wir $K = \tilde{K}$ (Hilfssatz 5). Dann gilt für jede Umgebung U eines Punktes $P_0 \in K$ stets $U \cap K \notin I_\theta$. Es sei $\mathfrak{Q}$ ein achsenparalleles offenes Quadrat mit $P_0 \in \mathfrak{Q}$. Nach Hilfssatz 5 gilt $\mathfrak{Q} \cap K \notin I_\theta$, also gibt es in $\mathfrak{Q}$ einen Punkt $P_1 \in K$, so daß die Mengen $\{P_0\}$ und $\{P_1\}$ verträglich sind (d. h. für ein $\varepsilon > 0$ und $P_0 = (x_0, y_0)$, $P_1 = (x_1, y_1)$ gilt $|x_0 - x_1| \geqq \varepsilon$, $|y_0 - y_1| \geqq \varepsilon$). Daher gibt es achsenparallele offene Quadrate $\mathfrak{Q}_0$ und $\mathfrak{Q}_1$ mit $P_0 \in \mathfrak{Q}_0$, $P_1 \in \mathfrak{Q}_1$, so daß die Abschließungen $\overline{\mathfrak{Q}_0}$ und $\overline{\mathfrak{Q}_1}$ verträglich sind, $\overline{\mathfrak{Q}_0} \subset \mathfrak{Q}$ und $\overline{\mathfrak{Q}_1} \subset \mathfrak{Q}$ erfüllt ist und der Durchmesser von $\mathfrak{Q}_0$ und $\mathfrak{Q}_1$ höchstens gleich 2^{-1} ist. $\mathfrak{Q}_0$ und $\mathfrak{Q}_1$ nennen wir Quadrate ersten Ranges. Wir setzen

$$A_1 = \overline{\mathfrak{Q}_0} \cup \overline{\mathfrak{Q}_1}\,.$$

Diese Konstruktion setzen wir fort. In $\mathfrak{Q}_0$ gibt es einen zu P_0 verträglichen Punkt P_{01} und verträgliche achsenparallele Quadrate $\overline{\mathfrak{Q}_{00}}$, $\overline{\mathfrak{Q}_{01}}$ mit $P_0 \in \mathfrak{Q}_{00}$, $P_{01} \in \mathfrak{Q}_{01}$, wobei der Durchmesser von $\mathfrak{Q}_{00}$ und $\mathfrak{Q}_{01}$ höchstens gleich 2^{-2} ist und $\overline{\mathfrak{Q}_{00}} \subset \mathfrak{Q}_0$, $\overline{\mathfrak{Q}_{01}} \subset \mathfrak{Q}_0$ gilt. Entsprechend wird mit $\mathfrak{Q}_1$ verfahren. $\mathfrak{Q}_{00}$, $\mathfrak{Q}_{01}$,

$\mathfrak{Q}_{10}$, $\mathfrak{Q}_{11}$ nennen wir Quadrate zweiten Ranges. Ihre Abschließungen sind sämtlich paarweise verträglich. Wir setzen

$$A_2 = \overline{\mathfrak{Q}}_{00} \cup \overline{\mathfrak{Q}}_{01} \cup \overline{\mathfrak{Q}}_{10} \cup \overline{\mathfrak{Q}}_{11}\,.$$

Dieser Prozeß wird unbeschränkt fortgesetzt. Die A_k bilden eine monoton fallende Folge kompakter Mengen, so daß

$$K^* = \bigcap_{k=1}^{\infty} A_k$$

wieder eine kompakte Menge ist (P. S. ALEKSANDROV, [4]). Es gilt $K^* \subseteq K$. Wäre nämlich $P \in K^*$ und $P \notin K$, so hätte P von K einen positiven Abstand $\varepsilon > 0$. Die Punkte der Quadrate n-ten Ranges haben von K höchstens den Abstand 2^{1-n}, wobei für genügend große n stets $2^{1-n} < \varepsilon$ gilt. Dies widerspricht aber der Tatsache, daß P in allen A_k liegt, also ist $P \in K$. Jede Gerade parallel zur x- bzw. y-Achse schneidet K^* in höchstens einem Punkt. Wir zeigen, daß zwei Punkte von K^* nicht die gleiche Abszisse haben können. Die Projektion von A_k auf die x-Achse stellt eine Folge disjunkter Intervalle k-ten Ranges dar. Die Abszisse jedes Elements von K^* wird durch eine Schachtelung abgeschlossener Intervalle der x-Achse definiert, die alle ineinander enthalten sind und sich auf diesen x-Wert zusammenziehen. Zwei verschiedene so entstehende Intervallschachtelungen können aber nicht gegen dasselbe x konvergieren. Für ein k_0 müßte dann x in allen Intervallen k-ten Ranges ($k \geqq k_0$) beider Intervallschachtelungen liegen. Dies widerspricht aber der Konstruktion, denn zu zwei verschiedenen Intervallschachtelungen gibt es ein k_1, so daß ihre Intervalle k-ten Ranges ($k \geqq k_1$) jeweils disjunkt sind. Analog wird die Aussage für die Ordinaten gezeigt.

Die Überabzählbarkeit von K^* folgt daraus, daß jeder Punkt von K^* durch eine Quadratschachtelung $\overline{\mathfrak{Q}}_{i_1} \supset \overline{\mathfrak{Q}}_{i_1 i_1} \supset \overline{\mathfrak{Q}}_{i_1 i_2 i_3} \supset \cdots$ definiert wird, und daß es zu jeder beliebigen Folge $\{i_1, i_2, i_3, \ldots\}$ von Nullen und Einsen eine solche Quadratschachtelung gibt.

Beweis von Satz 3: Alle Mengen aus I_θ besitzen die innere Kapazität Null, denn jede achsenparallele Gerade hat diese Eigenschaft und (da die Mengen der inneren Kapazität Null ein σ-Ideal bilden) auch die abzählbaren Vereinigungen davon sowie deren Teilmengen.

Umgekehrt sei $B \in \mathfrak{B}$, und die kompakte Menge $K \subseteq B$ liege nicht in I_θ. Wir zeigten, daß es in diesem Fall ein nichtverschwindendes positives Maß auf K gibt, dessen Potential stetig ist (Hilfssätze 4 und 6). Daher ist die $C(\Phi_H)$-Kapazität von K positiv und folglich auch die innere $C(\Phi_H)$-Kapazität von B.

4. Der Fall $u_{x_1 x_2 \ldots x_n} = 0$

Die ganze Konstruktion läßt sich analog für die Gleichung

$$\frac{\partial^n}{\partial x_1\, \partial x_2 \cdots \partial x_n} u = 0$$

durchführen. $\Psi = \Theta(x_1) \ldots \Theta(x_n)$ ist eine Grundlösung, und *eine universell meßbare Menge $B \subseteq R^n$ besitzt genau dann die innere $C(\Psi)$-Kapazität Null,* *wenn sich jede kompakte Teilmenge durch abzählbar viele zu den Koordinatenhyperebenen parallele Hyperebenen überdecken läßt.*

Die notwendigen Überlegungen skizzieren wir für den Fall $n = 3$. Die universell meßbaren Mengen im R^3 werden wieder mit $\mathfrak{B}$ bezeichnet. I_θ^3 bezeichne die Menge aller durch abzählbar viele zu den Koordinatenebenen parallele Ebenen überdeckbaren $B \in \mathfrak{B}$. Die Bezeichnung für die bisherige Mengenklasse I_θ in der Ebene ersetzen wir vorübergehend durch I_θ^2. Im R^3 führen wir die übliche Halbordnung

$$P_1 = (x_1, y_1, z_1) \leqq P_2 = (x_2, y_2, z_2) \Leftrightarrow x_1 \leqq x_2, y_1 \leqq y_2, z_1 \leqq z_2$$

ein. Ist B eine Menge aus $\mathfrak{B}$, so seien B_x, B_y bzw. B_z die orthogonalen Projektionen von B auf die Ebenen $x = 0$, $y = 0$ bzw. $z = 0$. Die Mengen M, $N \in \mathfrak{B}$ heißen verträglich, falls $M_x \cap N_x = M_y \cap N_y = M_z \cap N_z = \emptyset$ gilt. Ein Quader heißt achsenparallel, falls seine Kanten zu den Koordinatenachsen parallel sind. Zwei verträgliche Punkte $P_1, P_2 \in R^3$ $(P_1 < P_2)$ definieren einen nichtentarteten achsenparallelen Quader $\{P : P_1 \leqq P \leqq P_2\}$. Eine Menge $N \in \mathfrak{B}$ liegt genau dann in I_θ^3, falls es disjunkte Mengen A, B, C mit $A \cup B \cup C = N$ gibt, so daß A_x, B_y und C_z im I_θ^2 der entsprechenden Ebenen liegen. *Das Potential*

$$\begin{aligned}\chi_\mu(P) &= \chi_\mu(x, y, z) \\ &= \mu(\{(x', y', z') : -\infty \leqq x' < x, -\infty \leqq y' < y, -\infty \leqq z' < z\})\end{aligned}$$

hat für $\mu \in \mathfrak{M}^+$ (und etwa S_μ kompakt) folgende Eigenschaften:

1. $$P_1 \leqq P_2 \Rightarrow \chi_\mu(P_1) \leqq \chi_\mu(P_2)$$

2. $$x^n < x_0, y^n < y_0, z^n < z_0, P^n \nearrow P_0 \Rightarrow \chi_\mu(P^n) \nearrow \chi_\mu(P_0)$$

3. *$\chi_\mu(P)$ ist im Punkt P_0 stetig genau dann, wenn $\mu(M_{P_0}) = 0$ gilt. Dabei wurde gesetzt*

$$\begin{aligned}M_{P_0} = M_{x_0 y_0 z_0} &= \{(x, y, z) : x = x_0, -\infty \leqq y' \leqq y_0, -\infty \leqq z' \leqq z_0\} \\ &\cup \{(x, y, z) : -\infty \leqq x' \leqq x_0, y = y_0, -\infty \leqq z' \leqq z_0\} \\ &\cup \{(x, y, z) : -\infty \leqq x' \leqq x_0, -\infty \leqq y' \leqq y_0, z = z_0\}\,.\end{aligned}$$

(Beim Beweis dieses Satzes verwendet man wieder entscheidend die Monotonie des Potentials und die Projektion auf majorisierende Folgen.)

4. *$\chi_\mu(P)$ ist genau dann stetig im R^3, wenn jede zu den Koordinatenebenen parallele Ebene das μ-Maß Null besitzt.*

5. *Die Menge der Unstetigkeitsstellen von $\chi_\mu(P)$ ist ein Element von I_θ^3.*

Ähnlich wie im R^2 kann man sich bei einem Teil der Aussagen (insbesondere bei 5.) von der Voraussetzung $\mu \in \mathfrak{M}^+$ befreien. Für die Charakterisierung der Nullmengen spielen jedoch nur die positiven Maße eine Rolle.

Jeder kompakten Menge $K \subset R^3$ wird entsprechend Hilfssatz 5 eine kompakte Teilmenge $\tilde{K}$ zugeordnet, so daß für jede offene Menge Ω mit $\Omega \cap \tilde{K} \neq \emptyset$

$$K \notin I_\theta^3 \Leftrightarrow \Omega \cap \tilde{K} \notin I_\theta^3$$

erfüllt ist. Gilt dann $\tilde{K} \notin I_0^3$, und ist $\mathfrak{Q}$ ein achsenparalleler offener Würfel mit $\tilde{K} \cap \mathfrak{Q} \neq \emptyset$, so enthält $\mathfrak{Q}$ drei paarweise verträgliche Punkte P_0, P_1, P_2 von $\tilde{K}$. In $\mathfrak{Q}$ gibt es dann achsenparallele offene paarweise verträgliche Würfel $\mathfrak{Q}_0, \mathfrak{Q}_1, \mathfrak{Q}_2$ $(P_i \in \mathfrak{Q}_i,\ i = 0, 1, 2)$ mit paarweise verträglichen Abschließungen und genügend kleinem Durchmesser. Es wird $A_1 = \overline{\mathfrak{Q}_0} \cup \overline{\mathfrak{Q}_1} \cup \overline{\mathfrak{Q}_2}$ gesetzt. In $\mathfrak{Q}_0$ gibt es abermals drei paarweise verträgliche Punkte P_{00}, P_{01}, P_{02} von $\tilde{K}$ usw., und wie in Hilfssatz 6 ergibt sich die überabzählbare kompakte Menge $K^* = \bigcap_{k=1}^{\infty} A_k \neq K$. Es gilt $K_z^* \notin I_0^2$ (denn die Punkte von K_z^* sind paarweise verträglich, und es treten überabzählbar viele Abszissen- und Ordinatenwerte auf), wobei $t : K^* \to K_z^*$ eineindeutig ist. Auf K_z^* gibt es nach Hilfssatz 4 und Hilfssatz 6 ein Maß $\mu' > 0$, welches auf einpunktigen Mengen verschwindet, also verschwindet auch $t^{-1}\mu' = \mu$ auf einpunktigen Mengen $(S_\mu \subseteq K)$. Damit ist auf K ein nichtverschwindendes Maß mit stetigem Potential konstruiert.

Für $n > 3$ wird ebenfalls rekursiv auf das vorhandene bereits konstruierte Maß im R^{n-1} aufgebaut. Es ist bemerkenswert, daß sich bereits das für $u' = 0$ konstruierte Maß schrittweise in den R^n transformieren läßt und dort ebenfalls wieder die entsprechenden stetigen Potentiale besitzt.

5. Normierungsprobleme bei der $C(\Phi_H)$-Kapazität. Die Restklassen nach I_0.

Wir wollen nun wie angekündigt anhand des Beispiels $\Phi = \Phi_H$ die Normierung der $C(\Phi)$-Kapazität diskutieren und weitere Eigenschaften speziell der $C(\Phi_H)$-Kapazität feststellen. Die anfangs definierte $C(\Phi)$-Kapazität unterscheidet sich von der Definition in [1] (S. 49) um die Normierung des Potentials. Das $C(\Phi)$-Nullmengensystem I_Φ für einen C-Kern Φ hängt aber davon gar nicht ab, sondern nur von der Existenz nichtverschwindender Elemente $\lambda \in F^+(\Phi)$ mit entsprechendem Träger. Es ist deshalb naheliegend, nach allgemeineren Normierungsmöglichkeiten als $|\Phi\,\lambda(P)| \leqq 1$ im R^n oder auf K zu fragen, zumal bei der in [1] verwendeten Kapazitätsdefinition für den Kern Φ_H gewisse Entartungen auftreten, die sich durch eine dem Kern angepaßte Normierung vermeiden lassen.

Der C-Kern Φ sei fest und $\mathring{\mathfrak{B}}$ sei die Menge der kompakten Mengen aus $\mathfrak{B}$. Es sei $T \subset \mathring{\mathfrak{B}} \times \mathfrak{B}$ eine eindeutige Relation mit $(K, \emptyset) \in T \Rightarrow K \in I_\Phi$. Statt $(K, B) \in T$ schreiben wir auch $B(K)$. Jedem $K \in \mathfrak{B}$ ist also eindeutig ein $B \in \mathring{\mathfrak{B}}$ zugeordnet. Auf $\mathring{\mathfrak{B}}$ sei $b(K) \geqq 0$ eine reelle Funktion mit $b(K) = 0 \Rightarrow K \in I_\Phi$. Dann kann man folgendermaßen eine $C(\Phi)$-Kapazität einführen:

$$C(\Phi; K) = \sup \{\|\lambda\| : \lambda \in F^+(\Phi),\ S_\lambda \subseteq K,\ |\Phi\,\lambda(P)| \leqq b(K) \text{ für } P \in B(K)\}\,.$$

Dies ist eine leichte Verallgemeinerung der in [1] oder zu Anfang dieser Arbeit angegebenen Definition. In [1] gilt $b(K) \equiv 1$ und $B(K) = K$, hier gilt $b(K) \equiv 1$ und $B(K) \equiv R^n$ (wie es beim NEWTONschen Kern auch üblich ist). Das Funktionenpaar $\{b(K), B(K)\}$ bezeichnen wir mit $\mathfrak{N}$, die mit $\mathfrak{N}$ normierte $C(\Phi)$-Kapazität bezeichnen wir mit $C_{\mathfrak{N}}(\Phi)$-Kapazität. Ohne Beschränkung der

Allgemeinheit kann man stets annehmen

$$b(K) = 0 \Leftrightarrow K \in I_\Phi \,.$$

$$B(K) = \emptyset \Leftrightarrow K \in I_\Phi \,.$$

Die mit $b(K) \equiv 1$ und $B(K) = K$ bzw. $b(K) \equiv 1$ und $B(K) \equiv R^n$ normierte $C(\Phi)$-Kapazität bezeichnen wir vorübergehend einfach mit $C_{\mathfrak{K}}(\Phi)$- bzw. $C_{R^n}(\Phi)$-Kapazität. Anhand eines Beispiels vergleichen wir jetzt diese beiden Normierungen.

Beispiel: K sei ein achsenparalleles abgeschlossenes Rechteck mit dem Flächeninhalt a. K' und K'' seien die beiden abgeschlossenen Diagonalen der Länge b. Der rechte obere Eckpunkt von K sei P ($P \in K''$). Das Potential eines Maßes $\mu \in \mathfrak{M}^+$ mit $S_\mu \subseteq K$ besitzt in P seinen maximalen Wert $||\mu|| = \mu(K)$. Die Bedingung $|\Phi_H\,\mu| \leqq 1$ auf K bzw. auf K'' ist äquivalent mit $\Phi_H\,\mu(P) \leqq 1$. Es sei λ das zweidimensionale LEBESGUE-Maß auf K. Dann ist das Potential von $(1/a)\,\lambda$ stetig und besitzt in P den Wert $||(1/a)\,\lambda|| = 1$. Folglich hat K die $C_{\mathfrak{K}}(\Phi_H)$-Kapazität 1. Es bezeichne λ' bzw. λ'' das eindimensionale LEBESGUE-Maß auf K' bzw. K''. Das Potential von $(1/b)\,\lambda''$ ist stetig und besitzt in P den Wert $||(1/b)\,\lambda''|| = 1$. Folglich hat K'' die $C_{\mathfrak{K}}(\Phi_H)$-Kapazität 1. Es sei jetzt $r > 0$ ein konstanter Faktor. Dann ist das Potential von $r\,\lambda'$ stetig und besitzt auf ganz K' den Wert Null. Wir haben also $||r\,\lambda'|| = b\,r$, und das Supremum über diese Zahlen ist $+\infty$. Folglich hat K' die $C_{\mathfrak{K}}(\Phi_H)$-Kapazität $+\infty$. Betrachtet man jedoch die Menge $K''' = K' \cup \{P\}$, so hat K''' wie die Mengen K und K'' die $C_{\mathfrak{K}}(\Phi_H)$-Kapazität 1.

Bezüglich der $C_{R^2}(\Phi_H)$-Kapazität besitzen alle kompakten Mengen $K \notin I_\theta$ die Kapazität 1, also auch die Mengen K, K' und K''. Das Beispiel zeigt, daß sich die $C_{\mathfrak{K}}(\Phi_H)$-Kapazität einer kompakten Menge durch Hinzufügen eines Elements aus I_θ ändern kann und daß die $C_{\mathfrak{K}}(\Phi_H)$-Kapazität einer kompakten Menge im allgemeinen verschieden ist von ihrer inneren $C_{\mathfrak{K}}(\Phi_H)$-Kapazität. Diese Eigenschaften verschwinden bei der $C_{R^2}(\Phi_H)$-Kapazität.

Bemerkung: *Der Kern Φ_H genügt nicht dem C-Maximum-Prinzip für Potentiale, d. h.* nicht für alle $K \in \mathring{\mathfrak{B}}$ und $\lambda \in F^+(\Phi_H)$ mit $S_\lambda \subseteq K$ folgt aus $|\Phi_H\,\lambda(P)| \leqq a$ für $P \in S_\lambda$, daß auch $|\Phi_H\,\lambda(P)| \leqq a$ für $P \in R^2$ gilt (a ist eine Konstante). Allerdings gibt es eine nichttriviale Teilklasse $\mathring{\mathfrak{B}}_\theta$ aus $\mathring{\mathfrak{B}}$, für die das zutrifft. Diese Teilklasse hängt mit dem Einflußgebiet für die Lösung der Gleichung $\partial^2 u/\partial x\,\partial y = 0$ zusammen. Einflußgebiet des Punktes $P = (x, y)$ heißt der Quadrant

$$E_{xy} = \{(x', y') : -\infty \leqq x' \leqq x,\ -\infty \leqq y' \leqq y\} \,.$$

Eine Menge $K \in \mathring{\mathfrak{B}}$ gehört genau dann zu $\mathring{\mathfrak{B}}_\theta$, wenn sie abgesehen von einer Menge der $C(\Phi_H)$-Kapazität Null ganz im Einflußgebiet eines ihrer Punkte liegt, d. h.

$$K \in \mathring{\mathfrak{B}}_\theta \Leftrightarrow K \setminus E_{xy} \in I_\theta \text{ für ein } (x, y) \in K \,.$$

Insbesondere gilt also $I_\theta \subseteq \mathring{\mathfrak{B}}_\theta$.

Zum Beweis sei $P = (x, y) \in K$ ein Punkt, der $K \setminus E_{xy} \in I_\theta$ erfüllt. Dann nimmt das durch $\lambda \in F^+(\Phi_H)$ ($S_\lambda \subseteq K$) erzeugte Potential in diesem Punkt sein Maximum $\lambda(K)$ an. Folglich gehört K zu $\mathring{\mathfrak{B}}_\theta$. Die Umkehrung erfordert etwas mehr Überlegung. Es sei $P_0 = (x_0, y_0)$ der rechte obere Eckpunkt des kleinsten $\tilde{K}$ umbeschriebenen Rechtecks (s. Hilfssatz 5). Auf der oberen Seite dieses Rechtecks wählen wir einen Punkt $P_1 \in \tilde{K}$, auf der rechten Seite einen Punkt $P_2 \in \tilde{K}$. Mit

$$A_{xy} = A_P = \{(x', y') : x \leqq x' \leqq +\infty, y \leqq y' \leqq +\infty\}$$

bezeichnen wir das Abhängigkeitsgebiet eines Punktes P. Es seien U_1 bzw. U_2 offene Kreisscheiben mit dem Radius ε und dem Mittelpunkt P_1 bzw. P_2. Weiter seien T_1 bzw. T_2 die achsenparallelen Tangenten an U_1 bzw. U_2, so daß U_1 oberhalb von T_1 bzw. U_2 rechts von T_2 liegt. P' sei der Schnittpunkt von T_1 und T_2. Nach Hilfssatz 5 gilt $U_1 \cup U_2 \cap K \notin I_\theta$, also gibt es ein Maß $\alpha \in F^+(\Phi_H)$ mit dem Träger in $\overline{U_1 \cup U_2} \cap K$ $(\alpha = \alpha_1 + \alpha_2,\ \alpha_i \neq 0,\ S_{\alpha_i} \subseteq \overline{U}_i,\ \alpha_i \in F^+(\Phi_H),\ i = 1, 2)$. Das Potential $\chi_\alpha(x, y)$ nimmt sein Maximum in $A_{P'}$ an.

Es sei jetzt $K \in \mathring{\mathfrak{B}}_\theta$, d. h. für K gelte das C-Maximum-Prinzip, aber K liege nicht bis auf eine Menge der $C(\Phi_H)$-Kapazität Null im Einflußgebiet eines seiner Punkte. Dann gilt $K \cap A_{P_0} = \emptyset$, genauer gesagt, K hat von A_{P_0} einen positiven Abstand ε_0. In der Kreisscheibe vom Radius ε_0 mit dem Mittelpunkt P_0 wählen wir einen Punkt $P'' = (x'', y'')$ mit $x'' < x_0$, $y'' < y_0$. Dieser erfüllt ebenfalls die Beziehung $K \cap A_{P''} = \emptyset$. Die Zahl ε wählen wir nun so klein, daß für den oben eingeführten Punkt $P' = (x', y')$ gilt $x'' < x' < x_0$, $y'' < y' < y_0$. Aus $A_{P''} \supset A_{P'}$ folgt dann $K \cap A_{P'} = \emptyset$. Da aber das Maximum eines jeden Potentials χ_α in $A_{P'}$ angenommen wird (α von der oben konstruierten Art) und in $A_{P'}$ kein Punkt von K liegt, kann K nicht in $\mathring{\mathfrak{B}}_\theta$ liegen. Mit diesem Widerspruch ist die Aussage gezeigt.

Hilfssatz 7: *Die $C(\Phi_H)$-Kapazität als Funktion der Klasse der kompakten Mengen in den R^1 ist nicht rechtsseitig stetig, wenn man die Normierung $b(K) \equiv 1$ und $B(K) = K$ oder $B(K) \equiv R^2$ anwendet.*

Beweis: Alle nichtleeren Mengen $B \in \mathfrak{B}$ besitzen die äußere $C_{\mathfrak{R}}(\Phi_H)$-Kapazität $+\infty$, denn jede nichtleere offene Menge U enthält ein abgeschlossenes achsenparalleles Rechteck K mit der Hauptdiagonalen K'. Die Menge K' besitzt die $C_{\mathfrak{R}}(\Phi_H)$-Kapazität $+\infty$. Folglich hat U die innere $C_{\mathfrak{R}}(\Phi_H)$-Kapazität $+\infty$. Daraus folgt die Behauptung für beliebige nichtleere $B \in \mathfrak{B}$. Analog hat die äußere $C_{R^2}(\Phi_H)$-Kapazität jeder nichtleeren Menge $B \in \mathfrak{B}$ den Wert 1.

Ein einzelner Punkt K besitzt die $C(\Phi_H)$-Kapazität Null, aber in jeder offenen Umgebung dieses Punktes gibt es kompakte Mengen $K' \supset K$ mit der Kapazität $+\infty$ bzw. 1, und der Hilfssatz ist gezeigt.

Zu jeder kompakten Menge K ist nach Hilfssatz 5 eindeutig eine kompakte Menge $\tilde{K} \subseteq K$ definiert, die genau dann nicht zu I_θ gehört, falls K selbst nicht dazugehört. $\mathfrak{R}(K)$ sei das kleinste $\tilde{K}$ umbeschriebene achsenparallele abgeschlossene Rechteck. Es besitzt genau dann einen positiven Flächeninhalt r wenn $K \notin I_\theta$ gilt. Jedes solche $\tilde{K}$ enthält nämlich zwei verträgliche Punkte. Für $K \in I_\theta$ setzen wir $\mathfrak{R}(K) = \emptyset$.

Es ist offenbar gleichgültig, ob man die $C(\Phi_H)$-Kapazität mit $b(K) \equiv 1$ und $B(K) = R^2$ oder mit $b(K) \equiv 1$ und $B(K) = \mathfrak{R}(K)$ normiert. Wir setzen jetzt $b(K) = r(K)$ (Flächeninhalt von $\mathfrak{R}(K)$) und $B(K) = \mathfrak{R}(K)$. Die auf diese Weise normierte $C(\Phi_H)$-Kapazität werde hier mit $C_{\mathfrak{R}}(\Phi_H)$-Kapazität bezeichnet.

Hilfssatz 8: *K_1, K_2 seien kompakte Mengen. Dann gilt*

$$K_1 \subseteq K_2 \Leftrightarrow C_{\mathfrak{R}}(\Phi_H; K_1) \leqq C_{\mathfrak{R}}(\Phi_H; K_2) .$$

Beweis: r_i sei der Flächeninhalt von $\mathfrak{R}(K_i)$ $(i = 1, 2)$. Bei der Bildung von $C_{\mathfrak{R}}(\Phi_H; K_1)$ werden alle Maße der Gestalt $(\lambda/||\lambda||)\, r_1$ mit $\lambda \in F^+(\Phi_H)$ und $S_\lambda \geqq K_1$ herangezogen. Diese treten auch alle in der Supremumsbildung für $C_{\mathfrak{R}}(\Phi_H; K_2)$ auf, nur mit dem Faktor $r_2 \geqq r_1$. Daraus folgt die behauptete Ungleichung.

Hilfssatz 9: *Die $C_{\mathfrak{R}}(\Phi_H)$-Kapazität einer kompakten Menge K ist endlich und gleich ihrer inneren $C_{\mathfrak{R}}(\Phi_H)$-Kapazität. Sie ändert sich nicht, wenn man zu K ein kompaktes Element aus I_θ hinzufügt.*

Beweis: Die Endlichkeit folgt daraus, daß man K in ein achsenparalleles Rechteck einschließen kann und die $C_{\mathfrak{R}}(\Phi_H)$-Kapazität höchstens gleich dem Flächeninhalt davon ist.

Es sei $N \in I_\theta$ und $K' = K \cup N$. Dann gilt offenbar $\tilde{K}' = \tilde{K}$. Jedes auf K' konzentrierte Maß aus $F^+(\Phi_H)$ ist bereits auf K konzentriert, also wegen $\mathfrak{R}(K) = \mathfrak{R}(K')$ sind die in der Supremumsbildung für die Kapazität auftretenden Maße bei K und K' gleich. Folglich gilt $C_{\mathfrak{R}}(\Phi_H; K) = C_{\mathfrak{R}}(\Phi_H; K')$.

Für $K \notin I_\theta$ sei (K_n) eine wachsende Folge achsenparalleler abgeschlossener Rechtecke, die gegen $\mathfrak{R}(K)$ konvergiert. Dann sind die Mengen $\tilde{K} \cap K_n$ kompakt und konvergieren monoton wachsend gegen $\tilde{K}$. Jedes $\lambda \in F^+(\Phi_H)$ mit $S_\lambda \subseteq K$ liegt bereits auf $\tilde{K}$. Die Einschränkung von λ auf $\tilde{K} \cap K_n$ gehört zu $F^+(\Phi_H)$ für alle n (weil Φ_H ein C_r-Kern ist) und konvergiert der Norm nach gegen λ, wie man aus $\lambda\,(\tilde{K} \setminus \tilde{K} \cap K_n) = ||\lambda(\tilde{K}) - \lambda\,(\tilde{K} \cap K_n)|| \searrow 0$ erkennt. Zu jedem $\varepsilon > 0$ gibt es ein $\lambda \in F^+(\Phi_H)$ mit $S_\lambda \subseteq K$ und ein n, so daß $C_{\mathfrak{R}}(\Phi_H; K) - ||\lambda|| < \varepsilon/2$ und $\lambda(\tilde{K}) - \lambda\,(\tilde{K} \cap K_n) < \varepsilon/2$ gilt $(||\lambda|| = \lambda(\tilde{K}))$. Addition beider Ungleichungen liefert $C_{\mathfrak{R}}(\Phi_H; K) - \lambda\,(\tilde{K} \cap K_n) < \varepsilon$, also erst recht $C_{\mathfrak{R}}(\Phi_H; K) - C_{\mathfrak{R}}\,(\Phi_H, \tilde{K} \cap K_n) < \varepsilon$. Somit gibt es zu jedem $\varepsilon > 0$ eine in K enthaltene kompakte Menge, deren Kapazität sich um weniger als ε von der Kapazität von K unterscheidet. Andererseits besitzt nach Hilfssatz 8 jede in K enthaltene kompakte Menge eine nicht größere Kapazität als K (was bei der $C_{\mathfrak{R}}(\Phi_H)$-Kapazität nicht der Fall ist). Damit ist alles gezeigt.

Der Fall $K \setminus N$ $(N \in I_\theta)$ kommt deshalb hier nicht in Betracht, weil diese Mengen im allgemeinen nicht wieder kompakt sind.

Definition: *Es sei Φ ein C-Kern, I_Φ das Nullmengensystem von Φ. In der Klasse $\mathring{\mathfrak{B}}$ aller kompakten Mengen aus $\mathfrak{B}$ erklären wir eine Äquivalenzrelation* (s. Bemerkung im Anschluß an Hilfssatz 5)

$$K\, \mathfrak{T}_\Phi\, K' \Leftrightarrow \tilde{K} = \tilde{K}' .$$

(Reflexivität, Symmetrie und Transitivität sind erfüllt).

Die Menge der $\mathfrak{T}_\Phi$-Äquivalenzklassen wird repräsentiert durch alle $K \in \mathring{\mathfrak{B}}$ mit $K = \tilde{K}$. Wir bezeichnen sie mit $\mathring{\mathfrak{B}}/\mathfrak{T}_\Phi$.

Hilfssatz 10: *Die Äquivalenzrelation $\mathfrak{T}_\Phi$ hat folgende Eigenschaften:*

$$K_1 \subseteq K_2 \Rightarrow \tilde{K}_1 \subseteq \tilde{K}_2 ,$$

$$\widetilde{K \cup K'} = \tilde{K} \cup \tilde{K}' , \qquad \widetilde{K \cap K'} \subseteq \tilde{K} \cap \tilde{K}' .$$

Beweis: Es seien K_1, K_2 kompakt, $K_1 \subseteq K_2$, und U sei ein Element aus $\mathfrak{U}$ (s. Beweis von Hilfssatz 5) mit $U \cap K_2 \in I_\Phi$. Dann gilt auch $U \cap K_1 \in I_\Phi$. Die Vereinigung aller dieser U ziehen wir von K_1 ab. Dabei entsteht eine kompakte Menge $K_1^+ \subseteq \tilde{K}_2$, und aus $\tilde{K}_1 \subseteq K_1^+$ folgt dann die erste Behauptung. Hieraus erhält man für beliebige kompakte Mengen K und K'

$$\left.\begin{array}{l} K \subseteq K \cup K' \Rightarrow \tilde{K} \subseteq \widetilde{K \cup K'} \\ K' \subseteq K \cup K' \Rightarrow \tilde{K}' \subseteq \widetilde{K \cup K'} \end{array}\right\} \Rightarrow \tilde{K} \cup \tilde{K}' \subseteq \widetilde{K \cup K'} .$$

Würde hier die echte Inklusion gelten, so besäße $\widetilde{K \cup K'}$ einen Punkt P, der samt einer ganzen Umgebung U weder $\tilde{K}$ noch $\tilde{K}'$ angehört. Es gilt aber $P \in K$ oder $P \in K'$, also $U \cap K \in I_\Phi$ und $U \cap K' \in I_\Phi$. Das bedeutet $(U \cap K) \cup (U \cap K') = U \cap (K \cup K') \in I_\Phi$, also einen Widerspruch zu $P \in \widetilde{K \cup K'}$. Somit ist $\widetilde{K \cup K'} = \tilde{K} \cup \tilde{K}'$ gezeigt. Analog wie eben folgt

$$\left.\begin{array}{l} K \cap K' \subseteq K \Rightarrow \widetilde{K \cap K'} \subseteq \tilde{K} \\ K \cap K' \subseteq K' \Rightarrow \widetilde{K \cap K'} \subseteq \tilde{K}' \end{array}\right\} \Rightarrow \widetilde{K \cap K'} \subseteq \tilde{K} \cap \tilde{K}' .$$

Beispiele zeigen, daß hierbei im allgemeinen nicht das Gleichheitszeichen gilt. Damit ist der Hilfssatz bewiesen.

Die $C_{\mathfrak{R}}^{r}(\Phi_H)$-Kapazität ist nicht rechtsseitig stetig. Es sei z. B. $K = \{P_1\} \cup \{P_2\}$, wobei $P_1 = (x_1, y_1)$, $P_2 = (x_2, y_2)$ verträglich sind. Dann gilt $K \in I_\theta$, und das kleinste K umschließende achsenparallele Rechteck besitzt einen positiven Flächeninhalt r. In jeder offenen K enthaltenden Menge gibt es aber kompakte Mengen, deren $C_{\mathfrak{R}}(\Phi_H)$-Kapazität gleich r ist (z. B. wenn P_2 oberer rechter Eckpunkt ist, die Menge

$$\{(x, y) : x_1 \leqq x \leqq x_1 + \varepsilon,\ y_1 \leqq y \leqq y_1 + \varepsilon\}$$
$$\cup \{(x, y) : x_2 - \varepsilon \leqq x \leqq x_2,\ y_2 - \varepsilon \leqq y \leqq y_2\}) .$$

Hätte man die $C(\Phi_H)$-Kapazität mit $B(K)$ = kleinestes K umschließendes achsenparalleles Rechteck, $b(K)$ = Flächeninhalt von $B(K)$ normiert, so wäre die Kapazität auch nicht rechtsseitig stetig (und darüberhinaus bliebe sie nicht ungeändert bei Änderung von K um Elemente aus I_θ).

Trotzdem stellt man bei der $C_{\mathfrak{R}}(\Phi_H)$-Kapazität eine gewisse rechtsseitige Stetigkeit fest, wenn man sich auf die Äquivalenzklassen aus Hilfssatz 10 beschränkt.

Hilfssatz 11: *Es sei* $K \in \mathring{\mathfrak{B}}$ *und* $\tilde{K} = K$. *Dann gibt es zu jedem* $\varepsilon > 0$ *eine offene Menge* $U \supset K$, *so daß für alle* $K_1 \in \mathring{\mathfrak{B}}$ *mit* $K \subseteq K_1 \subset U$ *die Ungleichung*

$$C_{\mathfrak{N}}(\Phi_H; K_1) - C_{\mathfrak{N}}(\Phi_H; K) < \varepsilon$$

gilt.

Beweis: Das Rechteck $\mathfrak{R}(K)$ besitze den Flächeninhalt r. Alle kompakten Mengen K_1, deren $\tilde{K}_1$ in $\mathfrak{R}(K)$ liegt, haben höchstens die $C_{\mathfrak{N}}(\Phi_H)$-Kapazität r. Es sei $\varepsilon > 0$ beliebig vorgegeben. $U \supset \mathfrak{R}(K)$ sei ein offenes achsenparalleles Rechteck, dessen Flächeninhalt höchstens $r + \varepsilon$ ist. Für alle kompakten Mengen K_1 mit $\tilde{K} \subseteq K_1 \subset U$ gilt dann nach Hilfssatz 8

$$r = C_{\mathfrak{N}}(\Phi_H; K) \leqq C_{\mathfrak{N}}(\Phi_H; K_1) < r + \varepsilon\,,$$

und die Behauptung ist gezeigt.

Abschließend kommen wir noch einmal auf das Normierungsproblem zurück. Φ sei ein beliebiger C-Kern. Durch Einschränkungen an

$$\mathfrak{N} = \{b(K), B(K)\}$$

kann man versuchen, die $C_{\mathfrak{N}}(\Phi)$-Kapazität dem Verhalten der Kapazität bei der Laplace-Gleichung möglichst ähnlich zu machen. Z. B. liegt es nahe zu verlangen, daß sich die Kapazität nicht ändert, wenn man zu $K \in \mathring{\mathfrak{B}}$ ein kompaktes $N \in I_\Phi$ hinzufügt. Diesen Effekt erreicht man dadurch, daß man $b(K)$ und $B(K)$ nicht auf $\mathring{\mathfrak{B}}$, sondern auf der Menge der $\mathfrak{T}_\Phi$-Äquivalenzklassen $\mathring{\mathfrak{B}}/\mathfrak{T}_\Phi$ erklärt (d. h. auf allen $K \in \mathring{\mathfrak{B}}$ mit $\tilde{K} = K$) und dann für $N \in I_\Phi$ mit $K \cup N \in \mathring{\mathfrak{B}}$ setzt

$$b(K) = b\,(K \cup N)\,, \quad B(K) = B\,(K \cup N)\,.$$

Die $C_{\mathfrak{N}}(\Phi)$-Kapazität ist dann in Wahrheit ebenfalls nur eine Funktion über $\mathring{\mathfrak{B}}/\mathfrak{T}_\Phi$. Wenn also wie in Hilfssatz 11 von rechtsseitiger Stetigkeit die Rede ist, so ist es nicht unnatürlich, wenn man sich auf die Teilklasse $\{K : \tilde{K} = K\}$ von $\mathring{\mathfrak{B}}$ beschränkt.

Der C-Kern Φ sei jetzt von solch einem Typ (etwa Φ_H), daß folgende Einschränkungen an die Funktionen $b(K)$, $B(K)$ möglich sind:

1. $b(K)$ *und* $B(K)$ *sind monoton wachsend, d. h.*

$$K_1 \subseteq K_2 \Rightarrow b(K_1) \leqq b(K_2) \quad \textit{und} \quad B(K_1) \subseteq B(K_2)\,,$$

2. *aus* $\lambda \in F^+(\Phi)$, $S_\lambda \subseteq K_1$ *und*

$$|\Phi\,\lambda(P)| \leqq b(K_1) \quad \textit{für} \quad P \in B(K_1)$$

folgt für alle $K_2 \subseteq K_1$ *stets*

$$|\Phi\,\lambda(P)| \leqq b(K_2) \quad \textit{für} \quad P \in B(K_2)\,.$$

Diese Bedingungen kann man als eine (allerdings ziemlich starke) Abschwächung des C-Maximum-Prinzips für Potentiale ansehen. *Für* $K_1, K_2 \in \mathring{\mathfrak{B}}$ *gilt dann*

$$K_1 \subseteq K_2 \Rightarrow C_{\mathfrak{N}}(\Phi; K_1) \leqq C_{\mathfrak{N}}(\Phi; K_2)\,.$$

Für den Kern Φ_H ist $b(K) \equiv 1$ und $B(K) \equiv R^2$ ein solches Funktionenpaar, ebenso $b(K) = r$, $B(K) = \Re(K)$, aber nicht $b(K) \equiv 1$, $B(K) = K$.

Wenn die $C_{\Re}(\Phi)$-Kapazität als Funktion über $\mathring{\mathfrak{B}}$ endlich ist, so gibt es zu jedem $K \in \mathring{\mathfrak{B}} \setminus I_\Phi$ ein $\lambda \in F^+(\Phi)$ mit $S_\lambda \subseteq K$, so daß $\Phi\lambda(P)$ auf $B(K)$ nicht identisch verschwindet.

Hilfssatz 12: *Es sei Φ ein C_r-Kern und $\Re = \{b(K), B(K)\}$ besitze folgende Eigenschaft:*

Aus $\lambda \in F^+(\Phi)$, $S_\lambda \subseteq K_2$ und

$$|\Phi\lambda(P)| \leqq b(K_2) \quad \text{für} \quad P \in B(K_2)$$

folgt für alle $K_1 \subseteq K_2$ stets

$$|\Phi\lambda_{K_1}(P)| \leqq b(K_1) \quad \text{für} \quad P \in B(K_1)\,.$$

Dann ist die $C_{\Re}(\Phi)$-Kapazität subadditiv, d. h. es gilt

$$C_{\Re}(\Phi; K \cup K') \leqq C_{\Re}(\Phi; K) + C_{\Re}(\Phi; K') \qquad (K, K' \in \mathring{\mathfrak{B}})\,.$$

Beweis: Aus $\lambda \in F^+(\Phi)$, $S_\lambda \subseteq K \cup K'$ und $|\Phi\lambda(P)| \leqq b(K \cup K')$ für $P \in B(K \cup K')$ folgt $|\Phi\lambda_K(P)| \leqq b(K)$ für $P \in B(K)$ und dasselbe für K'. Das bedeutet, daß die Einschränkung auf K bzw. K' jedes an der Supremumsbildung für die Kapazität von $K \cup K'$ beteiligten Maßes auch an der Supremumsbildung für die Kapazität von K bzw. K' beteiligt ist. Aus $||\lambda|| \leqq$ $\leqq ||\lambda_K|| + ||\lambda_{K'}||$ folgt dann die Behauptung. (Dies ist Hilfssatz 9, S. 50 von [1], ausgesprochen für die $C_{\Re}(\Phi)$-Kapazität).

Die $C_{\Re}(\Phi_H)$-Kapazität ist nicht subadditiv. Davon überzeugt man sich durch ein Beispiel: K und K' seien achsenparallele verträgliche abgeschlossene Quadrate. Der Durchmesser von $\Re(K \cup K')$ ist nicht kleiner als der Abstand der Mittelpunkte von K und K'. Für hinreichend kleinen Durchmesser von K und K' verstößt man gegen die Subadditivität.

In der klassischen Potentialtheorie hängt die Kapazitätsdefinition zusammen mit der Gleichgewichtsverteilung auf einer kompakten Menge K (darunter wird ein Maß μ verstanden, welches $S_\mu \subseteq K$ und $\Phi\mu(P) = 1$ annähernd überall auf K erfüllt). Für den Kern Φ_H hat dieser Begriff keine solche Bedeutung. Es existieren nämlich kompakte Mengen mit positiver $C(\Phi_H)$-Kapazität, die keine Gleichgewichtsverteilung besitzen (s. obiges Beispiel). Wenn jedoch K (abgesehen von einer Menge der $C(\Phi_H)$-Kapazität Null) ganz in Abhängigkeitsgebiet A_P eines seiner Punkte P liegt, gibt es stets ein solches Maß. Die Gleichgewichtsverteilung (z. B. die in P konzentrierte Einheitsmasse) ist in diesem Fall (auch hinsichtlich der Norm) nicht eindeutig bestimmt. Die Nichteindeutigkeit folgt daraus, daß es in jeder kompakten Menge K einen Punkt P_1 gibt mit mit $A_{P_1} \cap K = \{P_1\}$ (für $P_1 = (x_1, y_1)$ kann man z. B. nehmen $y_1 = \sup \{y : (x, y) \in K\}$, $x_1 = \sup \{x : (x, y_1) \in K\}$). Addiert man zur Gleichgewichtsverteilung eine beliebige in P_1 konzentrierte Masse, so ändert sich das Potential auf K nicht.

Literatur

[1] ANGER, G., Funktionalanalytische Betrachtungen bei Differentialgleichungen unter Verwendung von Methoden der Potentialtheorie, I. Akademie-Verlag, Berlin 1967.

[2] ANGER, G., WILDENHAIN, G., Ein Kapazitätsbegriff für gewöhnliche Differentialgleichungen. Wiss. Z. Techn. Univ. Dresden **12**, 471–480 (1963).

[3] ANGER, G., Eine allgemeine Kerntheorie, I. S^p-Kerne. Math. Nachr. **37**, 153–176 (1968).

[4] ALEKSANDROV, P. S., Einführung in die Mengenlehre und die Theorie der reellen Funktionen (Übers. aus d. Russ.) Berlin 1964.

[5] BAUER, H., Wahrscheinlichkeitstheorie und Grundzüge der Maßtheorie. Samml. Göschen, Bd. **1216/1216a**, Berlin 1964.

[6] FUGLEDE, B., SCHWARTZ, L., Un nouveau théorème sur les distributions. C. R. Acad. Sc. Paris, **263**, Sér. A, 899–901 (1966).

[7] HALMOS, P. R., Measure Theory. New York 1950.

[8] SIKORSKI, R., BOOLEAN Algebras. Berlin–Göttingen–Heidelberg 1964.

[9] WILDENHAIN, G., Eine Charakterisierung von Mengen der Kapazität Null im R^1. Math. Nachr. **32**, 269–276 (1966).

[10] WILDENHAIN, G., Vergleich verschiedener Kapazitätsbegriffe. Veröff. in Bd. I dieser Tagungsberichte.

Singuläre elliptische Differentialgleichungen und Interpolationssätze für BESOV-Räume mit Gewichtsfunktionen

von HANS TRIEBEL, Jena[1])

(Manuskripteingang: 22. August 1969)

Im ersten Abschnitt werden SOBOLEV-BESOV-Räume mit Gewichtsfunktionen in beliebigen Gebieten des R^n interpoliert. Grundlage hierfür ist die K-Methode von PEETRE. Die Resultate sind in den Sätzen 1, 2 und 3 formuliert. Der zweite Abschnitt enthält einige Verschärfungen für den eindimensionalen Fall, Satz 4 und Satz 5. In den beiden letzten Abschnitten sind Ergebnisse für singuläre elliptische Differentialgleichungen formuliert, die man durch Anwendung der Interpolationssätze der beiden ersten Abschnitte erhält, Satz 6, Satz 7 und Satz 8.

Die konstruktiven Methoden der Interpolationstheorie, wie sie von CALDERÓN [1, 2], LIONS-PEETRE [3] und anderen Mathematikern entwickelt wurden, erlauben zahlreiche Anwendungen auf verschiedene Teilgebiete der Analysis. Von besonderem Interesse ist ihre Verwendung zur Untersuchung von elliptischen Differentialgleichungen. Der Übersichtsartikel von MAGENES [4] enthält eine zusammenfassende Darstellung von Sätzen über reguläre elliptische Differentialgleichungen, die unter Verwendung von Interpolationsmethoden gewonnen wurden. Grundlage hierfür ist die Kenntnis von Interpolationseigenschaften für SOBOLEV-SLOBODECKIJ-BESOV-Räume. In diesem Vortrag sollen einige Resultate über singuläre elliptische Differentialgleichungen beschrieben werden. Als wesentliches Hilfsmittel dienen Interpolationstheoreme für SOBOLEV-SLOBODECKIJ-BESOV-Räume mit Gewichtsfunktionen. Auf die zum Teil relativ umfangreichen Beweise kann hier nicht eingegangen werden. Wir erwähnen lediglich, daß sie auf der sogenannten K-Methode von PEETRE aufbauen [5]. In diesem Zusammenhang weisen wir auf die kürzlich von PEETRE entwickelte L-Methode hin [6]. Sie erscheint für Untersuchungen von Interpolationseigenschaften für SOBOLEV-SLOBODECKIJ-BESOV-Räume mit und ohne Gewichtsfunktion besonders geeignet zu sein. Die Resultate der ersten zwei Teile des Vortrages sind verallgemeinerungsfähig. Insbesondere ist eine Beschränkung auf den HILBERT-Raumfall nicht notwendig. Eine ausführliche Darstellung der hier angegebenen Ergebnisse findet man in den Arbeiten [7, 8, 9, 10, 11].

1. Interpolationssätze für Räume mit Gewichtsfunktionen im R_n

H_0 und H_1 seien zwei HILBERT-Räume, die ein Interpolationspaar bilden. Mit $(H_0, H_1)_{\Theta,2}$, $0 < \Theta < 1$, bezeichnen wir den Interpolationsraum im Sinne

1) Anschrift des Autors:
Prof. Dr. Hans Triebel, Sektion Mathematik der Universität Jena
DDR — 69 Jena, Helmholtzweg 1

von Lions-Peetre [5]. $(H_0, H_1)_{\theta,2}$ ist ebenfalls ein Hilbert-Raum. $x = (x_1, \ldots, x_n)$ ist ein Punkt des n-dimensionalen reellen euklidischen Raumes R_n, dx ist das Lebesguesche Maß. $\Omega \subset R_n$ ist ein (offenes) Gebiet im R_n. Ferner verwenden wir die übliche Symbolik zur Kennzeichnung von Ableitungen. Zur Abkürzung setzen wir

$$\|v\|^2_{W_2^r(\Omega)} = \int\limits_{\Omega \times \Omega} \frac{|v(x) - v(y)|^2}{|x - y|^{n+2r}} \, dx \, dy + \|v\|^2_{L_2(\Omega)}, \qquad 0 < r < 1 ,$$

$$\|v\|^2_{W^m_{2,p}(\Omega)} = \int\limits_{\Omega} \left[\sum_{|\alpha| = m} |D^\alpha v(x)|^2 + p(x) |v(x)|^2 \right] dx , \qquad m \text{ ganze Zahl}, \ m > 0 ,$$

und $\|v\|_{L_{2,p}(\Omega)} = \|v\|_{W^0_{2,p}(\Omega)}$. Hierbei ist $p(x)$ eine im Gebiet Ω stetige positive Funktion. $d(x)$ ist der Abstand eines Punktes x vom Rand des vorgegebenen Gebietes Ω.

Satz 1. *Ω sei ein (beschränktes oder unbeschränktes) Gebiet im R_n (Voraussetzungen über den Rand sind nicht notwendig). $p(x)$ sei eine im Gebiet Ω erklärte positive stetig-differenzierbare Funktion, die den folgenden beiden Bedingungen genügen möge:*

1. *Es gibt zwei Zahlen c und σ mit $c > 0$, $\sigma \geqq 0$ und*

$$|\nabla p(x)| \leqq c \, p^{1+\sigma}(x), \quad x \in \Omega .$$

2. *Für jede positive Zahl K existieren positive Zahlen ε_K und N_K, so daß $p(x) \geqq K$ gilt, sofern $d(x) \leqq \varepsilon_K$ oder $|x| \geqq N_K$ ist.*

Ist $\mathring{W}^m_{2,p}(\Omega)$ die Vervollständigung von $C_0^\infty(\Omega)$ in der Norm $\|\cdot\|_{W^m_{2,p}}$ (m natürliche Zahl) und sind $0 \leqq \sigma \leqq \frac{1}{2m}$, $0 \leqq \varkappa \leqq 1$ und $0 < \Theta < 1$, so erhält man den Interpolationsraum $\left(\mathring{W}^m_{2,p}(\Omega), L_{2,p^\varkappa}(\Omega)\right)_{\theta,2}$ durch Vervollständigung von $C_0^\infty(\Omega)$ in der Norm

$$\left(\sum_{|\alpha| = g} \left\| p^{\frac{\varkappa\theta}{2}} D^\alpha v \right\|^2_{W_2^r(\Omega)} + \left\| p^{\frac{1}{2}(\varkappa\theta + 1 - \theta)} v \right\|^2_{L_2(\Omega)} \right)^{\frac{1}{2}} .$$

Dabei ist $g = [(1 - \Theta) m]$[1]) und $r = (1 - \Theta) m - [(1 - \Theta) m]$.

Bemerkung. Der Satz ist auch für $m = 0$ richtig. Er stellt dann einen Spezialfall des Interpolationssatzes von Stein und Weiss dar.

Setzt man im Satz 1 $\varkappa = 0$, so bleibt er auch unter schwächeren Voraussetzungen bezüglich der Funktion $p(x)$ richtig.

Satz 2. *Ω sei ein Gebiet im R_n. $p(x)$ sei eine stetige positive Funktion, die die Bedingung 2 des Satzes 1 erfüllt. Ferner mögen zwei Zahlen c und δ mit $c > 0$, $\sigma \geqq 0$ und*

$$\inf_{\substack{p(x) = 2^{k-1} \\ p(y) = 2^k}} |x - y| \geqq c \, 2^{-k\sigma} , \qquad k = k_0, k_0 + 1, \ldots ,$$

---

[1]) Wie üblich ist $[\alpha]$ die größte ganze Zahl mit $[\alpha] \leqq \alpha$.

existieren. Ist $\sigma \leqq \frac{1}{2m}$ *und ist* $0 < \Theta < 1$, *so erhält man* $\left(\overset{\circ}{W}{}^m_{2,p}(\Omega), L_2(\Omega)\right)_{\Theta, 2}$ *durch die Vervollständigung von* $C_0^\infty(\Omega)$ *in der Norm*

$$\left(\|v\|^2_{W_2^{(1-\Theta)m}(\Omega)} + \left\|p^{\frac{1-\Theta}{2}} v\right\|^2_{L_2(\Omega)}\right)^{\frac{1}{2}}.$$

Von besonderem Interesse ist der Fall $p(x) = d^{-\tau}(x)$, $\tau > 0$. Das Gebiet Ω setzen wir hierbei als beschränkt voraus. Die Bedingungen des Satzes 2 sind sämtlich erfüllt, sofern $\tau \geqq 2m$ ist. Um Satz 1 anwenden zu können, muß man einige Zusatzvoraussetzungen machen.

Satz 3. *Ω sei ein beschränktes Gebiet im R_n der Klasse C^2. $\mathfrak{d}(x)$ sei eine positive stetig-differenzierbare Funktion, die in Randnähe mit $d(x)$ übereinstimmt. Dann erhält man* $\left(\overset{\circ}{W}{}^m_{2, d^{-\tau}}(\Omega)\, L_{2, d^{-\varkappa\tau}}(\Omega)\right)_{\Theta, 2}$, $0 \leqq \tau < \infty$, $0 \leqq \varkappa \leqq 1$, *durch Vervollständigung von* $C_0^\infty(\Omega)$ *in der Norm*

$$\left(\sum_{|\alpha|=g} \left\|\mathfrak{d}^{-\frac{\tau\varkappa\theta}{2}}(x)\, D^\alpha v(x)\right\|^2_{W_2^r(\Omega)} + \left\|d^{-\frac{\tau}{2}(\varkappa\theta+1-\theta)}(x)\, v(x)\right\|^2_{L_2(\Omega)}\right)^{\frac{1}{2}}. \qquad (1)$$

Dabei ist $g = [(1-\Theta)\, m]$ *und* $r = (1-\Theta)\, m - [(1-\Theta)\, m]$. $(W_2^0 = L_2)$.

Wir bemerken, daß der Satz nur für $\tau \geqq 2m$ als Spezialfall aus dem Satz 1 folgt. Für $0 \leqq \tau < 2m$ sind einige Zusatzbetrachtungen nötig. Der Übergang von der Funktion $d(x)$ zur Funktion $\mathfrak{d}(x)$ ist erforderlich, da $d(x)$ nicht notwendig im Gebiet Ω stetig-differenzierbar ist. (Die Voraussetzungen über den Rand garantieren die Differenzierbarkeit von $d(x)$ nur in einer Umgebung des Randes.) Der Satz zeigt, daß die Wahl der Funktion $\mathfrak{d}(x)$ belanglos ist. Für $0 \leqq \tau \leqq 2m$ kann man die Norm (1) wesentlich vereinfachen, man vergleiche hierzu mit dem Satz 5 aus der Arbeit [9]. Diese Arbeit enthält auch die Beweise der übrigen Sätze.

2. Weitere Interpolationssätze für Räume mit Gewichtsfunktionen im R_1

In der Einleitung wurde bereits angedeutet, daß die Sätze des ersten Abschnittes verallgemeinert werden können. Es zeigt sich, daß man insbesondere für R_1 weiterreichende Interpolationssätze gewinnen kann. Die Resultate kann man zur Untersuchung allgemeiner Legendrescher Differentialoperatoren verwenden. $[a, b]$ sei ein abgeschlossenes Intervall, $-\infty < a < b < \infty$, und

$$p(x) \in C^\infty[a, b], \quad p(x) > 0 \quad \text{für} \quad x \in (a, b),$$

$$\infty > \lim_{x \downarrow a} \frac{p(x)}{x-a} = c_a > 0, \quad \infty > \lim_{x \uparrow b} \frac{p(x)}{b-x} = c_b > 0.$$

Mit $D'(a, b)$ bezeichnen wir die Gesamtheit der Distributionen über dem offenen Intervall (a, b). Wir führen jetzt die Räume $H^\mu_{\varkappa_1, \varkappa_2}$ ein. Hierbei sind $\varkappa_1$ und $\varkappa_2$ zwei relle Zahlen. Ist μ eine natürliche Zahl, so setzen wir

$$H^\mu_{\varkappa_1, \varkappa_2} = \left\{v \mid v \in D'(a, b),\ \int_a^b (p^{\varkappa_1} \mid v^{(\mu)}|^2 + p^{\varkappa_2} |v|^2)\, dx < \infty\right\}.$$

Ist $\mu = 0$, so hat man $\varkappa_1 = \varkappa_2$ zu setzen. Es ist also $H^0_{\varkappa_1 \varkappa_2} = L_{2, \varkappa_1} = L_{2, \varkappa_2}$.

Ist die positive Zahl μ nicht ganz, $\mu = [\mu] + \{\mu\}$, $[\mu]$ ganz, $0 < \{\mu\} < 1$, so setzen wir

$$H^{\mu}_{\varkappa_1, \varkappa_2} = \left\{ v \mid v \in D'(a, b) \,, \int_a^b \int_a^b \frac{\left| p^{\frac{\varkappa_1}{2}}(x)\, v^{[(\mu)]}(x) - p^{\frac{\varkappa_1}{2}}(y)\, v^{[(\mu)]}(y) \right|^2}{|x - y|^{1+2\{\mu\}}} \, dx \, dy \right.$$
$$\left. + \int_a^b p^{\varkappa_2} |v|^2 \, dx < \infty \right\}.$$

Die auf die übliche Weise normierten Räume $H^{\mu}_{\varkappa_1, \varkappa_2}$ sind Hilbert-Räume.

Satz 4. *(a) Ist $\varkappa_1 \geqq \varkappa_2 + 2\,\mu$, so ist $C_0^{\infty}(a, b)$ dicht im Raum $H^{\mu}_{\varkappa_1 \varkappa_2}$.*
(b) Ist $\mu \neq \nu$, $\mu \geqq 0$, $\nu \geqq 0$ und gilt $\varkappa_1 \geqq \varkappa_2 + 2\,\mu$, $\varrho_1 \geqq \varrho_2 + 2\,\nu$ und $(\varkappa_1 - \varkappa_2)\,\nu = (\varrho_1 - \varrho_2)\,\mu$, so ist

$$(H^{\mu}_{\varkappa_1, \varkappa_2}, H^{\nu}_{\varrho_1, \varrho_2})_{\Theta, 2} = H^{\eta}_{\sigma_1, \sigma_2} \tag{2}$$

mit $\eta = (1 - \Theta)\,\mu + \Theta\,\nu$, $\sigma_i = (1 - \Theta)\,\varkappa_i + \Theta\,\varrho_i$, $i = 1, 2$, $0 < \Theta < 1$.
(c) Ist $\mu = \nu$ eine natürliche Zahl, so gilt ebenfalls die Formel (2).

Wir bemerken, daß der Satz auch für $\mu = \nu = 0$ richtig ist, dabei hat man $\varkappa_1 = \varkappa_2$ und $\varrho_1 = \varrho_2$ zu setzen.

Es zeigt sich, daß man bei der Interpolation der Räume $H^{\mu}_{\varkappa_1, \varkappa_2}$ mit $\varkappa_1 < \varkappa_2 + 2\,\mu$ auf erhebliche Schwierigkeiten stößt. Wir bezeichnen mit $\mathring{H}^{\mu}_{\varkappa_1, \varkappa_2}$ die Vervollständigung von $C_0^{\infty}(a, b)$ in der Norm des Raumes $H^{\mu}_{\varkappa_1, \varkappa_2}$.

Satz 5. *Ist $\mu \neq \nu$, $\mu \geqq 0$, $\nu \geqq 0$ und gilt $\varkappa_1 \leqq \varkappa_2 + 2\,\mu$, $\varrho_1 \leqq \varrho_2 + 2\,\nu$, $\varkappa_1 - 2\,\mu \neq -1, -3, \ldots, 1 - 2\,[\mu]$ und $\varrho_1 - 2\,\nu \neq -1, -3, \ldots, 1 - 2\,[\nu]$, so ist*

$$(\mathring{H}^{\mu}_{\varkappa_1, \varkappa_2}, \mathring{H}^{\nu}_{\varrho_1, \varrho_2})_{\Theta, 2} = H^{\eta}_{\sigma_1, \sigma_1 - 2\,\eta} = \mathring{H}^{\eta}_{\sigma_1, \sigma_1 - 2\,\eta} \tag{3}$$

mit $\eta = \mu\,(1 - \Theta) + \nu\,\Theta$ und $\sigma_1 = \varkappa_1\,(1 - \Theta) + \varrho_1\,\Theta$.

Die Formel (3) weicht wesentlich von der Formel (2) ab. Wir geben hierfür ein Beispiel. Es gilt

$$(\mathring{H}^{2}_{2, 0}, L_2)_{\frac{1}{2}, 2} = H^{1}_{1, -1} \neq \mathring{H}^{1}_{1, 0} = H^{1}_{1, 0}$$

und

$$(H^{2}_{2, 0}, L_2)_{\frac{1}{2}, 2} = H^{1}_{1, 0}\,. \tag{4}$$

Die beiden letzten Formeln zeigen insbesondere, daß $(\mathring{H}^{2}_{2, 0}, L_2)_{\frac{1}{2}, 2} \neq \mathring{H}^{1}_{1, 0}$ ist, während man auf Grund der Formel (4) eigentlich $(\mathring{H}^{2}_{2, 0}, L_2)_{\frac{1}{2}, 2} = \mathring{H}^{1}_{1, 0}$ erwarten würde. Die angegebenen Resultate sind in der Arbeit [11] bewiesen.

3. Singuläre elliptische Differentialgleichungen im R_n

Ω sei ein beliebiges (nicht notwendig beschränktes) Gebiet im R_n. Über den Rand von Ω werden keinerlei Voraussetzungen gemacht. $q(x)$ sei eine im Gebiet Ω erklärte, positive, beliebig oft differenzierbare Funktion, die folgenden drei Bedingungen genügt:

1. Es gibt eine positive Zahl c mit $q(x) \geqq c\, d^{-2}(x)$ ($d(x)$ ist der Abstand eines Punktes x zum Rand des Gebietes Ω. Ist $\Omega = R_n$, so entfällt diese Bedingung). $q(x) \geqq 0$.

2. Es existiert eine Zahl σ mit $0 \leqq \sigma < \frac{1}{2}$, so daß

$$|D^\gamma q(x)| \leqq c(|\gamma|)\, q^{1+\sigma|\gamma|}(x)$$

mit geeigneten Konstanten $c(|\gamma|)$ gilt.

3. $q(x) \to \infty$ für $|x| \to \infty$ (falls das Gebiet unbeschränkt ist).

Man kann leicht Beispiele derartiger Funktionen angeben. Ist Ω ein beschränktes Gebiet der Klasse C^∞, so erfüllt jede Funktion $q(x)$, die in Randnähe mit $d^{-\alpha}(x)$, $\alpha > 2$, übereinstimmt, diese Bedingungen.

Mit F^s_ϱ bezeichnen wir die Vervollständigung von $C^\infty_0(\Omega)$ in der Norm

$$\|v\|_{F^s_\varrho} = \left(\sum_{|\alpha|=[s]} \left\| q^{\frac{\varrho}{2}} D^\alpha v \right\|^2_{W_2^{s-[s]}(\Omega)} + \left\| q^{\frac{\varrho}{2}+\frac{s}{2}} v \right\|^2_{L_2(\Omega)} \right)^{\frac{1}{2}}, \quad s \geqq 0\,, \quad \varrho \geqq 0\,.$$

Wir betrachten den Differentialausdruck

$$l\, v = -\Delta v(x) + q(x)\, v(x)\,.$$

S a t z 6. *Der Operator*

$$A\, v = l\, v\,, \qquad D(A) = C^\infty_0(\Omega)\,,$$

ist im Raum $L_2(\Omega)$ *wesentlich selbstadjungiert. Es ist*

$$D(\bar{A}^\varkappa) = F^{2\varkappa}_0\,, \qquad \varkappa \geqq 0\,.$$

Es zeigt sich, daß man diesen Satz wesentlich verschärfen kann.

S a t z 7. *Der Differentialausdruck* $l\, v$ *vermittelt eine isomorphe (umkehrbar eindeutige) Abbildung von* F^{s+2}_ϱ *auf* F^s_ϱ, $s \geqq 0$, $\varrho \geqq 0$.

Die Beweise dieser Sätze findet man im wesentlichen in den Arbeiten [7, 9].

4. Allgemeine Legendresche Differentialoperatoren

Die Funktion $p(x)$ und die Räume $H^\mu_{\varkappa_1, \varkappa_2}$ und $\mathring{H}^\mu_{\varkappa_1, \varkappa_2}$ sollen jetzt die gleiche Bedeutung wie im Abschnitt 2 haben.

S a t z 8. *Der Operator*

$$A\, v = -\big(p(x)\, v'(x)\big)'\,, \quad D(A) = C^\infty[a, b]\,,$$

ist im Hilbert-*Raum* $L_2[a, b]$ *wesentlich selbstadjungiert. Es gilt*

$$D(\bar{A}^\varkappa) = H^{2\varkappa}_{2\varkappa, 0} \quad \text{für} \quad \varkappa > \frac{1}{2}$$

und

$$D(\bar{A}^\varkappa) = \mathring{H}^{2\varkappa}_{2\varkappa, 0} \text{ für } 0 \leqq \varkappa \leqq \frac{1}{2}\,.$$

Einen Beweis dieses Satzes findet man in den Arbeiten [8, 10, 11]. Für $p(x) = (x - a)(b - x)$ erhält man den üblichen LEGENDREschen Differentialoperator. Man kann wesentlich allgemeinere Differentialoperatoren betrachten. Es sei

$$A\, v = (-1)^m \left(p^k(x)\, v^{(m)}(x)\right)^{(m)}, \quad D(A) = C^\infty[a, b] \cap \mathring{C}^{m-k-1}[a, b].$$

Dabei ist $k = 1, 2, \ldots, 2\,m - 1$. Für $m - k - 1 < 0$ hat man $D(A) = C^\infty[a,b]$ zu setzen. Eine relativ ausführliche Theorie dieser Operatoren wurde in den Arbeiten [10, 11] entwickelt. Der Operator A ist im HILBERT-Raum $L_2[a, b]$ wesentlich selbstadjungiert. A ist ein Operator mit reinem Punktspektrum. Es zeigt sich aber, daß die Operatoren für $0 \leqq k \leqq m$ und für $m < k \leqq 2\,m - 1$ wesentlich verschiedenes Verhalten zeigen. Es ist

$$D\left(\bar{A}^{\frac{l}{2}}\right) = H^{lm}_{lk,0} \quad \text{für} \quad 0 \leqq k \leqq m\,, \quad l = 0, 1, 2, \ldots.$$

Die Bestimmung der Räume $D(\bar{A}^\varkappa)$, $\varkappa \geqq 0$, stößt auf relativ große Schwierigkeiten. Einige Resultate in dieser Richtung findet man in der Arbeit [11].

Literatur

[1] CALDERÓN, A. P., Intermediate spaces and interpolation. Studia Math. série spéciale, 31–34 (1963).

[2] CALDERÓN, A. P., Intermediate spaces and interpolation, the complex method. Studia Math. **24**, 113–190 (1964).

[3] LIONS, J. L., PEETRE, J., Sur une classe d'espaces d'interpolation. Inst. Hautes Études Sci. Publ. Math. **19**, 5–68 (1964).

[4] MAGENES, E., Interpolationsräume und partielle Differentialgleichungen. Usp. mat. nauk SSSR **21**, 169–218 (1966). [Russisch]

[5] PEETRE, J., Inledning till interpolation. Vorlesungsausarbeitung, Lund, 1964–1966.

[6] PEETRE, J., A new approach in interpolation spaces. Studia Math. (im Druck).

[7] TRIEBEL, H., Erzeugung nuklearer lokalkonvexer Räume durch singuläre Differentialoperatoren zweiter Ordnung. Math. Ann. **174**, 163–176 (1967).

[8] TRIEBEL, H., Erzeugung des nuklearen lokalkonven Raumes $C^\infty(\Omega)$ durch einen elliptischen Differentialoperator zweiter Ordnung. Math. Ann. **177**, 247–264 (1968).

[9] TRIEBEL, H., Singuläre elliptische Differentialgleichungen und Interpolationssätze für SOBOLEV-SLOBODECKIJ-Räume mit Gewichtsfunktionen. Arch. Rat. Mech. Analysis **32**, 2, 113–134 (1968).

[10] TRIEBEL, H., Allgemeine LEGENDREsche Differentialoperatoren I. Journ. Functional Analysis. **6**, 1–25 (1970).

[11] TRIEBEL, H., Allgemeine LEGENDREsche Differentialoperatoren II. Ann. Scuola Norm. Sup. Pisa. **24**, 1–35 (1970).

Pseudoholomorphe Funktionen einer und mehrerer komplexer Variabler im Zusammenhang mit der Theorie vollständiger Differentialgleichungssysteme

von WOLFGANG TUTSCHKE, Halle[1])

(Manuskripteingang: 22. August 1969)

Die Aufgabe der Theorie der pseudoholomorphen Funktionen besteht bekanntlich darin, funktionentheoretische Gesichtspunkte — auch solche, die globale Aussagen ermöglichen — auf Differentialgleichungssysteme zu übertragen, die allgemeiner als das CAUCHY-RIEMANNsche System sind. Das CAUCHY-RIEMANNsche System ist (auch im mehrdimensionalen Fall) ein vollständiges partielles Differentialgleichungssystem für $u = \operatorname{Re} w$ und $v = \operatorname{Im} w$. Das legt den Gedanken nahe, allgemeine pseudoholomorphe Funktionen (einer oder mehrerer komplexer Variabler) vom Standpunkt der Theorie vollständiger Differentialgleichungssysteme (für mehrere zu bestimmende Funktionen) zu betrachten.

Im Vortrag wird gezeigt, daß sich durch diese Betrachtungsweise u. a. folgende Resultate ergeben:

1. Ist w Lösung eines vollständigen Systems

$$\frac{\partial w}{\partial z_j^*} = f_j(z) \cdot w \quad \text{bzw.} \quad \frac{\partial w}{\partial z_j} = f_j(z) \cdot w\,, \qquad j = 1, \ldots, m\,, \tag{1}$$

so läßt sich w (auch global) in der Form

$$w = \Phi \cdot \exp \omega$$

darstellen (Reziprozitätstheorem), wobei Φ eine holomorphe bzw. antiholomorphe Funktion ist; die Funktion Φ hat auf $\{(z_1, \ldots, z_m)\colon \operatorname{Im} z_j = \text{const.}\}$ dieselben Funktionswerte wie w.

2. Für holomorphe Funktionen gilt bekanntlich der folgende Satz von HARTOGS: Ist w Lösung des Systems $\frac{\partial w}{\partial z_j^*} = 0$, $j = 1, \ldots, m$, so ist w notwendig stetig. Diese Aussage gilt auch für Lösungen der vollständigen Systeme (1), selbst wenn die dort auftretenden Ableitungen im Distributionen-Sinn verstanden werden.

3. Versteht man unter „pseudoholomorphen Exponentialfunktionen" durch $w(0) = 1$ normierte Lösungen von Systemen der Form

$$\frac{\partial w}{\partial z} = a(z) \cdot w\,, \quad \frac{\partial w}{\partial z^*} = b(z) \cdot w\,, \tag{2}$$

so gilt: Die Funktionalgleichung $w(z_1 + z_2) = w(z_1) \cdot w(z_2)$ ist für alle diejenigen z_1, z_2 erfüllt, für die die Koeffizienten a, b den Punkt $\frac{1}{2}(z_1 + z_2)$ als Symmetriepunkt besitzen. Die Existenz einer Lösung von (2) wird durch die Vollständigkeit $\left(\frac{\partial b}{\partial z} = \frac{\partial a}{\partial z^*}\right)$ gesichert.

[1]) Anschrift des Autors:
Prof. Dr. Wolfgang Tutschke, Martin-Luther-Universität Halle-Wittenberg
Sektion Mathematik
DDR — 402 Halle, Reichardtstr. 9

4. Eine Stammfunktion F einer holomorphen Funktion f kann man charakterisieren als Lösung des Systems

$$\frac{\partial F}{\partial z} = f, \tag{3}$$

$$\frac{\partial F}{\partial z^*} = 0. \tag{4}$$

Läßt man die Nebenbedingung (4) weg, so kann man für F den Verlauf auf einer analytischen Kurve vorschreiben (auch dann, wenn (3) durch eine allgemeinere Differentialgleichung ersetzt wird). Insbesondere gibt es für (nicht notwendig holomorphes) f stets ein F mit $f = \frac{\partial F}{\partial z}$, so daß $F = 0$ auf einer analytischen Kurve γ ist. Es gibt aber auch zu f stets eine Funktion F mit $f = \frac{\partial F}{\partial z}$, so daß $\frac{\partial F}{\partial z^*} = 0$ auf γ ist.

Die Theorie der holomorphen Funktionen einer komplexen Variablen ist hauptsächlich in den folgenden zwei Richtungen verallgemeinert worden:

a) Untersuchung pseudoholomorpher (verallgemeinerter analytischer) Funktionen einer komplexen Variablen. Das sind Lösungen z. B. des Vekua-Systems

$$\frac{\partial w}{\partial z^*} = A\,w + B\,w^*,$$

wobei

$$\frac{\partial w}{\partial z^*} = \frac{1}{2}\left(\frac{\partial w}{\partial x} + i\frac{\partial w}{\partial y}\right)$$

ist. Analog wird

$$\frac{\partial w}{\partial z} = \frac{1}{2}\left(\frac{\partial w}{\partial x} - i\frac{\partial w}{\partial y}\right)$$

definiert. Für holomorphe Funktionen $\left(\frac{\partial w}{\partial z^*} = 0\right)$ ist dann $\frac{\partial w}{\partial z}$ mit der gewöhnlichen komplexen Ableitung (Limes des komplexen Differenzenquotienten) identisch.

b) Untersuchung von holomorphen Funktionen von n komplexen Variablen $z_1, \ldots, z_n$. Das sind komplexwertige Funktionen $w = u + i\,v$, die Lösung des Differentialgleichungssystems

$$\frac{\partial w}{\partial z_j^*} = 0, \qquad j = 1, \ldots, n,$$

sind. In reeller Schreibweise bedeutet das

$$\frac{\partial v}{\partial y_k} = \frac{\partial u}{\partial x_k},$$

$$\frac{\partial u}{\partial y_l} = -\frac{\partial v}{\partial x_l}.$$

Wegen

$$\frac{\partial^2 u}{\partial y_l\,\partial y_k} = -\frac{\partial^2 v}{\partial x_l\,\partial y_k} = -\frac{\partial^2 u}{\partial x_k\,\partial x_l}$$

und analog

$$\frac{\partial^2 v}{\partial y_k \partial y_l} = \frac{\partial^2 u}{\partial x_k \partial y_l} - = \frac{\partial^2 v}{\partial x_l \partial x_k}$$

werden die zweiten gemischten Ableitungen ($l \neq k$)

$$\frac{\partial^2 u}{\partial y_l \partial y_k}, \quad \frac{\partial^2 v}{\partial y_k \partial y_l}$$

durch das System eindeutig festgelegt, d. h., das System ist vollständig.

Eine gemeinsame Verallgemeinerung der beiden angegebenen Verallgemeinerungsrichtungen der klassischen Funktionenteorie erhält man, wenn man pseudoholomorphe Funktionen mehrerer komplexer Variabler betrachtet.

Im ersten Teil des Vortrags wird gezeigt werden:
Die damit erfaßten Funktionen stehen — wenn man sich auf vollständige Differentialgleichungssysteme beschränkt — in sehr enger Beziehung zu den holomorphen Funktionen: Einerseits haben holomorphe und pseudoholomorphe Funktionen gemeinsame Eigenschaften; andererseits lassen sich pseudoholomorphe Funktionen auf holomorphe zurückführen.

Im zweiten Teil des Vortrags wird schließlich gezeigt werden, zu welchen Ergebnissen der Gesichtspunkt der Vollständigkeit bei pseudoholomorphen Funktionen einer Variablen führt.

1. Pseudoholomorphe Funktionen von n Variablen, die Lösung eines vollständigen Differentialgleichungssystems sind

1.1. Es sei w eine Lösung des Systems

$$\frac{\partial w}{\partial z_j^*} = f_j w \tag{1}$$

bzw.

$$\frac{\partial w}{\partial z_j} = f_j w \tag{2}$$

($j = 1, \ldots, n$). Gesucht wird zu w eine holomorphe bzw. antiholomorphe Funktion Φ, so daß w die Darstellung

$$w = \Phi \exp \omega \tag{3}$$

besitzt.

Dazu muß ω als Lösung des inhomogenen Cauchy-Riemannschen Differentialgleichungssystems gewählt werden:

$$\frac{\partial \omega}{\partial z_j^*} = f_j \tag{4}$$

bzw.

$$\frac{\partial \omega}{\partial z_j} = f_j . \tag{5}$$

Für das System (4) bzw. (5) besteht das Anfangswertproblem darin, eine Lösung ω zu finden, die auf der Anfangsmannigfaltigkeit

$$M_0 = \{(x_1, \ldots, x_n, y_1, \ldots, y_n) : y_j = \text{const}_j\}$$

vorgeschriebene Werte annimmt. Damit das Anfangswertproblem bei jeder Wahl der Anfangswerte lösbar ist, muß (4) bzw. (5) vollständig sein. Die Vollständigkeitsbedingung lautet

$$\frac{\partial f_j}{\partial z_k^*} = \frac{\partial f_k}{\partial z_j^*} \quad \text{im Fall von (1)}$$

bzw.

$$\frac{\partial f_j}{\partial z_k} = \frac{\partial f_k}{\partial z_j} \text{im Fall von (2).}$$

Unter der Voraussetzung, daß die f_j Potenzreihendarstellungen in x_j, y_j, besitzen, läßt sich ω durch Lösung von n Cauchy-Kowaleskaja-Systemen erhalten (falls die f_j kompakte Träger besitzen, ist

$$-\frac{1}{\pi} \iint \frac{f_1(\zeta, z_2, \ldots, z_n)}{\zeta - z_1} \, d\xi \, d\eta\,, \qquad \zeta = \xi + i\,\eta\,,$$

spezielle Lösung von (4) bzw.

$$-\frac{1}{\pi} \iint \frac{f_1(\zeta, z_2, \ldots, z_n)}{\zeta^* - z_1^*} \, d\xi \, d\eta$$

ist spezielle Lösung von (5)).

Mit Hilfe der Lösung von (4) bzw. (5) erhält man im Falle (1) die Darstellung (3) nun wie folgt:

$$\begin{aligned} \frac{\partial}{\partial z_j^*} \big(w \exp(-\omega)\big) &= -\, w \cdot \exp(-\omega) \cdot \frac{\partial \omega}{\partial z_j^*} + \frac{\partial w}{\partial z_j^*} \exp(-\omega) \\ &= (-\, w \cdot f_j + f_j \cdot w) \exp(-\omega) = 0\,, \end{aligned}$$

also ist

$$w \cdot \exp(-\omega) = \Phi$$

holomorph, d. h.

$$w = \Phi \cdot \exp \omega\,.$$

Wählt man $\omega = 0$ auf M_0, so hat man der Lösung w von (1) (bzw. (2)) eine holomorphe (bzw. antiholomorphe) Funktion zugeordnet, die auf M_0 dieselben Funktionswerte wie w hat.

1.2. Umgekehrt: Ist Φ holomorphe (bzw. antiholomorphe) Funktion und ist ω die durch $\omega = 0$ auf M_0 charakterisierte Lösung von ((4) bzw. (5)), so wird durch (3) eine Lösung von (1) bzw. (2) gegeben, die auf M_0 dieselben Werte wie Φ hat. Denn ist z. B. $\frac{\partial \omega}{\partial z_j^*} = f_j$, Φ holomorph und $w = \Phi \exp \omega$, so ist

$$\frac{\partial w}{\partial z_j^*} = \Phi \cdot \exp \omega \cdot \frac{\partial \omega}{\partial z_j^*} = f_j \cdot w\,.$$

1.3. Aus der Darstellung (3) folgt: Das Nullstellengebilde einer Lösung w von (1) ist eine analytische Menge.

Umgekehrt: Ist w eine komplexwertige Funktion, deren Nullstellengebilde eine analytische Menge ist, so ist w Lösung eines vollständigen Differentialgleichungssystems (denn ist $w = \Phi\, w_0$, Φ holomorph, und setzt man $f_j =$

$\frac{\partial \log w_0}{\partial z_j^*}$, so ist w Lösung von (1) und es gilt $\frac{\partial f_j}{\partial z_k^*} = \frac{\partial f_k}{\partial z_j^*}$; hierbei muß vorausgesetzt werden, daß w_0 durch eine Potenzreihe in $x_1, \ldots, x_n, y_1, \ldots, y_n$ dargestellt werden kann). Damit ist gezeigt: Die vollständigen Differentialgleichungssysteme lassen sich durch die Analytizität des Nullstellengebildes ihrer Lösungen charakterisieren.

In diesem Zusammenhang sei darauf hingewiesen, daß auch die Lösungen der Systeme

$$a_j \frac{\partial w}{\partial z_j} + b_j \frac{\partial w}{\partial z_j^*} = f_j$$

und

$$a_j \frac{\partial w}{\partial z_j} + b_j \frac{\partial w}{\partial z_j^*} = 0$$

das gleiche Nullstellenverhalten besitzen.

1.4. Die globale Darstellung einer pseudoholomorphen Funktion w in der Form (3) kann durch Lösung des Problems Cousin II erfolgen. Das Cousinsche Verfahren liefert eine holomorphe Funktion Φ mit vorgeschriebenem Nullstellenverhalten (in U_i ist Φ_i vorgegeben, in $U_i \cap U_j$ unterscheiden sich Φ_i und Φ_j um einen von Null verschiedenen holomorphen Faktor).

Nach **1.1.** kann man w lokal (in U_i) in der Form $w = \Phi_i w_{0i}$ darstellen, $w_{0i} \neq 0$. Ist Φ die zu den Cousinschen Daten Φ_i gehörende holomorphe Funktion und $\Phi = \Phi_i h_i$ in U_i, so ist

$$w = \Phi \cdot \frac{w_{0i}}{h_i},$$

d. h.

$\frac{w_{0i}}{h_i} = \frac{w_{0j}}{h_j}$ in $U_i \cap U_j$. Setzt man $\frac{w_{0i}}{h_i} = w_0$, so ist w_0 global definiert und (3) gilt global.

Dieses Verfahren läßt sich immer dann anwenden (auch auf jeder Mannigfaltigkeit), wenn Cousin II lösbar ist. (Cousin II ist z. B. für jeden Polyzylinder lösbar.)

1.5. Das Problem Cousin II läßt sich auch für pseudoholomorphe Funktionen stellen: in U_i sei w_0 vorgegeben, in $U_i \cap U_j$ sollen sich w_i, w_j um einen von Null verschiedenen Faktoren unterscheiden. Dann läßt sich (z. B. in einem Polyzylinder) global eine pseudoholomorphe Funktion konstruieren, die das durch die w_i in U_i vorgegebene Nullstellenverhalten besitzt. Auf diese Weise läßt sich z. B. global eine nullstellenfreie pseudoholomorphe Funktion konstruieren (im holomorphen Fall sind die von Null verschiedenen Konstanten nullstellenfreie holomorphe Funktione).

2. Der Satz von Hartogs für pseudoholomorphe Funktionen

In der mehrdimensionalen Funktionentheorie wird der folgende Satz von Hartogs bewiesen. Ist w Lösung des Differentialgleichungssystems $\frac{\partial w}{\partial z_j^*} = 0$, so ist w notwendig stetig (aus $\frac{\partial w}{\partial z_j^*} = 0$ folgt zunächst nur die Holomorphie und also die Stetigkeit von w als Funktion jeder einzelnen Variablen). Diese Aussage gilt auch für Lösungen des Systems

$$\frac{\partial w}{\partial z_j^*} = f_j\, w\,.$$

Denn ist ω wieder Lösung des inhomogenen Cauchy-Riemannschen Systems $\frac{\partial \omega}{\partial z_j^*} = f_j$ (Voraussetzung: f_j ist Potenzreihe in $x_1, \ldots, x_n, y_1, \ldots, y_n$), so gilt

$$\frac{\partial\left(w \cdot \exp\left(-\,\omega\right)\right)}{\partial z_j^*} = 0\,,$$

also ist

$$w \cdot \exp\left(-\,\omega\right) = \Phi$$

holomorph und nach dem Satz von Hartogs (für holomorphe Funktionen) also stetig. Da ω insbesondere stetig ist, ist also auch

$$w = \Phi \exp \omega$$

stetig.

Diese Aussage gilt sogar auch dann, wenn die Differentiation $\frac{\partial}{\partial z_j^*}$ im schwachen Sinn verstanden wird. Ist g komplexwertige Funktion einer Variablen z, so heißt g im Punkt z_0 bezüglich z^* schwach differenzierbar, wenn

$$\frac{\int\limits_{\partial B} g(z)\, dz}{2\, i \cdot m\, B} \tag{6}$$

einen Limes besitzt, falls sich das Gebiet B auf den Punkt z_0 „zusammenzieht" ($m\,B$ = Inhalt von B). Besitzt g stetige partielle Ableitungen erster Ordnung bezüglich x, y, so existiert der Limes von (6) und er ist gleich dem partiellen komplexen Differentialquotienten $\frac{\partial g(z_0)}{\partial z^*}$ im klassischen Sinn.

Im Fall der Ableitungen im schwachen Sinn benötigt man für den Beweis des Satzes von Hartogs für pseudoholomorphe Funktionen noch die folgende Aussage, die aus der Theorie pseudoholomorpher Funktionen einer komplexen Variablen bekannt ist:

Existiert in jedem Punkt einer offenen Menge der z-Ebene die partielle komplexe Ableitung bezüglich z^* im schwachen Sinn und gilt überall $\frac{\partial w}{\partial z^*} = 0$, so ist w notwendig holomorph.

3. Pseudoholomorphe Exponentialfunktionen

Die klassische Exponentialfunktion ist Lösung des Systems

$$\frac{\partial w}{\partial z} = w\,, \qquad \frac{\partial w}{\partial z^*} = 0\,. \tag{7}$$

Allgemeiner soll statt dieses Systems jetzt

$$\frac{\partial w}{\partial z} = a(z)\, w\,, \qquad \frac{\partial w}{\partial z^*} = b(z)\, w \tag{8}$$

betrachtet werden.

Es ist bekannt, daß aus der Gültigkeit von (7) und der Normierungsbedingung $w(0) = 1$ die Funktionalgleichung

$$w\,(z_1 + z_2) = w(z_1)\, w(z_2)$$

hergeleitet werden kann. Eine entsprechende Aussage gilt auch für das System (8):

Sind die Koeffizienten a, b in bezug auf $\frac{1}{2} z_0$ symmetrisch, so gilt die Funktionalgleichung für alle z_1, z_2 für die $z_1 + z_2 = z_0$ ist.

Das System (8) ist vollständig genau dann, wenn $\frac{\partial a}{\partial z^*} = \frac{\partial b}{\partial z}$ ist. In diesem Fall (a, b sollen Potenzreihen in x, y sein) gibt es genau eine durch $w(0) = 1$ normierte Lösung.

4. Stammfunktionen komplexwertiger Funktionen

4.1. Zu einer holomorphen Funktion f gibt es (lokal) Stammfunktionen, das sind Funktionen F, für die gilt

$$\frac{\partial F}{\partial z} = f\,, \qquad \frac{\partial F}{\partial z^*} = 0\,.$$

Dabei kann bekanntlich $F(z_0)$ vorgeschrieben werden. Im folgenden soll der Begriff der Stammfunktion weiter gefaßt werden: Eine Stammfunktion von f sei eine Funktion F, so daß man f durch F, $\frac{\partial F}{\partial z}$ und $\frac{\partial F}{\partial z^*}$ linear ausdrücken kann. In diesem Sinn ist die folgende Funktion F, die in der Vekuaschen Theorie eine zentrale Rolle spielt, eine Stammfunktion von f:

$$F(z) = -\frac{1}{\pi} \iint \frac{f(\zeta)}{\zeta - z}\, d\xi\, d\eta\,.$$

Für diese Funktion F gilt

$$\frac{\partial F}{\partial z^*} = f$$

(ist f stetig differenzierbar, so ist die Differentiation $\frac{\partial}{\partial z^*}$ im klassischen Sinn zu verstehen, ist f nur stetig, so muß $\frac{\partial}{\partial z^*}$ im schwachen Sinn aufgefaßt werden).

4.2. Zu gegebenem f (Potenzreihe in x, y) soll F (in einer Umgebung von z_0) so angegeben werden, daß

$$f = \lambda \frac{\partial F}{\partial z} + \sigma \frac{\partial F}{\partial z^*} + \varkappa F \tag{9}$$

ist. Dabei soll F keiner weiteren Bedingung (Nebenbedingung) genügen. Dabei können für F die Funktionswerte auf einer durch z_0 hindurchgehenden analytischen Kurve γ vorgeschrieben werden (Voraussetzung: $|\lambda| \neq |\sigma|$). Insbesondere gibt es zu jedem f also auch ein F, so daß gilt

$$f = \frac{\partial F}{\partial z}, \quad F = 0 \text{ auf } \gamma.$$

4.3. Soll

$$f = \lambda \frac{\partial F}{\partial z} + \varkappa F \tag{10}$$

sein, wobei F der Nebenbedingung

$$\frac{\partial F}{\partial z^*} = \mu \frac{\partial F}{\partial z} + \nu F \tag{11}$$

genügen soll, so kann für F nur der Wert in einem Punkt z_0 vorgeschrieben werden (setzt man (11) in (9) ein, so geht (9) in die Form (11) über). Um die Existenz von F zu sichern, müssen die Koeffizienten λ, $\varkappa$, μ, ν zwei (reellen) Relationen genügen und u, v $(u + i v = f)$ müssen einem partiellen Differentialgleichungssystem erster Ordnung genügen. Diese insgesamt vier Bedingungen lassen folgende Deutung zu:

a) Soll $f = \lambda \frac{\partial F}{\partial z}$ und $\frac{\partial F}{\partial z^*} = \mu \frac{\partial F}{\partial z}$

sein, so erhält man nur das Differentialgleichungssystem für u, v (zwei Bedingungen). Im Fall $\lambda(z) = 1$, $\mu(z) = 0$, $\forall z$, gehen diese Bedingungen natürlich in das CAUCHY-RIEMANNsche System über.

b) Setzt man $\mu(z) = 0$, $\nu(z) = 0$, $\forall z$ (d. h. sucht man holomorphe Funktionen F), so gilt: Zu jedem (auch nicht holomorphen) f gibt es ein holomorphes F, so daß

$$f = \lambda \frac{\partial F}{\partial z} + \varkappa F$$

ist. Dabei können λ, $\varkappa$ auf einer analytischen Kurve vorgegeben werden.

Spezialfall: Es gibt zu f eine holomorphe Funktion F, so daß

$$f = \frac{\partial F}{\partial z} \text{ auf } \gamma \text{ gilt.}$$

c) Faßt man

$$f = \lambda \frac{\partial F}{\partial z}, \quad \frac{\partial F}{\partial z^*} = \mu \frac{\partial F}{\partial z} \tag{12}$$

als ein Differentialgleichungssystem für die beiden Funktionen f, F auf, so gilt:

(12) ist eindeutig lösbar, wenn für f die Werte auf einer analytischen Kurve und für F der Wert in z_0 vorgeschrieben werden.

d) Zu $f \neq 0$ gibt es stets F, so daß $(\lambda \neq 0)$

$$f = \lambda \frac{\partial F}{\partial z} + \varkappa F,$$

gilt, wobei F auf der analytischen Kurve γ eine vorgeschriebene Nebenbedingung $\frac{\partial F}{\partial z^*} = \mu \frac{\partial F}{\partial z} + \nu F$ erfüllt.

Spezialfall: Zu $f = 0$ gibt es F (mit vorgeschriebenem $F(z_0)$), so daß $f = \frac{\partial F}{\partial z}$ in einer Umgebung von z_0 gilt und so daß auf γ die Nebenbedingung $\frac{\partial F}{\partial z^*} = 0$ erfüllt ist.

Literatur

[1] GOURSAT, E., Leçons sur l'integration des équations aux derivées partielles du premier ordre. 2. éd., Paris 1921.

[2] HÖRMANDER, L., An introduction to complex analysis in several variables. Princeton/Toronto/London 1967.

[3] TUTSCHKE, W., Das Reziprozitätstheorem für eine Klasse pseudoholomorpher Funktionen mehrerer komplexer Variabler. Sitzungsber. d. Sächs. Akad. d. Wiss. Leipzig, Math.-naturw. Klasse, Bd. **108**, Heft 5 (1969).

[4] TUTSCHKE, W., Bemerkungen über pseudoholomorphe Funktionen mit vorgeschriebenem Nullstellenverhalten. Mber. Dt. Akad. Wiss.,

[5] TUTSCHKE, W., Pseudoholomorphe Exponentialfunktionen (im Druck).

[6] TUTSCHKE, W., Stammfunktionen komplexwertiger Funktionen Sitzungsber. d. Sächs. Akad. d. Wiss. Leipzig, Math.-naturw. Klasse, Bd. 109, Heft 2 (1970).

[7] Тучке, В., Теорема Гартогса для обобщенных аналитических функций многих комплексных переменных. ДАН, т. 193, 765—766 (1970).

[8] VEKUA, I. N., Systeme von Differentialgleichungen erster Ordnung vom elliptischen Typus und Randwertaufgaben mit einer Anwendung in der Theorie der Schalen. Berlin (1956 (Übers. aus dem Russ.).

[9] VEKUA, I. N., Verallgemeinerte analytische Funktionen. Berlin 1963 (Übers. aus dem Russ.).

Über den Zusammenhang zwischen klassischen und schwachen Lösungen

von NORBERT WECK, Bonn[1])

(Manuskripteingang: 22. August 1969)

Sei $D := \partial_j a_{jk}\, \partial_k + b_j\, \partial_j + c$ (Summationskonvention!) ein in G (offene Teilmenge des R^n) gleichmäßig elliptischer Differentialoperator mit $a_{jk} = a_{kj}$ und $a_{jk}, b_j, c \in L_\infty(G)$. Falls G unbeschränkt ist, stellen wir zusätzlich die Bedingungen $b_j \in L_2(G)$ oder $\partial_j b_j \in L_\infty(G)$. Wir betrachten das DIRICHLETsche Randwertproblem $D u = f$, $u|_{\partial G} = g_0$ mit $f \in L_2(G)$ und $g_0 = g|_{\partial G}$ mit $g \in C(\bar{G}) \cap H_1(G)$. Wir wollen zeigen, daß unter bestimmten Zusatzvoraussetzungen klassische Lösungen dieser Randwertaufgabe auch HILBERT-Raumlösungen sind. Unsere Sätze verallgemeinern Ergebnisse von IL'IN und ŠIŠMAREV [3], GIESECKE [2] und AKO [1]. Entsprechende Untersuchungen für die NEUMANNsche Randwertaufgabe wurde von LEVINE [4] durchgeführt.

Definition 1: *u heißt klassische Lösung zu (f, g):* $\Leftrightarrow$

$$\begin{array}{ll} i & u \in C_2(G) \cap C(\bar{G}) \\ ii & Du(x) = f(x)\,, \quad x \in G \\ iii & (u - g)\,|_{\partial_\infty G} = 0 \end{array}$$

$$\Big(v\,|_{\partial_\infty G} = 0 :\Leftrightarrow \bigwedge_{\varepsilon > 0} \bigvee_{k} \big(K \text{ kompakt} \wedge \bigwedge_{x \in G - K} |v(x)| < \varepsilon\big)\Big)$$

Definition 2: *u heißt* HILBERT-*Raumlösung zu (f, g)* : $\Leftrightarrow$

$$\begin{array}{ll} i & u - g \in \mathring{H}_1(G) \\ ii & \bigwedge_{\Phi \in \mathring{C}_\infty(G)} B(u, \Phi) = -(f, \Phi)_0 \end{array}$$

$$\Big(B(v, w) := \int_G (a_{jk}\, \partial_j v\, \partial_k w - b_j\, \partial_j v\, w - c\, v\, w)\, dx\Big)\,.$$

Das folgende Lemma bildet die Grundlage zum Beweis unserer Sätze. Bei seinem Beweis benutzen wir Techniken, wie sie aus [2] bekannt sind.

Lemma 1: Vor | i $\quad f \in L_1(G)$

ii $\quad u \in L_2(G) \cap L_1(G)$

iii $\quad$ *u ist klassische Lösung zu (f, g)*

Beh | iv $\quad$ *u ist* HILBERT-*Raumlösung zu (f, g)*.

[1]) Anschrift des Autors:
Dr. Norbert Weck, Institut für Angewandte Mathematik
D — 53 Bonn, Wegelerstr. 10

Beweis: Das folgende Lemma wurde implizit bereits in [2] hergeleitet:

Lemma 2: Vor | i $\quad r \in C(\bar{G}) \cap H_1(G)$

ii $\quad r\,|_{\partial_\infty G} = 0$

Beh | iii $\quad u \in \mathring{H}_1(G)$.

Hieraus folgt, daß es nur darauf ankommt, $u \in H_1(G)$ zu zeigen. Hierzu fordern wir zunächst, daß $u - g$ in G keine Nullstellen besitzt. Von dieser Voraussetzung kann man sich, wie in [2], nachträglich befreien. O. B. d. A. sei schließlich G zusammenhängend, so daß etwa $u - g > 0$ gilt. Wir wählen eine Folge von Kompakta K_i, die G ausschöpfen, und definieren

$$\varepsilon_i := \frac{1}{2} \inf_{x \in K_i} (u - g)(x)$$

$$N_i := \{x \in G \mid (u - g)(x) > \varepsilon_i\} .$$

Dann gelten $\varepsilon_i > 0$ und $G \supset\supset N_i \supset K_i$. Mit $v_i(x) := (u - g)(x) - \varepsilon_i$ erhalten wir $\left(v_i \in \mathring{H}_1(N_i)\right.$ nach Lemma 2; c_0: Elliptizitätskonstante$\left.\right)$

$$c_0^{-1} \int_{K_i} |\nabla u|^2 \, dx \leqq c_0^{-1} \int_{N_i} |\nabla u|^2 \, dx$$

$$\leqq \int_{N_i} a_{jk} \, \partial_j u \, \partial_k v_i \, dx + \int_{N_i} a_{jk} \, \partial_j u \, \partial_k g \, dx$$

$$= \int_{N_i} (- Du + b_j \, \partial_j u + c\, u) \, v_i \, dx + \int_{N_i} a_{jk} \, \partial_j u \, \partial_k g \, dx$$

$$\leqq C_1 + C_2 \Big(\int_{N_i} |\nabla u|^2 \, dx \Big)^{1/2} .$$

Hieraus folgt $\int_{K_i} |\nabla u|^2 \, dx \leqq C$ und damit $u \in H_1(G)$. q. e. d.

Eine genauere Auswertung der obigen Ungleichung zeigt:

$$||u||_1 \leqq K \, (||u||_0 + ||f||_0 + ||g||_1) . \tag{1}$$

K hängt dabei nur von c_0 und $\sup_{x \in G} \left(|a_{jk}(x)| + |b_j(x)| + |c(x)| \right)$ ab. Folgerungen aus Lemma 1:

Satz 1: Vor | i $\mu(G) < \infty$ ($\mu(G)$: LEBESGUE*sches Maß von* G)

ii u *ist klassische Lösung zu* (f, g).

Beh | iii u *ist* HILBERT-*Raumlösung zu* (f, g).

Beweis: Die Voraussetzungen von Lemma 1 sind erfüllt. q. e. d. Damit sind Gebiete mit $\mu(G) < \infty$ vollständig behandelt. Für $\mu(G) = \infty$ ist nicht jede klassische Lösung auch HILBERT-Raumlösung, wie der Fall der HELMHOLTZschen Schwingungsgleichung zeigt. Es gelten aber die folgenden drei Sätze (in denen wir stets $\partial_j b_j \in L_\infty(G)$ und $\partial_j a_{jk} \in L_\infty(G)$ voraussetzen):

Satz 2: Vor | i $\quad u$ *ist klassische Lösung*

Beh | ii $\quad \bigwedge_R u \in H_1(G_R)$; $\quad G_R := \{x \in G \mid |x| < R\}$.

Beweis: Wir setzen $u_R(x) := u(x) \cdot \psi_R(|x|)$ mit $\psi_R \in C_\infty(R)$ und $\psi_R(t) = 1$ für $t < R$ und $\psi_R(t) = e^{-(t-R)}$ für $t \geqq R + 1$. Dann gelten $D_R u_R = f_R$ und $(u_R - g_R)|_{\partial_\infty G} = 0$ für

$$D_R := D - 2\, a_{jk}\, \psi_R^{-1}(\partial_j \psi_R) \cdot \partial_k$$

$$f_R := \psi_R f + u\big(\partial_j(a_{jk}\, \partial_k \psi_R) + b_j\, \partial_j \psi_R - 2\, a_{jk}\, \psi_R^{-1}\, (\partial_j \psi_R)\, (\partial_k \psi_R)\big)$$

$$g_R := \psi_R\, g\, .$$

Alle Voraussetzungen von Lemma 1 sind erfüllt. Wir erhalten $u_R \in H_1(G)$ und damit $u \in H_1(G_R)$. q. e. d.

Anwendung von (1) auf u_R liefert die folgende Verschärfung von Lemma 1:

Satz 3: Vor| *i* $u \in L_2(G)$

ii *u ist klassische Lösung zu* (f, g).

Beh| *iii* *u ist* HILBERT-*Raumlösung zu* (f, g).

Außerdem ergibt sich die folgende Abschätzung

$$||u||_1\, (G) \leqq C \cdot R^n\, . \tag{2}$$

Der folgende Satz liefert die uns interessierende Aussage, ohne a priori Bedingungen an G oder u zu stellen:

Satz 4: Vor| *i* $\bigvee_{c_1} \bigwedge_{x \in G} c(x) - \frac{1}{2}\, \partial_j b_j(x) \leqq c_1 < 0$

ii *u ist klassische Lösung zu* (f, g).

Beh| *iii* *u ist* HILBERT-*Raumlösung zu* (f, g).

Beweis: Wir wenden (1) auf $u_N(x) := u(x) \cdot \psi_N(|x|)$ an. Dabei sei $\psi_N \in C_\infty(|R)$ mit $\psi_N(t) = 1$ für $t \leqq N$ und $\psi_N(t) = 0$ für $t \leqq N + 1$. Dann zeigt sich

$$||u||_1\, (G_N) \leqq A + B\, ||u||_1\, (G_{N+1} - G_N)\, .$$

Hieraus folgt, daß die monoton wachsende Funktion $P(N) := ||u||_1\, (G_N)$ entweder exponentiell anwächst oder beschränkt ist. Die erste Möglichkeit wird aber durch (2) ausgeschlossen, woraus $u \in H_1(G)$ folgt. q. e. d.

Bemerkung: Die obigen Ergebnisse bleiben richtig, wenn wir statt klassischen Lösungen Funktionen $u \in H_1^{l_x} \cap C(\overline{G})$ betrachten, die die Randbedingung im klassischen und die Differentialgleichung im schwachen Sinn erfüllen.

Literatur

[1] AKO, K., On the modern and classical solutions of the DIRICHLET problem. Jap. Journ. Math. **35.2** (1966), 85–97.

[2] GIESECKE, B., Zum DIRICHLETschen Prinzip für selbstadjungierte elliptische Differentialoperatoren. Math. Zeitschrift **86** (1964), 54–62.

[3] IL'IN, V. A., ŠIŠMAREV, I. A., Über den Zusammenhang zwischen verallgemeinerten und klassischen Lösungen des DIRICHLETschen Problems [Russisch]. Izvestija Akad. Nauk SSSR. Ser. mat. **24** (1960) 521–530.

[4] LEVINE, L. M., A uniqueness theorem for the reduced wave equation. Commun. Pure Appl. Math., Vol. **17** (1964), 147–176.

Vergleich verschiedener Kapazitätsbegriffe

von Günther Wildenhain, Berlin[1])

(Manuskripteingang: 30. Mai 1969)

Zum Studium des Randverhaltens der Lösungen elliptischer Differentialgleichungen höherer als 2. Ordnung wurden in den vergangenen Jahren verschiedene Kapazitätsbegriffe entwickelt. Der erste Kapazitätsbegriff geht vom Dirichletschen Integral aus (Kondratjev, Mazja) und ist eng mit den Variations- und Hilbert-Raummethoden verbunden. Der zweite Kapazitätsbegriff ist rein potentialtheoretischen Charakters (O. Frostman, M. Riesz, B. Fuglede, N. S. Landkoff). Der dritte Kapazitätsbegriff benutzt m-mal stetig differenzierbare Potentiale (G. Anger, G. Wildenhain) und ist einerseits funktionalanalytischer Natur und andererseits potentialtheoretischen Charakters. Es wird gezeigt, daß für den polyharmonischen Operator alle Kapazitätsdefinitionen im wesentlichen dieselben Nullmengen liefern.

1. Einleitende Bemerkungen

Die Methoden der Funktionalanalysis haben in den vergangenen 2 Jahrzehnten zu außerordentlichen Fortschritten auf dem Gebiet der Randwertaufgaben elliptischer Differentialgleichungen geführt. Ungeachtet dessen gibt es aber — insbesondere im Zusammenhang mit dem Studium des Randverhaltens der Lösungen elliptischer Gleichungen höherer als 2. Ordnung — zahlreiche elementare ungelöste Probleme. Im Hinblick darauf sind unabhängig voneinander verschiedene Ansätze entwickelt worden, mit dem Ziel, Methoden potentialtheoretischen Charakters zum Studium elliptischer Differentialgleichungen höherer Ordnung heranzuziehen. Typisch ist dabei in jedem Falle die Definition eines jeweils der Methode angepaßten Kapazitätsbegriffs, der verschiedene (gegenüber den Lebesgueschen Nullmengen) verfeinerte Nullmengenbegriffe liefert. Man kann zur Zeit grundsätzlich 3 Zugänge unterscheiden.

a) Die Arbeiten von V. A. Kondratjev [7], [8] und V. G. Mazja [10], die vom Dirichletschen Integral ausgehen und sehr eng mit den klassischen Variations- und Hilbert-Raummethoden verwandt sind.

b) Überlegungen von B. Fuglede [5], die zum Teil unveröffentlicht sind und ausgesprochen potentialtheoretischen Charakter haben. Sie beruhen auf der Theorie der Rieszschen Potentiale und der Rieszschen Kapazität (man vergleiche O. Frostman [4], M. Riesz [11] und N. S. Landkoff [9]). Diese Theorie spielt beim Studium der polyharmonischen Gleichung $\Delta^m u = 0$ eine Rolle.

---

[1]) Anschrift des Autors:
Dr. Günther Wildenhain, Deutsche Akademie der Wissenschaften
Institut für Reine Mathematik
DDR — 1199 Berlin, Rudower Chaussee 5

c) Die Arbeiten von G. ANGER [2] und dem Autor [15]. Dieser Zugang ist einerseits funktionalanalytischer, andererseits rein potentialtheoretischer Natur.

Die vorliegende Arbeit hat das Ziel, die für die genannten 3 Richtungen grundlegenden Nullmengenbegriffe miteinander zu vergleichen. Wir gelangen dabei zu sehr abgerundeten Ergebnissen, die in den Sätzen 4.2, 5.1, 5.2 und 6.1 formuliert sind. Berücksichtigt man, daß nach bisher unveröffentlichten Ergebnissen von V. G. MAZJA die Nullmengen im Sinne von KONDRATJEV-MAZJA den RIESZschen Nullmengen äquivalent sind, so kann man die hier gewonnenen Resultate grob gesprochen dahingehend formulieren, daß alle bisher bekannten Kapazitätsdefinitionen für den polyharmonischen Operator im wesentlichen auf dieselben Nullmengen hinauslaufen. Das der jeweiligen Problemstellung angepaßte Nullmengensystem hängt dabei entscheidend von der Ordnung der Differentialgleichung ab. Diesem Umstand scheint besonders die mit Punkt 3 zusammenhängende Kapazitätsdefinition (Definition 3.1) Rechnung zu tragen.

Die Anregung zu den hier angestellten Überlegungen verdankt der Autor einem Gespräch mit V. G. MAZJA. Dafür sei ihm an dieser Stelle herzlich gedankt.

2. RIESZsche Potentiale und RIESZsche Kapazität

Wir betrachten im n-dimensionalen euklidischen Raum R^n $(n \geqq 2)$ die Funktion

$$k_{\alpha,n}(x) = C(\alpha, n)\,|x|^{\alpha-n} \qquad (0 < \alpha < n)$$

und den daraus gebildeten, sogenannten RIESZschen Kern der Ordnung α

$$\left.\begin{aligned} \Phi_{\alpha,n}(x, y) &= k_{\alpha,n}(x - y) && \text{für} \quad C(\alpha, n) > 0\,, \\ \Phi_{\alpha,n}(x, y) &= -\,k_{\alpha,n}(x - y) && \text{für} \quad C(\alpha, n) < 0\,. \end{aligned}\right\} \tag{2.1}$$

Der Koeffizient $C(\alpha, n)$ spielt die Rolle eines Normierungsfaktors, den wir zunächst nicht näher präzisieren wollen (man vergleiche dazu etwa M. RIESZ [11] oder N. S. LANDKOFF [9]). Das entsprechende Rieszsche Potential der Ordnung α bezüglich eines positiven Maßes μ ist erklärt als RADON-STIELTJES-Integral

$$\Phi_{\alpha,n}\,\mu(x) = \int \Phi_{\alpha,n}(x, y)\,d\mu(y)\,.$$

Wegen der Halbstetigkeit des Kernes $\Phi_{\alpha,n}$ ist auch das Potential $\Phi_{\alpha,n}\,\mu$ nach unten halbstetig. Außerdem gilt stets $0 \leqq \Phi_{\alpha,n}\,\mu(x) \leqq +\infty$. Für ein beliebiges Maß $\mu = \mu^+ - \mu^-$ definiert man

$$\Phi_{\alpha,n}\,\mu(x) = \Phi_{\alpha,n}\,\mu^+(x) - \Phi_{\alpha,n}\,\mu^-(x)\,.$$

Das Potential $\Phi_{\alpha,n}\,\mu$ ist damit in allen Punkten erklärt, in denen nicht die Form $\infty - \infty$ auftritt. Wir wollen hier nur Maße μ mit μ- fast überall endlichem Potential betrachten. Die Kerne $\Phi_{\alpha,n}$ und ihre Potentiale wurden im Falle $0 < \alpha \leqq 2$ $(n > 2)$ erstmals ausführlich von M. RIESZ [11] untersucht. Eine breite Darstellung der darüber vorliegenden Ergebnisse findet man (für den allgemeineren Fall $0 < \alpha < n$) in dem Buch von N. S. LANDKOFF [9].

Wir setzen jetzt voraus, daß für Positiv- und Negativteil des Maßes μ die Bedingungen

$$\int \Phi_{\alpha, n} \mu^+(x) \, d\mu^+(x) < \infty , \quad \int \Phi_{\alpha, n} \mu^-(x) \, d\mu^-(x) < \infty \tag{2.2}$$

erfüllt sind. Daraus folgt, daß das Integral

$$I_\alpha[\mu] = \int \Phi_{\alpha, n} \mu(x) \, d\mu(x) \tag{2.3}$$

einen Sinn hat. $I_\alpha[\mu]$ wird als Energie des Maßes μ bezüglich des Kernes $\Phi_{\alpha, n}$ bezeichnet. Für ein beliebiges Maß μ, welches den Bedingungen (2.2) genügt, gilt die Ungleichung $I_\alpha[\mu] \geqq 0$. Aus $I_\alpha[\mu] = 0$ folgt $\mu \equiv 0$. Zum Beweis dieser wichtigen Aussage vergleiche man zum Beispiel N. S. LANDKOFF [9], S. 105. Es sei nun $K \subset R^n$ eine kompakte Menge, $\mathfrak{M}_K^+$ die Menge aller positiven Maße μ mit $\operatorname{supp} \mu \subset K$ und $\mathring{\mathfrak{M}}_K^+ \subset \mathfrak{M}_K^+$ die Teilmenge aller Maße mit $\mu(1) = 1$. Man betrachtet dann das folgende Minimumproblem. Gesucht ist ein Maß $\mu_K \in \mathring{\mathfrak{M}}_K^+$, welches das Energieintegral (2.3) innerhalb $\mathring{\mathfrak{M}}_K^+$ zum Minimum macht. Dieses Minimumproblem besitzt stets eine eindeutige Lösung (vergleiche N. S. LANDKOFF [9], S. 168–169).

Definition 2.1: Es sei $K \subset R^n$ eine kompakte Menge und

$$W_\alpha(K) = \inf_{\mu \in \mathring{\mathfrak{M}}_K^+} I_\alpha[\mu] .$$

Als K zugeordnete RIESZsche (oder energetische) Kapazität der Ordnung α wird die Zahl

$$C_\alpha(K) = \frac{1}{W_\alpha(K)}$$

definiert. Im Falle $W_\alpha(K) = \infty$, d. h. falls kein $\mu \in \mathring{\mathfrak{M}}_K^+$ mit $I_\alpha[\mu] < \infty$ existiert, wird $C_\alpha(K) = 0$ gesetzt. Für eine beliebige Menge $E \subset R^n$ erklärt man die Größen

$$\underline{C}_\alpha(E) = \sup_{\substack{K \subset E \\ K \text{ kompakt}}} C_\alpha(K) \quad \text{bzw.} \quad \bar{C}_\alpha(E) = \inf_{\substack{G \supset E \\ G \text{ offen}}} C_\alpha(G)$$

als innere bzw. äußere Rieszsche Kapazität von E.

Diese Kapazitätsdefinition wurde im Falle des NEWTONschen Kernes ($\alpha = 2$, $n > 2$) zuerst in der berühmten Arbeit von O. FROSTMAN [4] eingeführt. Es ist bekannt, daß diese Begriffsbildung in diesem Falle sowohl mit der ursprünglichen Kapazitätsdefinition von N. WIENER [13] als auch mit den Definitionen von Ch.-J. DE LA VALLÉE POUSSIN [12] und G. ANGER [1] zusammenfällt. Aber auch im allgemeinen Fall $0 < \alpha < n$ ist die Definition 2.1 der Definition von DE LA VALLÉE POUSSIN äquivalent, d. h. es gilt

$$C_\alpha(K) = \sup_{\mu \in \mathfrak{N}_K^+(\Phi_{\alpha, n})} \mu(1) \tag{2.4}$$

Hierbei ist $\mathfrak{N}_K^+(\Phi_{\alpha, n})$ die Menge aller $\mu \in \mathfrak{M}_K^+$ mit

$$\sup_{x \in \operatorname{supp} \mu} \Phi_{\alpha, n} \mu(x) \leqq 1 .$$

(man vergleiche N. S. LANDKOFF [9], S. 175–176.)

3. Die C_m^{2m-2-k}-Kapazität

Die Ausführungen der folgenden beiden Paragraphen sind als eine Erweiterung bzw. Verallgemeinerung der Begriffsbildungen und Ergebnisse von [14] (man vergleiche auch [15]) aufzufassen. Da die Beweise weitgehend analog verlaufen, können sie hier zum Teil weggelassen werden. In [14] war für den polyharmonischen Operator Δ^m ein Kapazitätsbegriff eingeführt worden, der im Spezialfall $m = 1$ mit dem klassischen WIENERschen Begriff übereinstimmt. Im folgenden betrachten wir allgemeiner bei festem m eine ganze Skala von Kapazitätsbegriffen und charakterisieren die sich ergebenden Mengen der Kapazität Null. Ausgangspunkt ist eine Fundamentallösung der Gleichung $\Delta^m u = 0$, und zwar

$$E(x) = k_{2m,n}(x) = C(2m, n)\,|x|^{2m-n}, \quad E(0) = 0 \tag{3.1$_1$}$$

für n ungerade bzw. für n gerade, $2m < n$,.

$$E(x) = C(2m, n)\,|x|^{2m-n}\ln|x|, \quad E(0) = 0 \tag{3.1$_2$}$$

für n gerade, $2m \geqq n$.

Die Konstanten $C(2m, n)$ sind so normiert, daß $\Delta^m E = \delta$ gilt. Aus $E(x)$ definieren wir den Kern

$$\Phi_{2m,n}(x, y) = E(x - y) \quad \text{für} \quad E \geqq 0,$$
$$\Phi_{2m,n}(x, y) = -E(x - y) \quad \text{für} \quad E \leqq 0,$$

der im Falle $2m < n$ genau mit dem RIESZschen Kern (2.1) übereinstimmt, sowie für alle Multi-Indizes $\alpha = (\alpha_1, \ldots, \alpha_n)$, ($\alpha_i \geqq 0$ ganz) mit $|\alpha| = \sum \alpha_i \leqq 2m - 2$ die sogenannten Ableitungskerne

$$(D^\alpha\Phi_{2m,n})(x, y) = \frac{\partial^{|\alpha|}\Phi_{2m,n}(x, y)}{\partial x_1^{\alpha_1}\cdots\partial x_n^{\alpha_n}}\,(x \neq y), \qquad (D^\alpha\Phi_{2m,n})(x, x) = 0.$$

Die Ableitungskerne haben folgende Gestalt (vergleiche [15]). Für n ungerade bzw. n gerade, $2m < n$:

$$(D^\alpha\Phi_{2m,n})(x, y) = |x - y|^{2m-n-|\alpha|}\,P_\alpha(\zeta)\;(|\alpha| \leqq 2m - 2). \tag{3.2$_1$}$$

Für n gerade, $2m \geqq n$, $0 \leqq |\alpha| \leqq 2m - n$

$$(D^\alpha\Phi_{2m,n})(x, y) = |x - y|^{2m-n-|\alpha|}\,[R_\alpha(\zeta) + P_\alpha(\zeta)\ln|x - y|]. \tag{3.2$_2$}$$

Für n gerade, $2m \geqq n$, $2m - n < |\alpha| \leqq 2m - 2$

$$(D^\alpha\Phi_{2m,n})(x, y) = |x - y|^{2m-n-|\alpha|}\,S_\alpha(\zeta). \tag{3.2$_3$}$$

Dabei sind P_α, R_α und S_α Polynome in $\zeta = \dfrac{x - y}{|x - y|}$ vom Grade $|\alpha|$. Als Potentiale des Kernes $D^\alpha\Phi_{2m,n}$ bezüglich eines positiven Maßes μ definiert man die Differenz der RADON-STIELTJES-Integrale

$$(D^\alpha\Phi_{2m,n})\,\mu(x) = \int (D^\alpha\Phi_{2m,n})^+(x, y)\,d\mu(y) - \int (D^\alpha\Phi_{2m,n})^-(x, y)\,d\mu(y)$$
$$= (D^\alpha\Phi_{2m,n})^+\,\mu(x) - (D^\alpha\Phi_{2m,n})^-\,\mu(x),$$

wobei $(D^\alpha \Phi_{2m,n})^+$ bzw. $(D^\alpha \Phi_{2m,n})^-$ Positiv- bzw. Negativteil von $(D^\alpha \Phi_{2m,n})$ bezeichnen.

Es sei für $m \geqq 1$ und $k = 0, 2, 4, \ldots, 2m - 2$
$F^+(m, 2m - 2 - k) = \{\lambda \geqq 0, \operatorname{supp} \lambda$ kompakt,

$$(D^\alpha \Phi_{2m,n})^+ \lambda \text{ und } (D^\alpha \Phi_{2m,n})^- \lambda \text{ stetig für } |\alpha| \leqq 2m - 2 - k\} .$$

Für eine kompakte Menge $K \subset R^n$ sei

$$F_K^+(m, 2m - 2 - k) = \{\lambda \in F^+(m, 2m - 2 - k), \operatorname{supp} \lambda \subset K\} .$$

Diese Mengen entsprechen im Falle $k = 0$ den in [14] eingeführten Mengen $F^+(\Phi_{2m,n})$ und $F_K^+(\Phi_{2m,n})$.

Hilfssatz 3.1: *Es sei $\lambda \in F^+(m, 2m - 2 - k)$ und $K \subset R^n$ eine kompakte Menge. Dann gilt $\lambda_K \in F^+(m, 2m - 2 - k)$, wenn λ_K die Einschränkung des Maßes λ auf K bezeichnet.*

Definition 3.1: Unter der C_m^{2m-2-k}-Kapazität $\mathfrak{L}_m^{2m-2-k}(K)$ einer kompakten Menge $K \subset R^n$ soll das Supremum aller Zahlen $\lambda(K)$ verstanden werden, wobei λ alle Maße mit folgenden Eigenschaften durchläuft.

1. $\lambda \in F_K^+(m, 2m - 2 - k)$,
2. $\sup\limits_{\substack{|\alpha| \leqq 2m-2-k \\ x \in K}} \left((D^\alpha \Phi_{2m,n})^+ \lambda(x) + (D^\alpha \Phi_{2m,n})^- \lambda(x)\right) \leqq 1$.

Ist $B \subset R^n$ eine beliebige Menge, so erklären wir als C_m^{2m-2-k}-Kapazität das Supremum der C_m^{2m-2-k}-Kapazitäten $\mathfrak{L}_m^{2m-2-k}(K)$ aller in B enthaltenen kompakten Teilmengen K.

Aus der Definition ergeben sich unmittelbar zwei Folgerungen.

Folgerung 1: Eine Menge $B \subset R^n$ ist genau dann von der C_m^{2m-2-k}-Kapazität Null, wenn für jede kompakte Teilmenge $K \subset B$ die Menge $F_K^+(m, 2m - 2 - k)$ leer ist.

Folgerung 2: Ist $B \subset R^n$ von der C_m^{2m-2-k}-Kapazität Null, so ist auch jede Teilmenge von B von der C_m^{2m-2-k}-Kapazität Null.

Definition 3.2: Eine Menge $B \subset R^n$ heißt C_m^{2m-2-k}-meßbar, wenn sie für alle $\lambda \in F^+(m, 2m - 2 - k)$ meßbar ist.

Für $k = 0$ stimmen die hier definierten Begriffe der C_m^{2m-2}-Kapazität und der C_m^{2m-2}-Meßbarkeit mit den in [14] eingeführten Begriffen der $\Phi_{2m,n}$-Kapazität und $\Phi_{2m,n}$-Meßbarkeit überein.

4. Charakterisierung der Mengen der C_m^{2m-2-k}-Kapazität Null

Zunächst benötigen wir einen Begriff und zwei damit zusammenhängende Hilfssätze, für deren Beweis wir auf [15] verweisen. Es sei $H(x, y)$ eine auf $R^n \times R^n$ definierte, universell meßbare Funktion, die für alle (x, y) mit $x \neq y$ stetig ist, $\mu \geqq 0$ ein Maß mit kompaktem Träger und

$$I(x) = \int H(x, y) \, d\mu(y) .$$

Ferner bezeichne $K_\delta(x)$ eine (abgeschlossene) Kugel mit dem Radius δ um den Punkt $x \in R^n$ und μ_K die Einschränkung des Maßes μ auf eine kompakte Menge $K \subset K_\delta(x)$.

Definition 4.1: Das Integral $I(x)$ heiße im Punkt $x = x_0$ gleichmäßig konvergent, wenn es zu jedem $\varepsilon > 0$ ein $\delta(\varepsilon) > 0$ derart gibt, daß für jeden Punkt $x \in K_\delta(x_0)$ und jede kompakte Menge $K \subset K_\delta(x_0)$ die Ungleichung

$$|\int H(x, y)\, d\mu_K(y)| < \varepsilon$$

besteht.

Hilfssatz 4.1: *Das Integral $I(x)$ ist im Punkte $x = x_0$ stetig, falls es dort gleichmäßig konvergiert.*

Hilfssatz 4.2: *Es sei $\lambda \in F^+(m, 0)$. Dann ist das Integral*

$$\Phi_{2m, n}\lambda(x) = \int \Phi_{2m, n}(x, y)\, d\lambda(y)$$

in jedem Punkt $x \in R^n$ gleichmäßig konvergent.

Mit Hilfe des Hilfssatzes 3.1 beweist man analog [15], Satz 4.1

Satz 4.1: *Eine C_m^{2m-2-k}-meßbare Menge $B \subset R^n$ ist genau dann von der C_m^{2m-2-k} Kapazität Null, wenn $\lambda(B) = 0$ für alle $\lambda \in F^+(m, 2m - 2 - k)$ gilt.*

Folgerung 1: Die Vereinigung höchstens abzählbar vieler C_m^{2m-2-k}-meßbarer Mengen der C_m^{2m-2-k}-Kapazität Null ist ebenfalls von der C_m^{2m-2-k}-Kapazität Null.

Folgerung 2: Für $n \geqq k + 2$, $m \geqq 1 + k/2$ ist jede höchstens abzählbare Menge von der C_m^{2m-2-k}-Kapazität Null.

Beweis: Den Formeln $(3.2)_1$ bis $(3.2)_3$ entnimmt man, daß $F^+(m, 2m - 2 - k)$ in diesen Fällen nicht die Punktmaße enthält, da die Funktionen $(D^\alpha \Phi_{2m, n})^+ \delta_{x_0}(x)$ und $(D^\alpha \Phi_{2m, n})^- \delta_{x_0}(x)$ für $|\alpha| = 2m - 2 - k$ im Punkte $x = x_0$ unstetig sind. Das bedeutet, daß die einpunktigen Mengen und nach Folgerung 1 alle höchstens abzählbaren Mengen von der C_m^{2m-2-k}-Kapazität Null sind.

Der folgende Satz ist eine Verallgemeinerung des Hauptresultates der Arbeit [14], das man für $k = 0$ erhält.

Satz 4.2: *Eine Menge $B \subset R^n$ ist genau dann von der C_m^{2m-2-k}-Kapazität Null ($m \geqq 1 + (k/2)$, n beliebig), wenn sie von der $C^0_{1+\frac{k}{2}}$-Kapazität Null ist.*

Beweis: In den Fällen $n < k + 2$ ist die Aussage des Satzes trivial, denn auf Grund der (aus den Formeln (3.1) und (3.2) ersichtlichen) Stetigkeit der Kerne und aller Ableitungen, die zur Definition der Mengen $F^+(1 + k/2, 0)$ und $F^+(m, 2m - 2 - k)$ benutzt werden, gibt es hier keine nicht-leeren Mengen B mit $\mathfrak{L}^0_{1+\frac{k}{2}}(B) = 0$ bzw. $\mathfrak{L}_m^{2m-2-k}(B) = 0$. Wir können uns daher auf die Fälle $n \geqq k + 2$ beschränken. Weiter überzeugen wir uns zunächst davon, daß es hinreichend ist, $F^+(1 + k/2, 0) = F^+(m, 2m - 2 - k)$ zu zeigen. Es gelte etwa $F^+(1 + k/2, 0) \subset F^+(m, 2m - 2 - k)$ und B sei eine Menge mit $\mathfrak{L}_m^{2m-2-k}(B) = 0$. Nach Folgerung 1 zu Definition 3.1 besteht dann für jede kompakte Menge $K \subset B$ die Menge $F_K^+(m, 2m-2-k)$ nur aus dem Nullelement. Nach unserer Annahme gilt daher dasselbe für $F_K^+(1+k/2, 0)$. Das bedeutet aber $\mathfrak{C}^0_{1+\frac{k}{2}}(B) = 0$. Entsprechend folgt unter der Annahme $F^+(m, 2m-2-k) \subset F^+(1+k/2, 0)$ aus $\mathfrak{C}^0_{1+\frac{k}{2}}(B) = 0$ stets $\mathfrak{C}_m^{2m-2-k}(B) = 0$.

Wir beweisen also im ersten Schritt

$$F^+(m, 2m-2-k) \subset F^+\left(1+\frac{k}{2}, 0\right)$$

und bilden dazu den Ausdruck

$$u(x, y) = \Delta^{m-1-\frac{k}{2}} \Phi_{2m,n}(x, y) .$$

Wegen $\Delta_x^m \Phi_{2m,n}(x, y) = \delta(x-y)$ genügt $u(x, y)$ der Gleichung

$$\Delta^{1+\frac{k}{2}} u(x, y) = \delta(x-y) .$$

Da sich aber zwei verschiedene Fundamentallösungen derselben Differentialgleichung nur um eine Lösung der zugehörigen homogenen Differentialgleichung (in diesem Falle $\Delta^{1+\frac{k}{2}} u = 0$) unterscheiden können, folgt daraus

$$u(x, y) = \Phi_{2+k,n}(x, y) + w(x, y) , \tag{4.1}$$

wobei $w(x, y)$ in $R^n \times R^n$ definiert und stetig ist. Es sei nun

$$\lambda \in F^+(m, 2m-2-k) .$$

Dann ist nach Konstruktion von $u(x, y)$, da alle in den Ausdruck $\Delta^{m-1-\frac{k}{2}} \Phi_{2m,n}$ eingehenden Ableitungen von $\Phi_{2m,n}$ stetige Potentiale erzeugen, die Funktion $\int u(x, y)\, d\lambda(y)$ im ganzen Raum stetig und wegen (4.1) und der Stetigkeit von $w(x, y)$ bedeutet dies, daß $\int \Phi_{2+k,n}(x, y)\, d\lambda(y)$ stetig ist, d. h. $\lambda \in F^+(1+k/2, 0)$. Also gilt $F^+(m, 2m-2-k) \subset F^+(1+k/2, 0)$. Um noch die umgekehrte Relation zu zeigen, nehmen wir jetzt $\lambda \in F^+(1+k/2, 0)$ an.
Den Formeln (3.2) entnimmt man für $|\alpha| = 2m-2-k$:

$$(D^\alpha \Phi_{2m,n})(x, y) = |x-y|^{k+2-n} P_\alpha(\zeta) ,$$

falls n ungerade bzw. n gerade, $n > 2m$,

$$(D^\alpha \Phi_{2m,n})(x, y) = |x-y|^{k+2-n} S_\alpha(\zeta) ,$$

falls n gerade, $2m \geqq n$, $n > k+2$

$$(D^\alpha \Phi_{2m,n})(x, y) = R_\alpha(\zeta) + \tau_\alpha \ln |x-y| ,$$

falls n gerade, $2m \geqq n$, $n = k+2$. Hierbei ist τ_α eine Konstante, die auch gleich Null sein kann. Man erhält diese Konstante nach $2m-n\,(=2m-k-2)$ Differentiationen des Ausdrucks $|x-y|^{2m-n}$. Daher gelten (zunächst abgesehen vom letzten Fall) die Ungleichungen

$$|(D^\alpha \Phi_{2m,n})(x, y)| \leqq C_\alpha |x-y|^{k+2-n}$$

und

$$(D^\alpha \Phi_{2m,n})^+ \lambda \leqq C_\alpha \Phi_{k+2,n} \lambda , \quad (D^\alpha \Phi_{2m,n})^- \lambda \leqq C_\alpha \Phi_{k+2,n} \lambda \tag{4.2}$$

mit nur von α abhängigen Konstanten. Da (4.2) für beliebige positive Maße mit kompaktem Träger und beliebiges $x \in R^n$ gilt, und da das Potential $\Phi_{2+k,n}\lambda$ nach Hilfssatz 4.2 überall gleichmäßig konvergiert, folgt hieraus, daß auch die Funktionen $(D^\alpha\Phi_{2m,n})^+\lambda$ und $(D^\alpha\Phi_{2m,n})^-\lambda$ überall gleichmäßig konvergieren und nach Hilfssatz 4.1 stetige Funktionen sind. Ganz entsprechend beweist man diese Aussage auch im Falle $n = k + 2$. Es wird nun als nächstes bewiesen, daß aus der soeben erhaltenen Stetigkeit der Funktionen $(D^\alpha\Phi_{2m,n})^+\lambda$ und $(D^\alpha\Phi_{2m,n})^-\lambda$ für $|\alpha| = 2m - 2 - k$ die Stetigkeit der entsprechenden Funktionen für $|\alpha| < 2m - 2 - k$ folgt. Es sei zunächst $n > k + 2$. Wir wählen einen festen Punkt $x_0 \in R^n$ sowie $\delta < 1/2$ genügend klein und zerlegen λ in die Summe $\lambda = \lambda_\delta + \lambda'_\delta$ (λ_δ Einschränkung des Maßes λ auf die Kugel $K_\delta(x_0)$ mit dem Mittelpunkt x_0 und dem Radius δ). Für alle α mit $|\alpha| < 2m - 2 - k$ besteht dann die Zerlegung

$$(D^\alpha\Phi_{2m,n})^+\lambda = (D^\alpha\Phi_{2m,n})^+\lambda_\delta + (D^\alpha\Phi_{2m,n})^+\lambda'_\delta .$$

Wegen $x_0 \notin \operatorname{supp}\lambda'_\delta$ ist $(D^\alpha\Phi_{2m,n})^+\lambda'_\delta$ in x_0 stetig. Wir zeigen, daß auch $(D^\alpha\Phi_{2m,n})^+\lambda_\delta$ in x_0 stetig ist. Da $\delta < 1/2$ gesetzt wurde, folgt aus den Formeln (3.2), daß für $x \in K_\delta(x_0)$, $y \in K_\delta(x_0)$ die folgenden Abschätzungen gelten

$$(D^\alpha\Phi_{2m,n})^+(x, y) \leqq C_\alpha^+ |x - y|^{k+2-n}, \qquad (D^\alpha\Phi_{2m,n})^-(x, y) \leqq C_\alpha^- |x - y|^{k+2-n}. \tag{4.3}$$

C_α^+ und C_α^- sind ebenfalls positive Konstanten, die nur von α abhängen. Aus (4.3) folgt für $x \in K_\delta(x_0)$

$$(D^\alpha\Phi_{2m,n})^+\lambda_\delta(x) = \int (D^\alpha\Phi_{2m,n})^+(x, y)\, d\lambda_\delta(y) \leqq C_\alpha^+ \Phi_{k+2,n}\lambda_\delta(x) . \tag{4.4}$$

Wegen $\lambda \in F^+(1 + k/2, 0)$ folgt aus Hilfssatz 3.1 $\lambda_\delta \in F^+(1 + k/2, 0)$. Folglich ist nach Hilfssatz 4.2 das Potential $\Phi_{k+2,n}\lambda_\delta$ in x_0 gleichmäßig konvergent. Das bedeutet aber, da die Ungleichung (4.4) für alle Maße μ mit $\operatorname{supp}\mu \subset K_\delta(x_0)$ und alle $x \in K_\delta(x_0)$ besteht, daß das Integral $(D^\alpha\Phi_{2m,n})^+\lambda_\delta(x_0)$ ebenfalls in x_0 gleichmäßig konvergiert und nach Hilfssatz 4.1 dort stetig ist. Entsprechendes gilt für $(D^\alpha\Phi_{2m,n})^-\lambda_\delta(x_0)$. Weil x_0 beliebig war, sind also diese Funktionen überall stetig. Für $n = k + 2$ läuft der Beweis analog. Man hat dann nur an Stelle von (4.3) die für genügend kleines δ gültigen Abschätzungen

$$(D^\alpha\Phi_{2m,n})^+(x, y) \leqq C_\alpha^+ |\ln|x - y||, \qquad (D^\alpha\Phi_{2m,n})^-(x, y) \leqq C_\alpha^- |\ln|x - y||$$

zu benutzen. Damit ist $\lambda \in F^+(m, 2m - 2 - k)$ und $F^+(1 + k/2, 0) \subset F^+(m, 2m - 2 - k)$ bewiesen, woraus nach den Bemerkungen am Beginn des Beweises die Aussage des Satzes folgt.

5. Vergleich mit den Nullmengen der Rieszschen Kapazität

Der Beweis des Satzes 5.1, der einen Zusammenhang der Nullmengen der Rieszschen Kapazität und der in 4. charakterisierten Nullmengen herstellt, beruht wesentlich auf folgender Eigenschaft der Rieszschen Kerne.

Hilfssatz 5.1 (Stetigkeitsprinzip): *Falls das Potential $\Phi_{\alpha,n}\mu$ $(0 < \alpha < n)$ auf dem Träger* $\operatorname{supp}\mu$ *des Maßes μ stetig ist (bezüglich der vom R^n auf* $\operatorname{sup}\mu$ *induzierten Topologie), dann ist $\Phi_{\alpha,n}\mu$ auch im R^n (bezüglich der gewöhnlichen euklidischen Topologie) stetig.*

Bezüglich des Beweises vergleiche man N. S. LANDKOFF [9], S. 94. Mit Hilfe von Hilfssatz 5.1 und dem Satz von LUSIN beweist man in Anlehnung an die Überlegungen bei N. S. LANDKOFF [9], S. 95.

Hilfssatz 5.2: *Es sei* $\alpha = 2m$, $0 < 2m < n$ *und* μ *ein positives Maß mit* μ-*fast überall endlichem Potential* $\Phi_{2m,n}\mu$. *Dann existiert eine Folge von Maßen* $\lambda_j \in F^+(m, 0)$ *derart, daß für jede universell (d. h. für jedes positive Maß) meßbare Menge* $B \subset R^n$

$$\lambda_j(B) \leqq \lambda_{j+1}(B) \quad \text{und} \quad \mu(B) = \lim_{j\to\infty} \lambda_j(B)$$

gilt.

Satz 5.1: *Es sei* $0 < 2m < n$. *Genau dann gilt* $C_{2m}(B) = 0$, *wenn* B *eine Menge der* C_m^0-*Kapazität Null ist.*

Beweis: Für jede kompakte Menge K gilt nach (2.4) und Definition 3.1 (unter Berücksichtigung der Tatsache, daß $\Phi_{2m,n}^- \equiv 0$ ist)

$$C_{2m}(K) = \sup_{\mu \in \mathfrak{N}_K^+(\Phi_{2m,n})} \mu(K) \tag{5.1}$$

und

$$\mathfrak{C}_m^0(K) = \sup_{\lambda \in \mathfrak{F}_K^+(\Phi_{2m,n})} \lambda(K) \,. \tag{5.2}$$

Hierbei ist $\mathfrak{F}_K^+(\Phi_{2m,n})$ die Menge aller $\lambda \in F_K^+(m, 0)$ mit

$$\sup_{x \in K} \Phi_{2m,n}\lambda(x) \leqq 1 \,.$$

Folglich tritt jedes Maß, das zur Supremumsbildung (5.2) benutzt wird, auch bei der Supremumsbildung (5.1) auf. Es gilt also $\mathfrak{C}_m^0(K) \leqq C_{2m}(K)$ und damit $\mathfrak{C}_m^0(B) \leqq C_{2m}(B)$ für eine beliebige Menge $B \subset R^n$. Aus $C_{2m}(B) = 0$ folgt also stets $\mathfrak{C}_m^0(B) = 0$.

Wir setzen umgekehrt $\mathfrak{C}_m^0(B) = 0$ voraus. Da zur Supremumsbildung (5.1) nur Maße μ benutzt werden, die ein μ-fast überall endliches Potential erzeugen (das folgt unmittelbar aus der Bedingung

$$\sup_{x \in \operatorname{supp} \mu} \Phi_{2m,n}\mu \leqq 1) \,,$$

existiert nach Hilfssatz 5.2 zu jedem in (5.1) auftretenden Maß μ eine Folge $\lambda_j \in F^+(m, 0)$ mit $\lambda_j(B) \leqq \lambda_{j+1}(B)$ und $\mu(B) = \lim_{j\to\infty} \lambda_j(B)$ für jede universell meßbare Menge B.

Aus $\mathfrak{C}_m^0(B) = 0$ folgt nun $\mathfrak{C}_m^0(K) = 0$ für jede kompakte Teilmenge $K \subset B$. Es sei μ ein Maß der Konkurrenzmenge in (5.1) bezüglich K und $\lambda_j \in F^+(m, 0)$ eine Folge mit obiger Eigenschaft. Aus $\mathfrak{C}_m^0(K) = 0$ folgt nach Satz 4.1 (für den Fall $k = 2m - 2$), daß $\lambda_j(K) = 0$ für alle j gilt. Folglich ist

$$\mu(K) = \lim_{j\to\infty} \lambda_j(K) = 0 \,.$$

Da das Maß μ beliebig war, bedeutet dies $C_{2m}(K) = 0$, und da auch die kompakte Menge $K \subset B$ beliebig gewählt werden kann, erhält man $C_{2m}(B) = 0$, womit Satz 5.1 bewiesen ist.

Die hier benutzte Beweisidee findet man im Prinzip bereits bei G. ANGER [1] (man vergleiche auch G. ANGER [2], S. 73—75). Kombiniert man die Aussagen der Sätze 4.2 und 5.1, so ergibt sich

Satz 5.2: *Es sei* $0 < 2m < n$; $k = 0, 2, \ldots, 2m - 2$; $m \geqq 1 + k/2$. *Eine Menge* $B \subset R^n$ *ist genau dann von der* C_m^{2m-2-k}-*Kapazität Null* $(\mathfrak{C}_m^{2m-2-k}(B) = 0)$, *wenn* $C_{2+k}(B) = 0$ *gilt.*

Bemerkung 5.1: Aus der Definition der C_m^{2m-2-k}-Kapazität entnimmt man unmittelbar, daß bei festem n und m mit wachsendem k die „Menge der Nullmengen" kleiner wird. Für $k = 0$ erhält man (Satz 4.2) die klassischen WIENERschen Nullmengen bzw. für $k = 2m - 2$ (im Falle $2m < n$) nach Satz 5.1 die Nullmengen der RIESZschen Kapazität. Im Falle $2m > n$ gibt es für $k = 2m - 2$ keine nichttrivialen Nullmengen. Allgemein kann man ablesen, daß jede Menge $B \subset R^n$ mit $C_{2m}(B) = 0$ stets auch eine Menge der C_m^{2m-2-k}-Kapazität Null ist (für alle k).

6. Der Nullmengenbegriff von V. A. Kondratjev, V. G. Mazja und und I. Babuška

Von V. A. KONDRATJEV [7], [8] und V. G. MAZJA [19] wurden im Zusammenhang mit dem Studium der polyharmonischen Gleichung $\Delta^m u = 0$ mit Hilfe des DIRICHLETschen Integrals Kapazitätsbegriffe eingeführt, die insofern äquivalent sind, als sie die gleichen Nullmengen liefern. Da (nach bisher unveröffentlichten Ergebnissen von V. G. MAZJA) diese Nullmengen (für $2m < n$) zusammenfallen mit den Nullmengen der RIESZschen Kapazität, ist es angebracht, dieser Begriffsbildung hier einige Betrachtungen zu widmen. Zur Vereinfachung erklären wir nur den Begriff einer Menge der m-harmonischen Kapazität Null, wie er sich aus den Definitionen von V. A. KONDRATJEV und V. G. MAZJA ergibt.

Es sei $K \subset R^n$ eine kompakte Menge und

$$\mathfrak{D}_{K,1}(R^n) = \{u \in C_0^\infty(R^n),\ u \equiv 1 \text{ in einer gewissen (von } u \text{ abhängigen) Umgebung von } K\}\,,$$

$$\mathfrak{D}_{K,0}(R^n) = \{u \in C_0^\infty(R^n),\ u \equiv 0 \text{ in einer gewissen (von } u \text{ abhängigen) Umgebung von } K\}\,.$$

$$D_m(u) = \int \sum_{|\alpha| = m} |D^\alpha u|^2\, dx \tag{6.1}$$

sei das DIRICHLETsche Integral der Ordnung m und H_0^m die Vervollständigung von $C_0^\infty(R^n)$ bezüglich der Metrik (6.1).

Definition 6.1: Die kompakte Menge $K \subset R^n$ wird eine Menge der m-harmonischen Kapazität Null genannt, wenn

$$\inf_{u \in \mathfrak{D}_{K,1}(R^n)} D_m(u) = 0$$

gilt. Eine beliebige Menge $B \subset R^n$ heißt eine Menge der m-harmonischen Kapazität Null, wenn jede kompakte Teilmenge $K \subset B$ im definierten Sinne eine solche Menge ist.

In [8] ist zum Beispiel gezeigt, daß dieser Begriff im Falle $m = 1$ mit dem klassischen Begriff der Mengen der inneren Kapazität Null im Sinne von N. WIENER zusammenfällt. Für $2m > n$ folgt aus den SOBOLEVschen Einbettungssätzen, daß es keine nicht-leeren Mengen der m-harmonischen Kapazität Null gibt. Den folgenden Hilfssatz bewies V. G. MAZJA [10].

Hilfssatz 6.1: *Es sei $K \subset R^n$ eine kompakte Menge der m-harmonischen Kapazität Null. Dann ist $\mathcal{D}_{K,0}(R^n)$ (bezüglich der Metrik (6.1)) dicht in $\overset{0}{H}{}^m$.*
Dieses Resultat wollen wir verschärfen.

Satz 6.1: *Die kompakte Menge $K \subset R^n$ ist genau dann eine Menge der m-harmonischen Kapazität Null, wenn $\overline{\mathcal{D}_{K,0}(R^n)} = \overset{0}{H}{}^m$ gilt.*

Beweis: Nach Hilfssatz 6.1 muß nur noch gezeigt werden, daß aus $\overline{\mathcal{D}_{K,0}(R^n)} = \overset{0}{H}{}^m$ folgt, daß K eine Menge der m-harmonischen Kapazität Null ist. Wir wählen $u \in \overset{0}{H}{}^m \cap \mathcal{D}_{K,1}(R^n)$. Wegen $\overline{\mathcal{D}_{K,0}(R^n)} = \overset{0}{H}{}^m$ existiert dann eine Folge $u_i \in \mathcal{D}_{K,0}(R^n)$ mit

$$D_m(u - u_i) \to 0 \quad \text{für} \quad i \to \infty .$$

Da offenbar $u - u_i \in \mathcal{D}_{K,1}(R^n)$ gilt, bedeutet dies

$$\inf_{u \in \mathcal{D}_{K,1}(R^n)} D_m(u) = 0 ,$$

d. h. K ist eine Menge der m-harmonischen Kapazität Null.

Bemerkung 6.1: Die Dichtheit $\overline{\mathcal{D}_{K,0}(R^n)} = \overset{0}{H}{}^m$ wurde (unabhängig von den oben zitierten Arbeiten) von I. BABUŠKA [3] zur Definition des Begriffes einer kompakten Menge der m-harmonischen Kapazität Null benutzt. Satz 6.1 zeigt, daß diese Begriffsbildung identisch ist mit dem entsprechenden Nullmengenbegriff im Sinne von KONDRATJEV und MAZJA.

Literatur

[1] ANGER, G., Stetige Potentiale und deren Verwendung für einen Neuaufbau der Potentialtheorie. Dissertation, Technische Hochschule Dresden 1957.

[2] ANGER, G., Funktionalanalytische Betrachtungen bei Differentialgleichungen unter Verwendung von Methoden der Potentialtheorie I. Berlin 1966.

[3] BABUŠKA, I., Stabilität des Definitionsgebietes bezüglich der grundlegenden Aufgaben der Theorie der partiellen Differentialgleichungen, hauptsächlich im Zusammenhang mit der Elastizität I. Tschech. mat. Journal **11** (86), 76–105 (1961) (in russ.).

[4] FROSTMAN, O., Potentiel d'équilibre et capacité des ensembles. Meddel. Lunds Univ. mat. Sem. **3** (1935).

[5] FUGLEDE, B., On the axiomatic theory of thin sets in potential theory. „Vorträge der 3. Tagung über Probleme und Methoden der Mathematischen Physik", Heft 1, Karl-Marx-Stadt 1966, 98–114.

[6] HÖRMANDER, L., LIONS, J. L., Sur la complétion par rapport à une intégrale de DIRICHLET. Math. Scand. **4**, Nr. 3, 259–270 (1956).

[7] KONDRATJEV, V. A., Über die Lösbarkeit der ersten Randwertaufgabe. Dokl. Akad. Nauk **136**, Nr. 4, 771–774 (1961) (in russ.).

[8] KONDRATJEV, V. A., Über die Lösbarkeit der ersten Randwertaufgabe für stark elliptische Gleichungen. Trud. Mosk. matemat. o-va **16**, 293–318 (1967) (in russ.).

[9] LANDKOFF, N. S., Grundlagen der modernen Potentialtheorie. Moskau 1966 (in russ.).

[10] Mazja, V. G., Polyharmonische Kapazität in der Theorie der ersten Randwertaufgabe. Sibir. matemat. Journ. **6**, Nr. 1, 127–148 (1965) (in rus.).

[11] Riesz, M., Intégrales de Riemann-Liouville et potentiels. Acta Sci. math. **9**, 1–42 (1938).

[12] de la Vallée, Poussin Ch.-J., Les nouvelles méthodes de la théorie du potentiel et la probléme généralisé de Dirichlet, Paris 1937.

[13] Wiener, N., Certain notions in potential theory. Journ. Math. Physics **3**, 24–51 (1924).

[14] Wildenhain, G., Über einen Kapazitätsbegriff bei der Differentialgleichung $\Delta^m u = 0$. Math. Zeitschr. **96**, 125–142 (1967).

[15] Wildenhain, G., Potentialtheorie linearer elliptischer Differentialgleichungen beliebiger Ordnung. Berlin 1968.

Über eine Klasse freier Randwertprobleme der ebenen Hydrodynamik

von Eberhard Zeidler, Leipzig[1])

(Manuskripteingang: 31. August 1969)

Zahlreiche Wellenprobleme führen auf nichtlineare funktionentheoretische Randwertaufgaben (Einheitskreis, Kreisring, nichtlinear miteinander gekoppelte Kreisringe): Schwerewellen, Kapillarschwerewellen in geradlinigen oder kreisförmigen Kanälen (wirbelfrei, wirbelhaft), Kanaltheorie der Gezeiten, Kotschin-Wellen (horizontale Begrenzung, freie Oberfläche, Berücksichtigung der Oberflächenspannung), alles für geradlinige oder wellige Sohle, Umströmung einer Gasblase.

Dargelegt wird für alle diese Probleme eine einheitliche funktionalanalytische Methode, die umfaßt: Existenz und Eindeutigkeit, explizite Konstruktion der Lösung, Diskussion von Grenzübergängen (Tiefe gegen Unendlich, Oberflächenspannung gegen Null, Schwerkraft gegen Null), allgemeine Strukturaussagen (z. B. Verhältnis geradlinige und wellige Sohle).

Für eine Reihe dieser Probleme konnten erstmalig Existenzbeweise oder konstruktive Existenzbeweise an Stelle topologischer Existenzbeweise gegeben werden. Asymptotische Betrachtungen gestatten die Behandlung von cnoidal waves (wirbelfrei, wirbelhaft).

1. Die Problemstellung

Zahlreiche Probleme permanenter Wellenbewegungen führen auf nichtlineare freie Randwertaufgaben der Potentialtheorie. Dieser Problemkreis wurde von den englischen Hydrodynamikern des 19. Jahrhunderts Airy, Stokes, Rayleigh, Kelvin und von Helmholtz in linearer und zum Teil in nichtlinearer Näherung allerdings ohne Konvergenzbeweis ausführlich untersucht.

Einen exakten Existenzbeweis für das einfachste derartige Problem — permanente Schwerewellen einer idealen homogenen inkompressiblen und wirbelfreien Flüssigkeit in einem Kanal unendlicher Tiefe — konnten jedoch erst 1922 Nekrassow und 1924 Levi-Civita in voneinander unabhängigen Arbeiten geben.

Levi-Civita reduzierte durch konforme Abbildung auf den Einheitskreis die Behandlung dieser Aufgabe auf das folgende funktionentheoretische Randwertproblem: Gesucht wird eine Funktion $\omega = \vartheta + i\tau$, die im Innern des Einheitskreises ($|z| < 1$, $z = \varrho\, e^{i\sigma}$) regulär ist, und auf dem Rand der Differentialrelation

$$\frac{d\tau}{d\sigma} = p\, e^{-3\tau} \sin\vartheta\,, \qquad p = \frac{g\,\lambda}{2\,\pi\, c^2} \tag{1}$$

[1]) Anschrift des Autors:
Dr. Eberhard Zeidler, Karl-Marx-Universität, Leipzig
Sektion Mathematik
DDR — 701 Leipzig, Talstraße 35

sowie den Nebenbedingungen Max $|\vartheta| < \pi/2$ und

$$\vartheta(-\sigma) = -\vartheta(\sigma), \quad \tau(-\sigma) = \tau(\sigma), \quad \oint \tau(\sigma)\, d\sigma = 0 \tag{2}$$

genügt: $\tau(\sigma) \equiv \tau(1, \sigma)$, λ Wellenlänge, c Ausbreitungsgeschwindigkeit, g Schwerebeschleunigung.

Es handelt sich um ein nichtlineares Eigenwertproblem. Die triviale Lösung $\vartheta = \tau \equiv 0$ ist uninteressant.

Zur Lösung ging LEVI-CIVITA von dem Ansatz

$$\vartheta = \vartheta_1 s + \vartheta_2 s^2 + \cdots, \quad \tau = \tau_1 s + \tau_2 s^2 + \cdots \tag{3}$$

$$p = p_0 + \varepsilon_1 s + \varepsilon_2 s^2 + \cdots$$

aus und bestimmt die unbekannten Größen durch Koeffizientenvergleich unter geeigneten Nebenbedingungen. Die Hauptschwierigkeit des Beweises — der Nachweis der Konvergenz für die formale Lösung — beseitigte er durch die Konstruktion geeigneter Majoranten.

NEKRASSOW benutzte dagegen eine gegenüber (1) modifizierte Ausgangsgleichung und löste diese über eine nichtlineare Integralgleichung. 1926 dehnte STRUIK den Beweis von LEVI-CIVITA auf den komplizierteren Fall endlicher Tiefe (Kreisring) aus.

Mit permanenten Schwerewellen dieser Form beschräftigten sich in der Folgezeit sehr viele Autoren. Konstruktive Existenzbeweise gaben: 1928 NEKRASSOW (endliche Tiefe), 1930 F. NEUMANN, 1931 LICHTENSTEIN, 1957 HYERS, FERLING, 1958 LITTMAN, NIRENBERG, 1959 JOLAS, KRAVTCHENKO, 1965 STONITZKI. Topologische Existenzbeweise gaben: 1956 KRASNOSELSKI, 1960 KRASOWSKI, 1962 BECKERT, 1965 DANILJUK, 1967 ZEIDLER. Variationsmethoden setzten ein: 1962 LAWRENTJEW, 1965 GARABEDIAN.

Einen ausführlichen Überblick findet man bei J. V. WEHAUSEN, E. V. LAITONE: Surface waves in Handbuch der Physik IX, Springer 1960.

Während dieses Problem sehr eingehend untersucht worden ist, existieren für die folgenden komplizierteren Probleme nur einzelne Arbeiten.

a) Schwerewellen zweier übereinanderströmender Flüssigkeiten mit horizontaler Begrenzung: KOTSCHIN 1928 (Majorantenverfahren von LEVI-CIVITA), mit freier Oberfläche: SINCHA 1966 (Doklady-Note, Majorantenverfahren von LEVI-CIVITA).

b) Wirbelhafte permanente Schwerewellen unendlicher und endlicher Tiefe: DUBRELL-JACOTIN 1934 (nichtlineare Integralgleichungen).

c) Wirbelhafte permanente Schwerewellen einer heterogenen Flüssigkeit: DUBREIL-JACOTIN 1937.

d) Reine Kapillarwellen unendlicher Tiefe: SLEZKIN 1937 (nichtlineare Integralgleichungen), CRAPPER 1957 (explizite Lösung).

e) Permanente Schwerewellen mit welliger Sohle: GERBER 1955 (LERAY-SCHAUDER Theorie), MOISSEEW 1957 (nichtlineare Integralgleichungen), KRASOWSKI 1961 (positive Operatoren, Doklady-Note) BECKERT 1962 (Fixpunktsatz von SCHAUDER).

f) Kapillar-Schwerewellen unendlicher Tiefe: SEKERSCH-ZENKOWITSCH 1956 (Doklady-Note, Majorantenverfahren von LEVI-CIVITA).

g) Kapillar-Schwerewellen endlicher Tiefe: BECKERT 1963 (Fixpunktsatz von SCHAUDER), BASALIJ 1966 (Doklady-Note, FRÉCHET-Differential), ZEIDLER 1967 (Methode der monotonen Minoranten von KRASNOSELSKI).

h) Kanaltheorie der Gezeiten: BECKERT 1965 (Fixpunktsatz von SCHAUDER).

i) Kapillar-Schwerewellen mit welliger Sohle: HILBIG 1965 (Fixpunktsatz von SCHAUDER).

j) Gasblase in einer Parallelströmung: McLEOD 1956 (expliziter Spezialfall), K. BEYER 1966 (Fixpunktsatz von SCHAUDER).

Die konstruktiven Existenzbeweise stützen sich im wesentlichen auf das Majorantenverfahren von LEVI-CIVITA. Ein Nachteil dieses Verfahrens besteht jedoch darin, daß der Konvergenzbeweis stark von der individuellen Gestalt der Randrelationen abhängt und mit zunehmender Kompliziertheit der Randrelationen ebenfalls komplizierter wird. Das dürfte ein Grund dafür sein, daß Probleme mit Berücksichtigung der Oberflächenspannung (Kapillarwellen) und eine Reihe anderer klassischer Probleme bisher nur vereinzelt (z. T. nur topologisch) oder überhaupt nicht behandelt worden sind. Vom physikalischen Standpunkt aus ist jedoch die Berücksichtigung der Oberflächenspannung von besonderem Interesse, weil neuartige Phänomene auftreten.

Angeregt durch die Arbeiten von H. BECKERT, bestand das Ziel der Untersuchungen des Verfassers darin, für diesen gesamten Problemkreis eine einheitliche Methode zu entwickeln, die folgendes umfaßt: a) allgemeine funktionalanalytische Existenzbeweise, b) Eindeutigkeitsbeweise, c) rationelle Verfahren zur Konstruktion der Lösung, d) Untersuchung der Grenzübergänge: Tiefe gegen Unendlich, Schwerkraft gegen Null. Oberflächenspannung gegen Null, um den großen Variationsmöglichkeiten der Problemstellungen zu begegnen, e) Untersuchung des Verhältnisses zwischen geradliniger und welliger Kanalsohle-Herleitung allgemeiner Gesetzmäßigkeiten, f) Klärung des Zusammenhanges zwischen primitiven und nichtprimitiven Wellen, g) Untersuchung von allgemeinen Struktureigenschaften der Entwicklungen.

2. Die allgemeine Operatorgleichung

Durch konforme Abbildung erhält man zunächst nichtlineare funktionentheoretische Randwertaufgaben für den Einheitskreis (unendliche Tiefe), den Kreisring (endliche Tiefe) oder etwa zwei nichtlinear miteinander gekoppelte Kreisringe (zwei übereinander strömende Flüssigkeiten — besonders kompliziert). Anwendung eines vom Verfasser angegebenen Operatorenkalküls ergibt dann Operatorengleichungen in BANACH-Räumen stetiger oder HÖLDER-stetiger Funktionen.

Alle diese Gleichungen haben die Struktur

$$b\,x = L\,x + N(x) + S(x) \tag{4}$$

mit dem „linearen vollstetigen Hauptteil“

$$L = p\,L_0(q) + \sum_{i=1}^{k} b_i\,L_i(q)\,,$$

dem „nichtlinearen regulären Anteil 2. Ordnung und höherer Ordnung“

$$N = N_q(x; \mu_1, \ldots, \mu_l; p; b_1, \ldots, b_k)$$

und dem „Störanteil erster und nullter Ordnung“

$$S = \sum_{i=1}^{l} \mu_i \bar{L}_i(q)\, x + \sum_{i=1}^{l} \mu_i \bar{x}_i(q)\,.$$

1. Die Banach-Räume $\mathfrak{B}$ sind gewisse Produkträume $x = (u_1, \ldots, u_m)$.

2. Die reellen Parameter μ_i, p, b_i, q seien charakterisiert durch: μ_i „klein“, p, b_i „beliebig“, q variiere in $\langle q_1, q_2\rangle$.

3. Die Operatoren genügen den Forderungen:

$$L_0,\ L_i \text{ linear, vollstetig,} \qquad \bar{L}_i \text{ linear, beschränkt.}$$

4. $N(x)$ bestehe grob gesprochen aus einer unendlichen Reihe multilinearer Operatoren mit einem gewissen Konvergenzverhalten ihrer Normen. Diese Struktur sichert, daß die Lösungen sich nach kleinen Parametern entwickeln lassen.

5. Die festen Elemente $\bar{x}_i(q) \in \mathfrak{B}$ hängen stetig von q ab, ebenso $L_0(q)$, $L_i(q)$, $\bar{L}_i(q)$ bezüglich der Operatornorm.

Wir skizzieren hier einige wichtige Resultate, die man in Verallgemeinerung der Theorie der nichtlinearen Integralgleichungen von E. Schmidt 1906 und Lichtenstein 1918, 1931 erhält. Eingesetzt werden beim Beweis: die Riesz-Schauder Theorie, der Fixpunktsatz von Banach, der Satz von Weierstrass über vektorwertige Funktionen mehrerer komplexer Variabler (Analytizität der Grenzfunktion), potenzreihentheoretische Sätze, der Satz über implizite Funktionen.

Entscheidend ist das Verhalten der linearisierten Gleichung

$$b\,x = L\,x \equiv p\,L_0(q)\,x + \sum_{i=1}^{k} b_i\,L_i(q)\,x\,. \tag{5}$$

Für $b = 1$, $b_i = 0$ ist das eine reine Eigenwertgleichung, bei Berücksichtigung der Oberflächenspannung wird aber der allgemeine Fall benötigt.

Fall 1: Regulärer Fall (z. B. wellige Kanalsohle).

Das linearisierte Problem (5) besitzt bei festem b, b_i, p, q nur die triviale Lösung $x = 0$.

Dann existiert die Resolvente $R = (b\,E - L)^{-1}$, und die Ausgangsgleichung geht über in

$$x = R\,N(x) + R\,S(x)\,.$$

Für hinreichend kleine μ_i existiert dann eine eindeutige Lösung

$$x = \sum_{i=1}^{l} \mu_i\,R\,\bar{x}_i + O_2(\mu_i)\,,$$

die sich nach den μ_i entwickeln läßt. Die Entwicklungskoeffizienten erhält man durch Koeffizientenvergleich.

Fall 2: Verzweigungsfall.

Das linearisierte Problem (5) besitzt bei festem b, b_i, $p = p_0$, q eine nichttriviale Lösung $x_1 \neq 0$. Wir haben dann zwei weitere Fälle zu unterscheiden.

Fall 2.1: Homogener Verzweigungsfall (Eigenschwingungen).

Die konstanten Störglieder $\bar{x}_i(q)$ verschwinden, $x = 0$ ist dann eine triviale Lösung von (4). Wir suchen Lösungen $x \neq 0$. Die folgenden drei Bedingungen sind hinreichend für Lösungen.

1) In $\mathfrak{B}$ existiert ein Projektionsoperator

$$P\,x = F(x)\,x_1\,, \qquad F(x_1) = 1 \tag{6}$$

mit dem beschränkten linearen Funktional $F(x)$.

2) Die „Kernspaltungsgleichung“

$$(b\,E - L - P)\,x \equiv b\,x - p_0\,L_0\,x - \sum b_i\,L_i\,x - P\,x = 0 \tag{7}$$

besitzt nur die triviale Lösung $x = 0$ („Spaltungsbedingung“ erfüllt). Wegen der vorausgesetzten Vollstetigkeit existiert dann die „Pseudoresolvente“

$$\widetilde{R} = (b\,E - L - P)^{-1}$$

als linearer beschränkter Operator.

3) Die Verzweigungsbedingung

$$\gamma = F(\widetilde{R}\,L_0\,x_1) \neq 0 \tag{8}$$

ist erfüllt. Für reine Eigenwertgleichungen $b = 1$, $b_i = 0$ gilt stets (8).

Unter diesen Voraussetzungen existieren Zahlen $s_1, \eta_1, \varepsilon_1, r_1 > 0$, so daß zu vorgegebenen

$$s\colon\ 0 < |s| \leqq s_1\,, \qquad \mu_i\colon |\mu_i| \leqq \eta_1$$

die Ausgangsgleichung (4) genau eine Lösung besitzt, die den Nebenbedingungen

$$F(x) = s\,, \qquad ||x|| \leqq r_1\,, \qquad |p - p_0| \leqq \varepsilon_1$$

genügt. Sie läßt sich in $\mathfrak{B}$ nach s und μ_i entwickeln:

$$x = s\,x_1 + O_2(s, \mu_i)\,, \qquad p = p_0 + O_1(s, \mu_i)\,.$$

Wir erläutern einen Algorithmus zur effektiven Berechnung. Der Einfachheit halber setzen wir $\mu_i = 0$. Die Ausgangsgleichung ist dann äquivalent der Gleichung

$$x = s\,x_1 + \varepsilon\,\widetilde{R}\,L_0\,x + \widetilde{R}\,N(x, p) \tag{9}$$

$$F(x) = s\,, \qquad p = p_0 + \varepsilon\,.$$

Unser Ansatz lautet

$$x = s\,x_1 + \sum_{n=2}^{\infty} s^n\,x_n\,, \qquad p = p_0 + \sum_{n=1}^{\infty} s^n\,\varepsilon_n\,. \tag{10}$$

Wir gehen mit (10) in (9) hinein und erhalten ($n \geqq 2$)

$$x_n = \varepsilon_{n-1}\,\tilde{R}\,L_0\,x_1 + \Phi(x_1, \ldots, x_{n-1}, \varepsilon_1, \ldots, \varepsilon_{n-2})\,. \qquad (11)$$

Bekannt sind $x_1, \ldots, x_{n-1};\ \varepsilon_1, \ldots, \varepsilon_{n-2}$. Aus $F(x) = s$ folgt nun aber über (10) und $F(x_1) = 1$:

$$F(x_n) = 0\,, \qquad n = 2, 3, 4, \ldots .$$

(11) ergibt daher nach Anwendung von F:

$$\varepsilon_{n-1} \cdot \gamma = -\,F(\Phi)\,, \qquad \gamma \neq 0\,.$$

Damit ist zunächst ε_{n-1} bestimmt, aus (11) erhält man anschließend x_n.

Es handelt sich hier um eine Modifikation des Verfahrens von LEVI-CIVITA. Der entscheidende Vorteil besteht jedoch darin, daß die Konvergenz der Entwicklungen von vornherein feststeht. Auch die Berechnungsverfahren von LJAPUNOW, LICHTENSTEIN, NEKRASSOW, LITTMAN und NIRENBERG lassen sich anhand von (9) übersichtlich charakterisieren. Der angegebene Algorithmus ist jedoch im Rechenaufwand besonders rationell.

Fall 2.2: Inhomogener Verzweigungsfall (wellige Kanalsohle für kritische Geschwindigkeiten).

Eines der Störglieder sei ungleich Null, z. B. $\bar{x}_1(q) \neq 0$. Wir fordern wiederum die Existenz eines Projektionsoperators (6) und das Erfülltsein der Spaltungsbedingung (7). Die Verzweigungsbedingung (8) ist zu ersetzen durch

$$\gamma = F(\tilde{R}\,\bar{x}_1) \neq 0\,. \qquad (12)$$

Unter diesen Voraussetzungen existiert zu vorgegebenen μ_j, s, p mit

$$|\mu_j| \leqq \eta_2\,, \quad j = 2, \ldots, l\,; \quad |s| \leqq s_1\,; \quad |\varepsilon \equiv p - p_0| \leqq \varepsilon_1$$

genau eine Lösung von (4) mit den Nebenbedingungen

$$|\mu_1| \leqq \eta_1\,, \quad F(x) = s\,, \quad ||x|| \leqq r_1\,.$$

Diese Lösung läßt sich ebenso wie μ_1 nach $\mu_2, \ldots, \mu_l, \varepsilon, s$ entwickeln.

Unter naturgemäßen Voraussetzungen kann man zeigen, daß die Lösungen von (4) und alle ihre Entwicklungskoeffizienten stetig von den Parametern q, b, b_i usf. abhängen. Dadurch wird z. B. die Untersuchung des Grenzüberganges Tiefe gegen Unendlich erfaßt.

3. Ein charakteristisches Beispiel

An einem Beispiel soll jetzt erläutert werden, in welcher Weise Randwertaufgaben in Operatorengleichungen vom Typ (4) überführt werden können und wie man etwa die Voraussetzungen im homogenen Verzweigungsfall verifiziert. Wir betrachten Kapillar-Schwerewellen endlicher Tiefe.

Nach konformer Abbildung erhält man das folgende Problem: Gesucht wird eine im Innern des Kreisringes $q < |z| < 1$ reguläre Funktion $\omega = \vartheta + i\,\tau$

mit dem Symmetrieverhalten

$$\left.\begin{aligned}\vartheta(\varrho, -\sigma) = -\vartheta(\varrho,\sigma), \quad \tau(\varrho,-\sigma) = \tau(\varrho,\sigma)\\ \operatorname{Max}|\vartheta| < \frac{\pi}{2}, \quad \oint \tau(\varrho,\sigma)\,d\sigma = 0\end{aligned}\right\} \tag{13}$$

und dem Randverhalten

$$|z| = q\colon \vartheta(q,\sigma) \equiv 0\,, \tag{14}$$

$$|z| = 1\colon \; -b\frac{d\vartheta}{d\sigma} = \frac{1}{2}(e^{\tau} + a\,e^{-\tau}) - p\,e^{-\tau}\int\limits_0^{\sigma} e^{-\tau}\sin\vartheta\,d\sigma\,. \tag{15}$$

Die Konstanten haben dabei die Bedeutung

$$p = \frac{g\lambda}{2\pi c^2}\,\frac{c^3}{\bar c^3}\,, \qquad a = 2\left(g\,\mu\,y_0(0) + p_0 - K_0\right)/\mu\,\bar c^2$$

$$b = 2\pi\beta/\lambda\,\mu\,c\,\bar c\,, \qquad q = e^{-\frac{2\pi\psi_0}{c\lambda}}\,, \qquad \bar c = \frac{c}{2\pi}\oint e^{-\tau(q,\sigma)}\,d\sigma$$

mit: λ Wellenlänge, c Ausbreitungsgeschwindigkeit im Sinne von LEVI-CIVITA, β Oberflächenspannung, g Schwerebeschleunigung, μ Dichte, p_0 Außendruck, K_0 BERNOULLI-Konstante, ψ_0 Fluß, $y_0(0)$ Höhe der Welle im Ursprung.

Zur bequemeren Formulierung der folgenden Überlegungen führen wir zunächst die FOURIER-Koeffizienten

$$a_0(f) = \frac{1}{2\pi}\oint f\,d\sigma\,, \qquad a_k(f) = \frac{1}{\pi}\oint f\cos k\,\sigma\,d\sigma$$

$$b_k(f) = \frac{1}{\pi}\oint f\sin k\,\sigma\,d\sigma$$

und die Operatoren

$$T f = f - a_0(f)\,, \qquad I f = T\int\limits_0^{\sigma} T f\,d\sigma$$

ein. Während $\int\limits_0^{\sigma} f\,d\sigma$ nur für Funktionen mit $a_0(f) = 0$ eindeutig ist, kann I unbegrenzt angewandt werden.

Um unser Problem in eine Operatorengleichung zu verwandeln, müssen wir zunächst in (15) das identische Verschwinden des Umlaufintegrals der rechten Seite, also

$$a_0\left(\frac{1}{2}(e^{\tau} + a\,e^{-\tau}) - p\,e^{-\tau}\int\limits_0^{\sigma} e^{-\tau}\sin\vartheta\,d\sigma\right) = 0 \tag{16}$$

garantieren. Diese Bedingung wollen wir die „Schließungsbedingung“ nennen. Wir erzwingen (16) durch die Wahl von

$$a = \frac{2\,p\,a_0\left(e^{-\tau}\int\limits_0^{\sigma} e^{-\tau}\sin\vartheta\,d\sigma\right) - a_0\,(e^{\tau})}{a_0\,(e^{-\tau})}\,.$$

Nunmehr dürfen wir in (15) den Operator T hinzufügen

$$-b\frac{d\vartheta}{d\sigma}=T\left\{\frac{1}{2}\left(e^{\tau}+a(\vartheta,\tau)\,e^{-\tau}\right)-p\,e^{-\tau}\int\limits_0^{\sigma}T\,e^{-\tau}\sin\vartheta\,d\sigma\right\}, \tag{17}$$

unter dem Integral ist das wegen des vorausgesetzten Symmetrieverhaltens (13) erlaubt. Für kleine ϑ und τ entwickeln wir nunmehr alle Ausdrücke (also auch $a(\vartheta,\tau)$) in „Potenzreihen" und wenden gliedweise T an

$$-b\frac{d\vartheta}{d\sigma}=T\tau-p\,I\,\vartheta+\mathcal{N}(\vartheta,\tau)\,. \tag{18}$$

$\mathcal{N}(\vartheta,\tau)$ enthält Terme höherer als erster Ordnung, wobei jedes Glied mit T behaftet ist. Das garantiert uns, daß wir im nächsten Schritt jedes Glied getrennt in eindeutiger Weise integrieren können und so eine unendliche Reihe multilinearer Operatoren erhalten:

$$\left.\begin{aligned}-b\,\vartheta(\sigma)&=I\,T\,\tau-p\,I^2\,\vartheta+I\,\mathcal{N}(\vartheta,\tau)\\ \vartheta(q,\sigma)&\equiv 0\,.\end{aligned}\right\} \tag{19}$$

Aus vorgegebenen Größen $\vartheta(1,\sigma)=\vartheta(\sigma)$ und $\vartheta(q,0)\equiv 0$ kann jedoch unter der Normierungsforderung $a_0(\tau)=0$ eindeutig

$$\tau(\sigma)=-X_q\,\vartheta(\sigma)$$

berechnet werden. Das führt uns endgültig auf die Operationrengleichung

$$-b\,\vartheta=-I\,X_q\,\vartheta-p\,I^2\,\vartheta+I\,\mathcal{N}(\vartheta,\tau)\big|_{\tau=-X_q\vartheta} \tag{20}$$

im Raum

$$\vartheta(-\sigma)=-\vartheta(\sigma)\,,\qquad \vartheta(\sigma)\in C_\nu\,,\qquad 0<\nu<1\,.$$

Die HÖLDER-Stetigkeit wird benötigt, damit X_q ein beschränkter Operator ist. Die Wirkung der Operatoren X_q und I entnimmt man

$$\left.\begin{aligned}a_k(I\,f)&=-\frac{1}{k}b_k(f)\,,\quad & b_k(I\,f)&=\frac{1}{k}a_k(f)\,,\\ a_k(X_q f)&=t_k(q)\,b_k(f)\,,\quad & b_k(X_q f)&=-t_k(q)\,a_k(f)\,,\end{aligned}\right\} \tag{21}$$

$t_k(q)=1+q^{2k}/1-q^{2k}$, I^2 und $I\,X_q$ sind vollstetig.

Wir untersuchen jetzt den homogenen Verzweigungsfall. Das linearisierte Problem lautet

$$-b\,\vartheta=-I\,X_q\,\vartheta-p\,I^2\,\vartheta\,.$$

Wir wenden unter Berücksichtigung von (21) b_k an

$$\frac{1}{k^2}b_k(\vartheta)\,(p-p_{k,b,q})=0\,,\qquad p_{k,b,q}=k\,t_k(q)-b\,k^2\,.$$

Nichttriviale Lösungen gibt es nur für

$$p=p_{n,b,q}\,,\qquad \vartheta=\sin n\,\sigma,\;\ldots\,.$$

Für $k = 1$ erhalten wir die linearisierte Dispersionsrelation von KELVIN 1871

$$c^2 = \left(\frac{g\lambda}{2\pi} + \frac{\beta}{\mu}\frac{2\pi}{\lambda}\right) \operatorname{th} \frac{2\pi h}{\lambda}.$$

1) Den gesuchten Projektionsoperator konstruieren wir nun vermöge

$$P_n \vartheta = b_n(\vartheta) \sin n\sigma .$$

2) Die „Kernspaltungsgleichung" lautet

$$b\vartheta = I X_q \vartheta + p_{n,q,b} I^2 \vartheta + P_n \vartheta + f, \; f \equiv 0 \;,$$

also

$$\frac{1}{k^2} b_k(\vartheta)\,(p_{n,q,b} - p_{k,q,b} - \delta_{nk}) = b_k(f) \,. \tag{22}$$

Damit diese für $f \equiv 0$ nur die triviale Lösung $\vartheta \equiv 0$ besitzt, fordern wir

$$p_{k,q,b} \neq p_{n,q,b}\,, \qquad k \neq n\,,$$

d. h.

$$b \neq b_{n,k,q} \equiv \frac{n\,t_n(q) - k\,t_k(q)}{n^2 - k^2}\,,$$

b darf also gewisse kritische Werte nicht annehmen. Das führt auf kritische Wellenlängen, die schon 1909 von HARISSON und 1915 von WILTON durch Näherungsrechnungen entdeckt worden sind. Die Wirkung der Pseudoresolvente

$$\tilde{R} f = (b E - I X_q - p_{n,q,b} I^2 - P_n)^{-1} f$$

beschreibt nach (22):

$$\left.\begin{aligned} b_n(\tilde{R} f) &= -\,n^2\, b_n(f) \\ k \neq n\colon b_k(\tilde{R} f) &= k^2\, b_k(f)/p_{n,q,b} - p_{k,q,b}\,. \end{aligned}\right\} \tag{22'}$$

3) Schließlich ist auch die Verzweigungsbedingung

$$\gamma = b_n(\tilde{R} I^2 \sin n\sigma) = 1 \neq 0$$

erfüllt. Damit existieren Lösungen.

Wir skizzieren ihre Berechnung. Wir gehen aus von

$$\vartheta = s \cdot \sin n\sigma + \varepsilon \tilde{R} I^2 \vartheta - \tilde{R} I \mathcal{N}(\vartheta, \tau)$$

und machen den Ansatz ($\vartheta_1 = \sin n\sigma$)

$$\vartheta = s\,\vartheta_1 + s^2\,\vartheta_2 + \cdots, \quad \tau = -\,X_q\,\vartheta$$

$$p = p_{n,q,b} + \varepsilon_1 s + \varepsilon_2 s^2 + \cdots .$$

Das ergibt

$$\vartheta_l = \varepsilon_{l-1} \tilde{R} I^2 \vartheta_1 + \Phi(\vartheta_1, \ldots, \vartheta_{l-1}, \varepsilon_1, \ldots, \varepsilon_{l-2}) \,.$$

Wegen $\vartheta_1 = \sin n\sigma$ und der Potenzreihenstruktur der $\mathcal{N}(\vartheta, \tau)$ entstehen nur trigonometrische Polynome. Die Wirkung von $\tilde{R}$, I^2, $I X_q$ usf. auf trigonometrische Polynome ist aber nach (21) und (22′) wohlbekannt. Aus $b_n(\vartheta_l) = 0$, $l = 2, 3, \ldots, \gamma = 1$ folgt

$$\varepsilon_{l-1} \cdot 1 = - b_n(\Phi) .$$

ε_{l-1} liefert dann ϑ_l.

Die Rücktransformation auf die Strömungsebene und der Übergang zu physikalisch bedeutungsvollen Entwicklungsparametern ergibt für unsere Existenz- und Eindeutigkeitsaussage eine physikalisch besonders prägnante Form.

Der Fall unendlicher Tiefe führt auf ein Randwertproblem für den Einheitskreis. Es zeigt sich aber, daß die dabei entstehende Operatorgleichung mit (20) für $q = 0$ identisch ist. Ein Vorteil unserer Methode besteht deshalb darin, daß beide Fälle einheitlich behandelt werden können. Die Lösungen und ihre Entwicklungskoeffizienten gehen für Tiefe gegen Unendlich ($q \to 0$) gleichmäßig gegen die entsprechenden Ausdrücke für unendliche Tiefe.

Ebenso verläuft der Grenzübergang Schwerkraft gegen Null gleichmäßig (Übergang zu reinen Kapillarwellen). Die Operatorgleichung ist dabei geringfügig zu modifizieren.

Wegen der Existenz kritischer Wellenlängen geschieht dagegen der Grenzübergang Oberflächenspannung gegen Null (Übergang zu reinen Schwerewellen, $\beta \to 0$, d. h. $b \to 0$) nicht gleichmäßig. Durch Vergleich der entsprechenden Operatorgleichungen kann man jedoch zeigen, daß die Entwicklungskoeffizienten der Lösungen ineinander übergehen. Das ist für praktische Zwecke ausreichend.

Die Operatorengleichung (20) gestattet auch in übersichtlicher Weise Strukturaussagen über die Lösungen. Aus Vertauschungseigenschaften der auftretenden Operatoren folgert man, daß neben

$$\vartheta(\sigma) , \quad p = p_{1,q,b}(s) , \quad b_1(\vartheta) = s$$

auch

$$\bar{\vartheta} = \vartheta(\sigma + \pi) , \quad p = p_{1,q,b}(s) , \quad b_1(\vartheta) = - s$$

eine Lösung darstellt. Die Eindeutigkeit liefert

$$p_{1,q,b}(s) = p_{1,q,b}(- s) , \quad \varepsilon_{2j-1} = 0 .$$

Analoge Überlegungen für $\vartheta(n\sigma)$ zeigen nach sorgfältiger Diskussion, daß die nichtprimitiven Wellen $\vartheta = s \sin n\sigma + \cdots$ in der Strömungsebene in einfacher Weise aus primitiven Wellen $\vartheta = s \sin \sigma + \cdots$ aufgebaut werden können.

4. Ergebnisse

Mit diesen Methoden wurde vom Verfasser zunächst der eingangs aufgeführte Problemkreis behandelt. Für eine Reihe von Aufgaben (Kapillar-Schwerewellen endlicher Tiefe und mit welliger Sohle, Kanaltheorie der Gezeiten, Gasblase in einer Parallelströmung), die bisher nur mit topologischen Mitteln behandelt worden waren, ergaben sich konstruktive Existenzbeweise.

Erstmalig Existenzbeweise (nach Literaturkenntnis des Verfassers) konnten gegeben werden für:

a) Schwerewellen und Kapillar-Schwerewellen in kreisförmigen Kanälen, b) Eigenschwingungen in der Kanaltheorie der Gezeiten, c) Gezeitenwellen unter Berücksichtigung der Oberflächenspannung, d) Kotschin-Wellen mit Berücksichtigung der Oberflächenspannung an der Trennfläche, e) KOTSCHIN-Wellen mit freier Oberfläche unter Berücksichtigung der Oberflächenspannung an der Trennfläche, f) alle Formen von KOTSCHIN-Wellen mit welliger Sohle, g) alle Formen von KOTSCHIN-Wellen in kreisförmigen Kanälen, h) wirbelhafte Kapillar-Schwerewellen, i) wirbelhafte Schwerewellen und Kapillar-Schwerewellen mit welliger Sohle, j) Umströmung einer Gasblase bei Vorhandensein einer Parallel- und Zirkulationsströmung sowie bei Berücksichtigung der Schwerkraft, k) Existenz einer Gasblase in einer Zentrifuge.

Man findet das ausgearbeitet in der Habilitationsschrift des Verfassers, Leipzig 1969.

Um die Beweisführungen zu automatisieren, wurden die Eigenschaften aller benötigten Operatoren wie z. B. I, X_q usf. in einem Operatorenkalkül zusammengestellt: Beschränktheit, Vollstetigkeit, Symmetrieverhalten, Wirkung auf FOURIER-Koeffizienten, Vertauschungsverhalten, asymptotische Operatoren, stetige Abhängigkeit von q bezüglich der Operatornorm usf..

Besonders schwierig sind KOTSCHIN-Wellen (zwei übereinander strömende Flüssigkeiten) zu behandeln. Sie führen auf Randwertaufgaben für nichtlinear miteinander gekoppelte Kreisringe, wobei gleichzeitig die unbekannte Kopplung zu bestimmen ist. Der Operatorenkalkül ist dabei durch sogenannte Kopplungsoperatoren zu ergänzen. Um die benötigten Eigenschaften (Beschränktheit, Entwickelbarkeit in ,,reguläre Operatorpotenzreihen") nachzuweisen, braucht man scharfe Abschätzungen für singuläre Integrale mit parameterabhängiger Dichte (u. a. Verallgemeinerung des Satzes von FATOU-PRIWALOW). Hat man jedoch diesen Kalkül einmal bereitgestellt, dann kann man eine Reihe bisher ungelöster klassischer Probleme übersichtlich behandeln.

Die Klassifikation der Operatorgleichung (4) gestattet auch eine durchsichtige Behandlung welliger Kanalsohlen für alle diese Probleme. Man erhält das allgemeine Ergebnis: Bei fester Wellenlänge existieren abzählbar viele kritische Geschwindigkeiten c_i. Ist die Kanalsohle geradlinig, dann liegen die Eigenschwingungen in der Umgebung dieser c_i. Bei welliger Kanalsohle existieren für $c \neq c_i$ bei hinreichend kleinen Bodenwellen eindeutige Lösungen (regulärer Fall). Das Verhalten für $c = c_i$ ist individuell zu untersuchen (Diskussion von algebraischen Verzweigungsgleichungen). Gilt jedoch grob, daß die Bodenwellen die gleiche Struktur wie die $c = c_i$ entsprechenden linearisierten Eigenschwingungen besitzen, dann existieren Lösungen (Resonanzerscheinung — inhomogener Verzweigungsfall).

Das ist die Verallgemeinerung eines Resultates von MOISSEEW für reine Schwerewellen.

5. Asymptotische Lösungen

Die bisher betrachteten Wellen sind alle von sinusoidaler Form. Es gibt jedoch auch noch permanente Wellen anderer Struktur: cnoidal waves (LAWRENTJEW 1946, LITTMAN 1957, Comm. Pure Appl. Math.), und solitary waves (LAWRENTJEW 1946, FRIEDRICHS u. HYERS 1954 Comm. Pure Appl. Math.).

LITTMAN benutzt die Methode des ,,stretching" von FRIEDRICHS. Wir wollen hier kurz angeben, wie man aus unserer Operatorengleichung für STRUIK-Wellen (permanente Schwerewellen endlicher Tiefe) cnoidal waves erhält.

Damit wird zugleich der Zusammenhang mit STRUIK-Wellen offensichtlich. Für diese gilt ($A_q = -X_q^{-1}$)

$$\vartheta = p\,I\,A_q\,\vartheta + p\,I\,A_q\,\mathcal{N}(\vartheta,\tau)\,, \qquad \mathcal{N} = e^{-3\tau}\sin\vartheta - \vartheta$$

$$T\tau = p\,I\,\vartheta + p\,I\,\mathcal{N}(\vartheta,\tau)\,, \qquad 0 < q < 1\,.$$

Von den Lösungen der linearisierten Gleichung

$$\vartheta = p\,I\,A_q\,\vartheta\,, \qquad \vartheta = \sin k\sigma\,, \qquad p = k\,t_k(q)$$

zweigen eindeutig die exakten Lösungen ab, $q = 0$ ergibt unendliche Tiefe. Betrachten wir jedoch den anderen Extremfall $q \to 1$ (shallow water), dann erhalten wir genau cnoidal waves.

Wir setzen

$$q = e^{-b}\,, \qquad p = \frac{1}{b} \approx k\,t_k(q) \quad \text{für } q \to 1\,; \qquad b = \frac{2\pi\psi_0}{c\lambda}$$

und erhalten

$$\vartheta = \frac{1}{b}\left(1 - \frac{I\,A_q}{b}\right)^{-1} I\,A_q\,\mathcal{N}(\vartheta,\tau)\,.$$

Wir benötigen also für diesen Operator eine Entwicklung in der Umgebung von $b = 0$. Die Ergänzung unseres Operatorkalküls durch asymptotische Entwicklungen ergibt

$$\frac{1}{b}\left(1 - \frac{I\,A_q}{b}\right)^{-1} I\,A_q = -\frac{3\,I^2}{b^2} + \frac{I\,K}{b} + \frac{A(b)}{b^2}$$

mit

$$\lim_{b \to 0} \|A(b)\|_C = 0\,.$$

K bedeutet den Übergang zur konjugierten Funktion im Einheitskreis $\vartheta(\sigma) = K\,\tau(\sigma)$. Der Ansatz

$$\vartheta = b^3\,(\vartheta_1 + \vartheta_2)\,, \qquad \tau = b^2\,(\tau_1 + \tau_2)$$

führt dann auf

$$\vartheta_1 = 9\,I^2\,\vartheta_1\,\tau_1\,, \qquad T\,\tau_1 = 9\,I^3\,\vartheta_1\,\tau_1\,.$$

Die Lösung dieser Gleichung führt auf elliptische Funktionen. Die exakte Lösung wird dann über den Fixpunktsatz von BANACH in der Nähe dieser nichtlinearen ersten Näherung $b^3\,\vartheta_1$, $b^2\,\tau_1$ konstruiert.

Während also die sinusoidalen Wellen nach FOURIER-Koeffizienten entwickelt werden und ihre Existenzbeweise sich auf ein lineare Bifurkationstheorie stützen, handelt es sich bei diesen asymptotischen Wellen um eine nichtlineare Bifurkationstheorie, wie FRIEDRICHS, HYERS und LITTMAN in ihren Arbeiten gezeigt haben. Als Entwicklungsparameter kann $b = -\ln q$ für $q \to 1$ gewählt werden, $q \to 1$ bedeutet physikalisch $2\pi\psi_0/c\lambda \to 0$, d. h. Tiefe/Wellenlänge gegen Null.

Vor kurzem konnte der Verfasser in Verfolgung des oben geschilderten Zugangs Existenzbeweise für wirbelhafte cnoidal waves (P. GERMAIN, Comptes Rendus 1965 — ohne Konvergenzbeweis) und cnoidal waves mit Berücksichtigung der Oberflächenspannung erhalten. An solitary waves mit Berücksichtigung der Oberflächenspannung wird gearbeitet.

Es sei noch kurz darauf hingewiesen, daß der Verfasser eine allgemeine Klasse in dieser Note auftretender funktionentheoretischer Randwertaufgaben mit topologischen Mitteln sehr ausführlich untersucht hat. Diese Arbeiten erscheinen in den Math. Nachrichten. Bei Eigenwertproblemen werden u. a. die Methode der monotonen Minoranten von Krasnoselski und die Bifurkationstheorie von Krasnoselski eingesetzt. Um die Vielfachheit von Eigenwerten (im allgemeinen Sinn der Riesz-Schauder Theorie) berechnen zu können, werden sogenannte vollständige Biorthogonalsysteme in Banach-Räumen herangezogen. Diese Resultate liefern topologische Existenzbeweise für den hier betrachteten Problemkreis.

Die in dieser Note skizzierten Resultate erscheinen in ausgearbeiteter Form in der Schriftenreihe der Institute für Mathematik bei der Deutschen Akademie der Wissenschaften.

О матрицах Грина для эллиптических краевых задач

В. А. Солонникова, Ленинграда[1])

(Manuskripteingang: 22. August 1969)

Рассматриваются общие эллиптические краевые задачи, для которых строятся матрицы Грина. Их элементы оцениваются вместе с производными по всем аргументам.

Рассматриваются краевые задачи вида

$$\left.\begin{aligned} \mathscr{L}\left(x, \frac{\partial}{\partial x}\right) u(x) &= f(x)\,, \qquad x \in \Omega \subset R^n\,, \\ \mathscr{B}\left(x, \frac{\partial}{\partial x}\right) u(x)\Big|_{x \in \partial\Omega} &= \Phi(x)\,, \end{aligned}\right\} \tag{1}$$

где Ω — ограниченная область пространства R^n с гладкой границей $\partial\Omega$, $\mathscr{L}\left(x, \frac{\partial}{\partial x}\right)$ — матрица, образующая эллиптический по Даглису-Ниренбергу дифференциальный оператор, $\mathscr{B}\left(x, \frac{\partial}{\partial x}\right)$ — матрица, удовлетворяющая известному условию дополнительности (или условию Шапиро-Лопатинского).

Элементы этих матриц обозначаются через $L_{kj}\left(x, \frac{\partial}{\partial x}\right)$, $B_{qj}\left(x, \frac{\partial}{\partial x}\right)$ и являются дифференциальными операторами порядков не выше $s_k + t_j$ и $\sigma_q + t_j$, где $\{s_k\}$, $\{t_j\}$, $\{\sigma_q\}$ — некоторые наборы целых чисел, причем $k, j = 1, \ldots, m$,

$$\max_k s_k = 0\,, \quad t_j \geqq 0\,, \quad q = 1, \ldots, r\,,$$

где $r = \frac{1}{2} \sum_{j=1}^{m} (s_j + t_j)$ — целое положительное число.

Задача (1) записывается в виде

$$\mathscr{A}\, u = h\,, \tag{1'}$$

где $\mathscr{A}\, u \equiv \begin{Bmatrix} \mathscr{L}\, u \\ \mathscr{B}\, u|_{\partial\Omega} \end{Bmatrix}$ и $h = \begin{Bmatrix} f \\ \varphi \end{Bmatrix}$.

---

[1]) Anschrift des Autors
др. В. А. Солонников, Математический институт Академии Наук СССР
фонтанка 25, Ленинград, СССР

Оператор $\mathcal{A}$ является ограниченным оператором, действующим из пространства

$$\mathfrak{M}_l^{(1)} = C^{l+t_1}(\Omega) \times \cdots \times C^{l+t_m}(\Omega).$$

в

$$\mathfrak{M}_l^{(2)} = C^{l-s_1}(\Omega) \times \cdots \times C^{l-s_m}(\Omega) \times C^{l-\sigma_1}(\partial\Omega) \times \cdots \times C^{l-\sigma_r}(\partial\Omega) ,$$

где l — нецелое положительное число, которое больше, чем $\max(\sigma_1, \ldots, \sigma_2)$ а C^l — пространство функций, производные которых порядка $[l]$ удовлетворяют условию Гельдера с показателем $l - [l]$.

Хорошо известно, что во многих пространствах, в том числе в пространствах, указанных выше, оператор $\mathcal{A}$ имеет конечное число нулей, а его область значения имеет конечную коразмерность. Задача (1′), вообще говоря, не является однозначно разрешимой. Этим свойством обладает задача

$$\mathcal{A} u = h - P h , \qquad u \perp \operatorname{Ker} \mathcal{A} , \tag{2}$$

в которой P — ортогональный проектор на конечномерное пространство

$$\operatorname{Coker} \mathcal{A} = \overline{\mathfrak{M}}_l^{(2)} \ominus R(\mathcal{A}) ,$$

$\overline{\mathfrak{M}}_l^{(2)}$ — замыкание $\mathfrak{M}_l^{(2)}$ в метрике L_2, т. е.

$$\overline{\mathfrak{M}}_l^{(2)} = L_2(\Omega) \times \cdots \times L_2(\Omega) \times L_2(\partial\Omega) \times \cdots \times L_2(\partial\Omega) ,$$

$R(\mathcal{A})$ — замыкание области значений оператора $\mathcal{A}$, заданного на $\mathfrak{M}_l^{(1)}$. Наконец, запись $u \perp \operatorname{Ker} \mathcal{A}$ означает, что для всех $v \in \mathfrak{M}_l^{(1)}$, для которых $\mathcal{A} v = 0$, имеем

$$\sum_{i=1}^{m} \int_{\Omega} u_i(x) \overline{v_i(x)}\, dx = 0 .$$

Будем предполагать, что коэффициенты операторов L_{kj} принадлежат классам $C^{l+a-s_k}(\Omega)$, а операторов B_{qj} — классам $C^{l+a-\sigma_q}(\partial\Omega)$, где a — неотрицательное целое число; кроме того, $\partial\Omega \in C^{l+a+t_{\max}}$.

Теорема 1. При некотором достаточно большом a

$$\operatorname{Coker} \mathcal{A} \subset \mathfrak{M}_l^{(2)} .$$

Решение задачи (2) может быть выражено через h (т. е. f и Φ) в виде суммы потенциалов, ядрами которых являются элементы матриц Грина. Сами эти матрицы могут рассматриваться как решения задачи вида (2), в которых те или иные компоненты вектора h заменены δ — функциями. Следуя установившейся традиции, можно назвать матрицей Грина квадратную матрицу $\mathcal{G}(x, y)$ порядка m, такую, что

$$\mathcal{A}\, \mathcal{G} = \begin{Bmatrix} I_m\, \delta\,(x-y) \\ 0 \end{Bmatrix} - P \begin{Bmatrix} I_m\, \delta\,(x-y) \\ 0 \end{Bmatrix}, \quad \mathcal{G} \perp \operatorname{Ker} \mathcal{A} , \tag{3}$$

(I_m — единичная матрица порядка m). Кроме того, мы рассматриваем матрицу $\mathscr{P}(x, y)$ $(y \in \partial\Omega)$ размеров $m \times r$, такую, что

$$\mathscr{A}\,\mathscr{P} = \begin{Bmatrix} 0 \\ I_r\,\tilde{\delta}(x, y) \end{Bmatrix} - P \begin{Bmatrix} 0 \\ I_r\,\tilde{\delta}(x, y) \end{Bmatrix}, \qquad \mathscr{P} \perp \operatorname{Ker} \mathscr{A}\,, \tag{4}$$

($\tilde{\delta}$ — δ-функция, сосредоточенная на поверхности $\partial\Omega$).

Задачи (3), (4) с обобщенными функциями в правой части в общем случае не исследованы, и мы определяем матрицы $\mathscr{G}(x, y)$ и $\mathscr{P}(x, y)$ из соотношений

$$\mathscr{G}(x, y) = \lim_{\varepsilon\to 0} \mathscr{G}_\varepsilon(x, y)\,, \qquad \mathscr{P}(x, y) = \lim_{\varepsilon\to 0} \mathscr{P}_\varepsilon(x, y)\,, \tag{5}$$

где $\mathscr{G}_\varepsilon$ и $\mathscr{P}_\varepsilon$ — решения краевых задач

$$\mathscr{A}\,\mathscr{G}_\varepsilon = \begin{Bmatrix} I_m\,\delta_\varepsilon(x, y) \\ 0 \end{Bmatrix} - P \begin{Bmatrix} I_m\,\delta_\varepsilon(x, y) \\ 0 \end{Bmatrix}, \qquad \mathscr{G}_\varepsilon \perp \operatorname{Ker} \mathscr{A}\,, \tag{3_ε}$$

$$\mathscr{A}\,\mathscr{P}_\varepsilon = \begin{Bmatrix} 0 \\ I_r\,\tilde{\delta}_\varepsilon(x, y) \end{Bmatrix} - P \begin{Bmatrix} 0 \\ I_r\,\tilde{\delta}_\varepsilon(x, y) \end{Bmatrix}, \qquad \mathscr{P}_\varepsilon \perp \operatorname{Ker} \mathscr{A}\,, \tag{4_ε}$$

причем δ_ε и $\tilde{\delta}_\varepsilon$ — это некоторые функции, стремящиеся к $\delta(x - y)$ и $\tilde{\delta}(x, y)$ при $\varepsilon \to 0$.

Пусть $r > 0$ и

$$\varphi(r; p) = \begin{cases} r^p & , \text{ если } p < 0\,, \\ 1 + \log^+ \dfrac{1}{r} & , \text{ если } p = 0\,, \\ 1 & , \text{ если } p > 0\,. \end{cases}$$

Теорема 2. При условиях теоремы I существуют пределы (5), причем элементы матрицы $\mathscr{G}$ подчиняются неравенствам

$$|\mathscr{D}_x^\alpha\,\mathscr{D}_y^\beta\,G_{ij}(x, y)| \leqq c\,\varphi(|x - y|; p_{ij} - |\alpha| - |\beta|)\,,$$

$$|\mathscr{D}_{x^1}^\alpha\,\mathscr{D}_y^\beta\,G_{ij}(x^1, y) - \mathscr{D}_{x^2}^\alpha\,\mathscr{D}_y^\beta\,G_{ij}(x^2, y)|$$

$$\leqq c\,|x^1 - x^2|^\lambda\,\{\varphi(|x^1 - y|; p_{ij} - |\alpha| - |\beta| - \lambda) + \varphi(|x^2 - y|; p_{ij} - |\alpha| - |\beta| - \lambda)\},$$

$$|\mathscr{D}_x^\alpha\,\mathscr{D}_{y^1}^\beta\,G_{ij}(x, y^1) - \mathscr{D}_x^\alpha\,\mathscr{D}_{y^2}^\beta\,G_{ij}(x, y^2)|$$

$$\leqq c\,|y^1 - y^2|^\mu\,\{\varphi(|x - y^1|; p_{ij} - |\alpha| - |\beta| - \mu) + \varphi(|x - y^2|; p_{ij} - |\alpha| - |\beta| - \mu)\},$$

$$|\mathscr{D}_{x^1}^\alpha\,\mathscr{D}_{y^1}^\beta\,G_{ij}(x^1, y^1) - \mathscr{D}_{x^2}^\alpha\,\mathscr{D}_{y^1}^\beta\,G_{ij}(x^2, y^1) - \mathscr{D}_{x^1}^\alpha\,\mathscr{D}_{y^2}^\beta\,G_{ij}(x^1, y^2)$$

$$+ \mathscr{D}_{x^2}^\alpha\,\mathscr{D}_{y^2}^\beta\,G_{ij}(x^2, y^2)| \leqq c\,|x^1 - x^2|^\lambda\,|y^1 - y^2|^\mu \sum_{r,s=1}^{2} \varphi(|x^r - y^s|; p_{ij} - |\alpha| - |\beta| - \lambda - \mu)$$

со следующими параметрами:

$$p_{ij} = -n + t_i + s_j\,, \qquad |\alpha| < l + t_j\,,$$

$$|\beta| < l\,, \quad \lambda, \mu \leqq 1\,, \quad |\alpha| + \lambda \leqq l + t_i\,, \quad |\beta| + \mu \leqq l\,.$$

Элементы матрицы $\mathcal{P}$ подчиняются таким же неравенствам, но вместо p_{ij} в них входит параметр $\tilde{p}_{iq} = -n + 1 + \sigma_q + t_i$.

Теорема 3. Решение задачи (2) выражается по формуле

$$u(x) = \lim_{\varepsilon \to 0} \left\{ \int_{\partial\Omega} \mathcal{P}_\varepsilon(x, y)\, \Phi(y)\, dS_y + \int_{\Omega} \mathcal{G}_\varepsilon(x, y) f(y)\, dy \right\} =$$

$$= \int_{\partial\Omega} \mathcal{P}(x, y)\, \Phi(y)\, dS_y + \sum_{\substack{|\alpha| \leqq \max (\sigma_q - s_j) \\ q, j}} \int_{\delta\Omega} Q^\alpha(x, y)\, \mathcal{D}^\alpha f(y)\, dS_y$$

$$+ \begin{cases} \int_\Omega \mathcal{G}(x, y) f(y)\, dy\,, & \text{если } s_j + t_i \geqq 0\,, \\ \sum_{|\alpha| \leqq M} \int_\Omega \mathcal{G}^\alpha(x, y)\, \mathcal{D}^\alpha f(y)\, dy & \text{в противном случае,} \end{cases}$$

где $\mathcal{G}^\alpha$ и Q^α — матрицы, элементы которых оцениваются по неравенствам того же типа, что и в теореме 2.

Доказательство этих теорем проводится с помощью оценок решений задач (3_ε), (4_ε), равномерных по ε.

Bei Fragen zur Produktsicherheit wenden Sie sich bitte an:
If you have any questions regarding product safety,
please contact:

Walter de Gruyter GmbH
Genthiner Straße 13
10785 Berlin
productsafety@degruyterbrill.com